Husmann · Praxis der Abwasserreinigung

Praxis der Abwasserreinigung

Von

W. Husmann

Dritte neubearbeitete Auflage

Mit 133 Abbildungen

Springer-Verlag Berlin Heidelberg New York 1969

Prof. Dr. -Ing. Wilhelm Husmann

Honorarprofessor an der Rheinisch-Westfälischen Technischen Hochschule Aachen

ISBN-13:978-3-642-49109-2   e-ISBN-13: 978-3-642-87911-1
DOI: 10.1007/978-3-642-87911-1

Vorwort zur dritten Auflage

Die zweite Auflage des Buches erschien im Jahre 1964. Schon nach 5 Jahren ergab sich die Notwendigkeit, für die dritte Auflage eine Reihe von Ergänzungen hinzuzufügen, da sich die Abwasserreinigungsverfahren und vor allem auch die Meß- und Regeltechnik schnell weiterentwickelten. Wie die beiden bisherigen Auflagen soll in der vorliegenden 3. Auflage wieder aus der Praxis für die Praxis berichtet werden. Es werden u. a. die verschiedensten Betriebsschwierigkeiten, die in Kläranlagen auftreten, besprochen und gleichzeitig Wege aufgezeichnet, die beschritten werden können, um diese Schwierigkeiten zu überwinden. Bei gleicher Stoffeinteilung wurden der 3. Auflage einige neue Abschnitte hinzugefügt.

Dem Baudirektor der Emschergenossenschaft und dem Geschäftsführer des Lippeverbandes, Herrn Dr.-Ing. Dr.-Ing. E. h. KNOP, möchte ich an dieser Stelle meinen Dank sagen, daß er die Benutzung des Bildmaterials der Genossenschaften für die Ausstattung des Buches erlaubte. Dem Springer Verlag bin ich zu besonderem Dank für die vorzügliche Ausstattung der vorliegenden 3. Auflage verpflichtet.

Essen, im Februar 1969

W. Husmann

Inhaltsverzeichnis

I. Abwasser und Abwasserschmutzstoffe

Brunnen- und Leitungswasser, das in unseren Haushaltungen beim Waschen, Spülen, Baden usw. genutzt und zusammen mit dem Spülwasser der Abortgruben und Klosetts zum Abfluß kommt, wird als *häusliches Abwasser* bezeichnet. Kommt noch Regenwasser und das Abwasser kleinerer Gewerbebetriebe hinzu, so spricht man gemeinhin von *städtischem Abwasser*. Die Beschaffenheit eines Abwassers wird naturgemäß von der Lebensweise der Bevölkerung und ferner von der Art der Gewerbebetriebe, die in einer Gemeinde vorhanden sind, stark beeinflußt. Sind in einem Gemeindeverband größere und sehr verschiedenartige Industrien vorhanden, die ihr Abwasser in das städtische Kanalnetz abfließen lassen, so wird durch diese Abwässer die Eigenart des häuslichen bzw. städtischen Abwassers oft so grundlegend beeinflußt und verändert, daß man bei der Betrachtung des Gesamtabwassers der betreffenden Gemeinde oft von einem rein industriellen Abwasser sprechen kann. Die hervorstechenden Eigenschaften des städtischen Abwassers sind dann von denen des industriellen vollkommen überdeckt, und auch die Reinigungs- und Behandlungsmöglichkeiten derartiger industrieller Abwässer müssen häufig sehr stark von denen der städtischen Abwässer abweichen. Besonders unangenehm wirken sich solche Abwässer aus, die Giftstoffe enthalten, da diese den Betrieb einer Kläranlage, soweit es sich um die Ausfaulung des Schlammes oder die biologische Reinigung des Abwassers handelt, oft empfindlich stören können.

Wie schon im Vorwort zum Ausdruck gebracht worden ist, soll sich das vorliegende Buch im wesentlichen mit den städtischen Abwässern befassen und vor allem für den Betrieb der verschiedensten Kläranlagen praktische Hinweise geben.

Der Wasserverbrauch in den deutschen Städten bis 50000 Einwohnern liegt bei etwa 50–100 l je Kopf und Tag, in größeren Städten und in Großstädten bei 100–150 l je Kopf und Tag. Es gibt aber auch eine ganze Reihe von Städten, die einen Wasserverbrauch von 200 l und mehr je Einwohner und Tag haben.

In dem Lehr- und Handbuch der Abwassertechnik, Bd. 1 (Berlin/ München: Ernst u. Sohn 1967) sind sehr interessante Wasserbedarfszahlen für den häuslichen Sektor angegeben, wie Zahlentafel 1 zeigt.

Da die Menge der Schmutzstoffe, die je Einwohner und Tag anfällt und in die Kanalisation abgeschwemmt wird, überall ziemlich gleichmäßig ist, muß bei einem geringen Wasserverbrauch ein „dickes Abwasser" und bei einem hohen Wasserverbrauch ein „dünnes Abwasser" entstehen. Selbstverständlich wird die Abwasserzusammensetzung auch

Zahlentafel 1. *Häuslicher Wasserbedarf*

Zweck	Bedarf in Liter
Trinken, Kochen, Reinigen	20– 30 je Einwohner/Tag
Wäsche	6– 15 je Einwohner/Tag
Klosettspülung (Druckspüler)	6– 20 je Spülung
(Hochkasten)	6– 12 je Spülung
(Tiefkasten)	12– 20 je Spülung
Wannenbad	150–400 je Bad
Sitzbad	30– 50 je Bad
Brausebad	30–100 je Bad
Hausgärtenbewässerung	0,15– 5 je m²
Reinigen eines PKW	50–300 je Wagen
Reinigen eines LKW	75–150 je Wagen

noch durch viele andere Umstände beeinflußt. Entscheidend für die Zusammensetzung eines städtischen Abwassers ist es, in welcher Weise die normalen Abgänge des Menschen, Kot und Harn, behandelt werden. Abortgruben mit Überläufen und Hauskläranlagen halten einen erheblichen Teil des Kotes und sonstiger grober Stoffe, wie z.B. Papierfetzen, Gemüseteilchen usw. dem städtischen Abwasser fern, führen aber dafür den Kanälen häufig stinkende und faulige Abwässer zu. Direkte Anschlüsse von Spülklosetts an das städtische Kanalnetz spülen alle menschlichen Abgänge in frischem Zustand ab. Die Erfahrungen der letzten Jahrzehnte zeigen, daß es bei Vorhandensein eines geordneten städtischen Kanalnetzes erstrebenswert ist, auf Haus- und Kleinkläranlagen zu verzichten und das entstehende Abwasser mit sämtlichen Schmutzstoffen den Kanälen in frischem, d.h. in nicht ausgefaultem Zustand zuzuleiten. Dann ist die beste Gewähr gegeben, das Abwasser klaglos abzuführen und in zweckentsprechenden Kläranlagen einwandfrei zu reinigen. In solchen Gemeinden und Städten, in denen die Straßenreinigung nicht in ausreichender Weise durchgeführt wird oder auf steilen Straßen und Wegen im Winter gegen auftretende Eis- und Schneeglätte reichlich mit Sand gestreut werden, muß, kann mit einsetzendem Regen oder Tauwetter ein hoher Sandanteil im Abwasser auftreten.

Die in den letzten Jahren propagierten Abfallzerkleinerer, die den Zweck haben, Küchenabfälle, die normalerweise in unzerkleinertem Zustand mit dem übrigen Hausmüll beseitigt werden, in die Kanalisation abzuschwemmen, sind aus der Sicht der Abwasserabführung und Reinigung nicht erwünscht, da sie Stoffe in das Abwasser einbringen, die besser durch die Müllabfuhr beseitigt werden. Die Zerkleinerung der festen Küchenabfälle bringt eine Erhöhung der Abwasserkonzentration, die sich wiederum in erhöhten Kosten, vor allem in der Schlammbehandlung und in der biologischen Abwasserreinigung, bemerkbar macht. Bei 250 g zerkleinerungsfähigen Küchenabfällen je Kopf und Tag bedeutet das eine Erhöhung der Schmutzfracht je Einwohner und Tag von 61%, bezogen auf die ungelösten Stoffe und von 46%, bezogen auf den BSB_5 (biochemischer Sauerstoffbedarf in 5 Tagen). Die Aufsichtsbehörden haben daher den Einbau von Abfallzerkleinerern mit Anschluß an die Grundstücksentwässerung und damit an die öffentliche Kanalisationen bisher meistens nicht zugelassen.

Die Verschmutzung eines Abwassers ist durch die Beimengung der verschiedensten Stoffe bedingt, die nach ganz verschiedenen Gesichtspunkten eingeteilt werden können. Zunächst kann man die Schmutzstoffe hinsichtlich ihres Verhaltens zum Wasser betrachten. Es ergeben sich dann sichtbare, d.h. im Wasser *ungelöste Stoffe*, zu denen auch die kolloidalen, trübenden Stoffe zu rechnen sind, und ferner die *gelösten Stoffe*, die dem Auge nicht mehr wahrnehmbar sind. Auch nach einem zweiten Gesichtspunkt lassen sich die Schmutzstoffe eines Abwassers unterscheiden, ob sie im Abwasser längere Zeit unverändert bleiben oder aber der Fäulnis und Zersetzung anheimfallen. Demnach gibt es *fäulnisunfähige* und *fäulnisfähige* Stoffe. Fäulnisunfähig sind von den unlöslichen Stoffen z.B. Sand, Lehm, Asche, Kohleteilchen usw. und, von den löslichen Stoffen Kochsalz, Kalkverbindungen usw. Fäulnisfähig sind im allgemeinen alle Nahrungs- und Futtermittel, alle Abgänge von Mensch und Tier, ferner das Laub der Bäume und Sträucher und viele andere Dinge. Manche Stoffe, wie z.B. Kot, Harn, Eiweißstoffe usw., stinken während der Fäulnis unerträglich, bei anderen ist der Geruch oft weniger belästigend. Ganz allgemein kann man sagen, daß alle die Abwasserschmutzstoffe, die gemäß ihrer chemischen Zusammensetzung Schwefel in irgendeiner Form oder Bindung enthalten, bei ihrer Zersetzung unangenehme Gerüche verbreiten können. Die Fäulnis wird durch die in der Natur außerordentlich weit verbreiteten Fäulnisbakterien hervorgerufen. Es handelt sich dabei um kleine, dem Auge nicht sichtbare Kleinlebewesen, die an der unteren Grenze des Pflanzenreichs stehen (s. Abschn. VI. Bakterien und andere Kleinlebewesen im Abwasser, im Abwasserschlamm und im Vorfluter). Niedrige Temperaturen hemmen ihre Tätigkeit und können sie sogar zum Erliegen bringen. Durch zu hohe Temperatur werden die Bakterien abgetötet. Auch durch zu hohe Salzkonzentrationen im Abwasser, durch Giftstoffe und zu starke saure oder alkalische Reaktionen im Abwasser wird ihre Tätigkeit mehr oder weniger stark behindert. Für ihre Entwicklung und Lebenstätigkeit benötigen die Bakterien viel Wasser. Es sind daher nur Stoffe mit einem hohen Wassergehalt oder solche, die im Wasser lagern, der bakteriellen Zersetzung zugängig. Wird das Wasser entzogen, so wird auch die Bakterientätigkeit gehemmt und kann sogar ganz aufhören. Bakterien nehmen ihre Nahrung in flüssiger Form zu sich, und ihre Ausscheidungsprodukte treten teils in flüssiger Form, teils als Gase auf. Die Bakterien vermehren sich im allgemeinen in großen Massen und sterben wiederum in großen Massen ab, wobei die abgestorbenen Bakterien ebenfalls der Fäulnis unterliegen. Neben der *Fäulnis*, die im allgemeinen mit erheblicher Geruchsentwicklung unter Bildung von schwefelhaltigen Gasen (Schwefelwasserstoff) vor sich geht, kennt man in der Abwasserreinigungstechnik noch die *Gärung* und *Säuerung*, die ebenfalls durch Bakterien, aber andersartige als bei der Fäulnis hervorgerufen werden. Im späteren Zusammenhang wird auf die Bedeutung dieser Vorgänge noch eingehender zurückzukommen sein.

Auch nach einem dritten Gesichtspunkt können die Schmutzstoffe eines Abwassers unterschieden werden, und zwar nach ihrer Zusammensetzung aus den chemischen Grundstoffen. Man spricht dann von *mineralischen* und *organischen* Stoffen. Mineralische Stoffe enthalten in ihrer chemischen Zusammensetzung keinen Kohlenstoff, während das Aufbaugerüst der organischen Stoffe zu einem gewissen Teil aus Kohlenstoff besteht und somit verbrannt werden kann. Ausgesprochen mineralische Abwasserschmutzstoffe sind z.B. Sand, Lehm, Asche usw., während zu den organischen Stoffen Zucker, Eiweiß, Holz, Papier, Gemüseteilchen, Kaffeesatz usw. rechnen. Es ist aber zu beachten, daß in einem großen Teil der organisch bezeichneten Stoffe noch vielfach beträchtliche Mengen mineralischer Bestandteile (Asche) enthalten sind.

In der Regel enthält das häusliche oder städtische Abwasser alle Gruppen in inniger Vermischung. Allerdings kann zwischen den ungelösten und gelösten Bestandteilen eines Abwassers nicht immer klar unterschieden werden, da sich gewisse Schmutzstoffe in Zwischenstufen zeigen, die man als „kolloidale" bezeichnet. Eine Seifenlösung z.B. enthält eine ganze Reihe von Stoffen, bei denen man nicht erkennen kann, ob sie gelöst oder ungelöst sind. Diese und ähnliche in kolloidaler Form vorliegenden Verschmutzungen verleihen einem Abwasser die mehr oder weniger starke Trübung.

Nach IMHOFF, „Taschenbuch der Stadtentwässerung", kann für ein mittleres verschmutztes Abwasser einer deutschen Stadt eine Zusammensetzung nach der folgenden Tabelle angenommen werden.

Unter „organisch" sind die beim Glühen flüchtigen Stoffe zu verstehen, unter „mineralisch" der nach dem Glühen verbleibende Ascherest. Der BSB_5, der sog. „biochemische Sauerstoffbedarf in 5 Tagen"

		Mineralisch	Organisch	Gesamt	BSB$_5$
Absetzbare Schwebestoffe	mg/l	130	270	440	130
Nicht absetzbare Schwebestoffe	mg/l	70	130	200	80
Gelöste Stoffe	mg/l	330	330	660	150
Insgesamt	mg/l	530	730	1260	360

beinhaltet die durch bakterielle Vorgänge unter Sauerstoffverbrauch abzubauenden gelösten und kolloidalen organischen Stoffe eines Abwassers. Die hier genannten Zahlen gelten für einen Wasserverbrauch von 150 l je Einwohner und Tag.

II. Abwasserableitung, Kanalisation und Vorfluter

Die häuslichen Abwässer entstehen in der Küche, in den Wasserklosetts und Badewannen und ferner in der Waschküche und sonstigen Verbrauchsstellen im Haus. Eine gemeinsame Leitung führt sie den in den Straßen liegenden Kanälen, d. h. der Schwemmkanalisation zu.

Schwemmkanäle sind entstanden und weiterentwickelt worden, um die lästigen Abfälle aus den Städten und Gemeinden in bequemer und einfacher Weise, unter Zuhilfenahme des Wassers als Beförderungsmittel, aus der Stadt zu entfernen und zu beseitigen. Die Kanalisation kann nun entweder so eingerichtet sein, daß die natürlichen Niederschläge, wie Regen und Schneeschmelzwasser, und die häuslichen Abwässer gemeinsam aufgenommen und abgeleitet werden. Man spricht dann von einer *Mischkanalisation*. Sind für die Abführung der häuslichen Abwässer und die Niederschlagswässer getrennte Kanäle vorhanden, dann liegt eine *Trennkanalisation* vor.

In Großstädten finden wir im allgemeinen die *Mischkanalisation*, während sich die *Trennkanalisation* häufiger in kleineren und mittelgroßen Städten vorfindet. Trotz polizeilicher Vorschriften, keine Regenabläufe an die Trennkanalisation anzuschließen, wird sehr häufig die Gelegenheit benutzt, diese Vorschrift zu umgehen. In solchen Abfällen ergibt sich dann bei einsetzendem Regen in der Trennwasserkanalisation oft eine Überlastung, wodurch unliebsame Keller- und Straßenüberschwemmungen hervorgerufen werden können. Auch vorhandene Kläranlagen, die in ihrer Leistungsfähigkeit nur auf das anfallende rein häusliche Abwasser abgestellt sind, können bei plötzlicher Überlastung mit Regenwasser sehr leicht versagen.

Diejenige Abwassermenge, die an regenlosen Tagen in den Kanälen abgeführt wird, nennt man den *Trockenwetterabfluß*. Die Kläranlagen werden neuerdings im allgemeinen so bemessen, daß sie das Mehrfache (Drei- bis Fünffache) des Trockenwetterabflusses aufnehmen und ausreichend klären und reinigen können. Fällt mehr Wasser an, dann fließt es vor der Kläranlage durch den Regenüberlauf unmittelbar der Vorflut zu. Vor dem Regenauslaß muß ein Tauchbrett angebracht werden, um die groben Abwasserschmutzstoffe, wie Kotballen, Papierfetzen usw. der Kläranlage zuzuführen und dem Vorfluter fernzuhalten. Auch Siebeinrichtungen der verschiedensten Bauart lassen sich einbauen, um aus dem am Regenüberlauf abfließenden Abwasser wenigstens die gröbsten Schmutzstoffe herauszufangen. Leider versagen aber die eben beschriebenen Kläreinrichtungen für die Regenwasserbehandlung häufig, da sie im Betrieb gar nicht oder nur schlecht überwacht und unterhalten werden können. Es ist daher vielfach unterhalb von Regenausläufen eine starke Belastung der Vorflut durch Abwasser und vor allen Dingen eine starke Verschlammung durch grobe Abwasserschmutzstoffe festzustellen.

Die richtige Bemessung der Abwasserkanäle erfordert eine genaue Kenntnis der abzuführenden Abwassermengen. Die aus den Häusern und den Gewerbebetrieben abfließenden Schmutzwassermengen lassen sich aus dem Reinwasserverbrauch leicht ermitteln. Es ist aber immer darauf Bedacht zu nehmen, daß Eigenwasserversorgungen großer Gewerbebetriebe die Abwassermenge beträchtlich erhöhen können. Auch viele Brunnenwasserversorgungen können sich im Gesamtabwasseranfall auswirken. Nicht zu vernachlässigen ist in vielen Fällen der Anteil des Grundwassers am Gesamtabwasser, das infolge Undichtigkeiten in den Kanälen in die Kanalisation eindringen kann. Die Feststellung der abzuführenden Regenmenge gestaltet sich ebenfalls recht schwierig. Es gehören hierzu zunächst langjährige Beobachtungen der auf die einzubeziehenden Gebiete fallenden Regenmengen. Die Kenntnis der Niederschlagsmengen gibt aber noch nicht unmittelbar Auskunft darüber, wieviel von den betreffenden Wassermengen zum Abfluß in die Kanäle gelangt. Es ist damit nur die überhaupt mögliche Höchstmenge des Abflusses gegeben. Etwa auf diese Höchstmengen die Größenverhältnisse in den Kanälen abzustellen, ist jedoch höchst unwirtschaftlich und nicht üblich, da tatsächlich nur ein Bruchteil des Niederschlagswassers infolge Versickerung in den Boden und Verdunstung zum Abfluß kommen kann. Die tatsächlich abfließende Menge ist je nach Art, Gestaltung und Bebauung des Geländes verschieden. Von gepflasterten Straßen sowie von Dachflächen und Höfen kommt fast das ganze Niederschlagswasser zum Abfluß. Von unbebauten und unbefestigten dagegen weniger, wobei noch weiter ein Unterschied zu machen ist, ob es sich um ein abschüssiges und steiles oder um ein flaches Gelände handelt. Der Baum- und Strauchbestand macht sich ebenfalls auf die Regenabflußmenge stark bemerkbar. Abflußwerte bei verschiedener Bebauung werden rechnerisch ermittelt. Eine Anleitung zur Feststellung der Regenabflußmengen findet sich im „Taschenbuch der Stadtentwässerung" von IMHOFF[1]. Selbstverständlich muß bei der Bearbeitung eines Kanalisationsentwurfes auf die weitere bauliche und industrielle Entwicklung der betreffenden Gemeinde oder Stadt entsprechend Rücksicht genommen werden.

Bachläufe, Flüsse und Seen, die das aus einer Stadt gereinigt oder ungereinigt abfließende Abwasser aufnehmen müssen oder weiterleiten, nennt man „Vorfluter". Die Auswirkung der Abwassereinleitung auf einen Vorfluter ist sehr verschieden. Muß beispielsweise ein wasserarmer Vorfluter dauernd sehr viele ungereinigte Abwässer aufnehmen, so kann er auf eine weite Fließstrecke selbst zu einem ausgesprochenen Abwasserkanal oder Abwassergraben werden. Ist dagegen eine ausreichende Verdünnung des Abwassers mit dem sauberen Vorflutwasser gewährleistet, so kann u.U. schon nach wenigen Metern Fließstrecke von der Abwassereinleitung nichts bemerkt werden. Zwischen diesen beiden Fällen gibt es natürlich eine ganze Reihe von Zwischenstufen in der gegenseitigen Beeinflussung von Abwasser und Vorflutwasser. Für die Auswirkungen von Abwasserableitungen in einen Vorfluter ist aber nicht allein das Verdünnungsverhältnis entscheidend, sondern noch viele andere Umstände, wie z.B. das Gefälle, die Durchlüftung, Durchsonnung und der Nährstoffgehalt des Vorfluters und sein Bewuchs mit Grünpflanzen usw., ferner die Zusammensetzung und Konzentration des eingeleiteten Abwassers. Wichtig ist es auch zu wissen, ob der betreffende Vorfluter vor einer erneuten Abwasserzuführung auf einer oberhalb liegenden Strecke schon mit Abwasser belastet gewesen ist und wieweit sich diese Belastung an der neuen Abwassereinleitungsstelle auf Grund der dem Vorfluter innewohnenden biologischen *Selbstreinigungskraft*, die durch ein Zusammenspiel von physikalischen, chemischen, bakteriologischen und biologischen Kräften bedingt ist, schon ausgeglichen hat und überwunden wurde. Von der *biologischen Selbstreinigungskraft* eines Vorfluters hängt es auch ab, wie weit man die Reinigung der ihm zuzuführenden Abwässer treiben muß, da ein Vorfluter mit einer hohen Selbstreinigungskraft sehr häufig zu seinem eigenen Nutzen einen Anteil an der Reinigung der Abwässer übernehmen kann. Jedenfalls ist die Abwasserreinigung immer auf die Erfordernisse des betreffenden Vorfluters abzustimmen. Kommt man dieser Forderung nicht nach und unterläßt man es, eine entsprechende Reinigung der Abwässer durchzuführen, so ergeben sich in der Vorflut die größten Schäden, die sich rein äußerlich in mehr oder weniger starken

---

[1] IMHOFF, K.: Taschenbuch der Stadtentwässerung, München: Oldenbourg 1965.

Trübungen, in einem starken Pilzbewuchs, in Verschlammungen und im
Auftreten von faulenden und stinkenden Schlammbänken zu erkennen
geben und einen starken Sauerstoffschwund als Folge der Umsetzung der
fäulnisfähigen Stoffe im Vorflutwasser hervorrufen. Durch diese Umsetzung finden die Kleinsttiere, Fische und sonstige Lebewesen keine
Lebensbedingungen mehr, wandern ab oder gehen ein. Aus dem Vorfluter ist dann ein typischer Abwassergraben geworden. Auch auf viele
weitere Gefahren einer starken Abwasserverschmutzung im Vorfluter,
wie Verschleppung von ansteckenden Krankheiten, sei in diesem Zusammenhang hingewiesen. In einem mit Abwasser belasteten Vorfluter
wird auch jede Bademöglichkeit und jeder Wassersport unterbunden.

III. Reinigungsverfahren für städtische Abwässer

Soll das städtische Abwasser mit Rücksicht auf die Vorflut ausreichend gereinigt werden, so ist diese Reinigung in mehreren Stufen durchzuführen, wobei es im wesentlichen darauf ankommt, das Abwasser zu
entschlammen und von seinen fäulnisfähigen Stoffen zu befreien bzw.
diese in fäulnisunfähige Stoffe zu verwandeln. Wie schon ausgeführt
wurde, kann u. U. auch der Vorfluter einen Teil der Abwasserreinigung
übernehmen. Normalerweise wird die Reinigung des städtischen Abwassers stufenweise durchgeführt, wozu folgende bauliche Einrichtungen
notwendig sind:

1. Rechen- und Siebanlagen,
2. Sandfanganlagen,
3. Öl- und Fettfängeranlagen,
4. Mechanische Reinigungsanlagen,
5. Schlammfaul-, Schlammtrocknungs- und Entwässerungs-
   anlagen,
6. Biologische Reinigungsanlagen,
7. Desinfektionsanlagen.

Entsprechend der Art des Abwassers, der Selbstreinigungskraft und
dem Verdünnungsverhältnis in der Vorflut kann diese oder jene Reinigungsstufe fehlen, z. B. beim Trennsystem erübrigt sich eine Sandfanganlage, oder bei ausreichender Verdünnung in der Vorflut kann auf die
biologische Reinigungsanlage verzichtet werden, bzw. eine biologische
Teilreinigung ist ausreichend.

Neuerdings wird, besonders bei Schlammbelebungsanlagen, nur eine
kurze mechanische Reinigung der Abwässer durchgeführt und sogar ganz
auf diese verzichtet. Damit gelangen aber ein Teil oder auch alle Ab-

wasserschlammstoffe, die besser in der mechanischen Reinigung zurückgehalten werden, in den biologischen Teil der Kläranlage, wo sie u. U. zu
erheblichen Betriebsstörungen und Betriebsschwierigkeiten führen. Es
ist weiter zu bedenken, daß die Schlammstoffe grober, mittlerer oder
feiner Art, die mit dem Abwasser auf der Kläranlage ankommen, sich in
einem anaeroben Zustand befinden, in der Schlammbelebungsanlage eine
unwillkommene Belastung bedeuten und durch eine erhöhte Luftzufuhr
erst einmal in aeroben Zustand überführt werden müssen, was im allgemeinen nur an ihrer Oberfläche gelingen kann. Der primäre Abwasserschlamm, der in der Vorreinigung ausgeschieden werden sollte, hat eine
ganz andere Zusammensetzung und auch ganz andere physikalische,
chemische und biologische Eigenschaften als der sich im biologischen
Reinigungsprozeß bildende Schlamm. Aus praktischen Überlegungen heraus ist es daher nicht ratsam, bei Schlammbelebungsanlagen auf eine
ausreichende Entschlammung des Abwassers in den mechanischen Reinigungsanlagen zu verzichten.

1. Rechen- und Siebanlagen

Rechen- und Siebanlagen werden in verschiedenster Bauart verwendet. Die einfachste Rechenanlage besteht aus schräg in den Abwasserzufluß gestellten Stäben mit einem Stababstand von etwa 40–60 mm.
Sehr häufig sind auch Rechen mit
maschineller Räumung in Kläranlagen eingebaut (Abb. 1).

Bei den Sieben unterscheidet
man zwischen Trockensieben, bei
denen die zurückgehaltenen Stoffe
trocken aus dem Abwasser herausgeholt werden und Spülsieben, bei
denen die Siebstoffe mit einem Teil
des Abwassers oder mit einem besonderen Spülwasserstrom abgespült werden.

Neuerdings ist man auch dazu
übergegangen, das Rechen- und
Siebgut in besonderen Maschinen,
die in den Zulaufkanal der Kläranlage eingebaut werden, zu zerkleinern, um es dann in der Absetzanlage zusammen mit den
übrigen Schmutzstoffen aus dem

Abb. 1. Stabrechen mit maschineller
Ausräumung.

Abwasser zu entfernen. Diese Lösung der Beseitigung des Rechen- und Siebgutes sollte man aber möglichst nicht wählen, da durch die Zerkleinerung der genannten Stoffe im Abwasserstrom sowohl die Schlammenge als auch die Konzentration des Abwassers nur unnötig erhöht wird.

Zweckmäßig ist es, das aus dem Abwasser durch Sieb- oder Rechenanlagen herausgeholte Gut maschinell zu zerkleinern und die so erhaltenen feinen Stoffe direkt in den Faulraum zu geben. Hier können die Stoffe zusammen mit den übrigen Schlammstoffen ausgefault und beseitigt werden.

2. Sandfanganlagen

Sandfänge für Kläranlagen haben die Aufgabe, die vor allem beim Mischverfahren im Abwasser enthaltenen mehr oder weniger großen Mengen ungelöster mineralischer Stoffe zurückzuhalten. Die Abscheidung des Sandes aus Abwässern geschieht ausschließlich auf mechanischem Wege. Der Sand, der hauptsächlich an der Kanalsohle entlang mitgeschleppt oder in geringer Höhe mitgerissen wird, erhält durch Querschnittserweiterung bei verringerter Strömungsgeschwindigkeit Gelegenheit sich abzusetzen. Er wird in vorbereiteten Kammern gesammelt und aus diesen von Zeit zu Zeit entfernt. Die Sandfänge können entweder horizontal, tangential oder vertikal durchflossen werden. Um eine gute und ausreichende Entsandung des Abwassers zu erreichen, ist es notwendig, die Wassergeschwindigkeit im Sandfang auch bei schwankenden Abwassermengen so zu gestalten, daß tatsächlich nur Sandstoffe und keine organischen Stoffe mit zur Ausscheidung kommen.

Die Abb. 2 zeigt einen horizontal durchflossenen Sandfang, der aus 2–3 längsdurchflossenen Kammern mit Sohlendrainage besteht. Benutzt wird normalerweise immer nur eine Kammer, bei Hochwasser, wenn be-

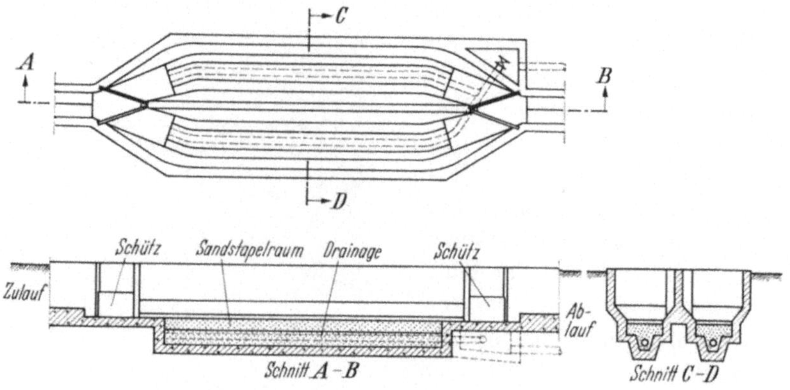

Abb. 2. Horizontal durchflossener Sandfang.

sonders viel Sand auf der Kläranlage zu erwarten ist, können auch zwei
oder alle drei Kammern in Betrieb sein. Das Ausräumen des abgeschiedenen Sandes erfolgt von Hand oder einer kleinen Kranlanage mit Grei-
fern.

Beim tangential durchflossenen Sandfang System Geiger wird, wie
Abb. 3 zeigt, das Abwasser seitlich in den Sandfang eingeführt und nach
Durchfließen des halben Raumes über eine breite Öffnung zur mechani-

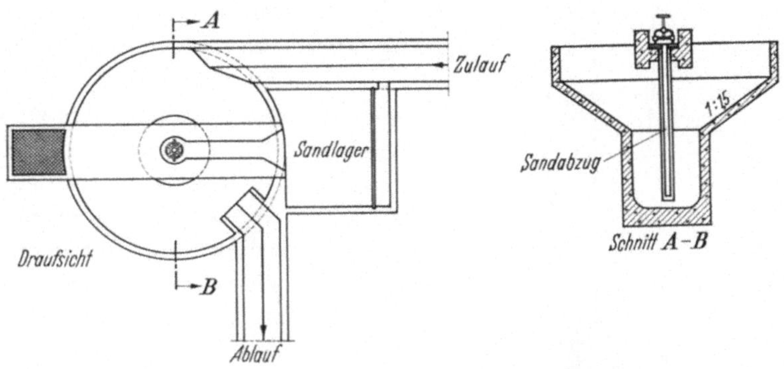

Abb. 3. Tangential durchflossener Sandfang.

schen Absetzanlage abgeführt. Dadurch, daß der Boden des Sandfangs
trichterförmig ausgebildet ist, kann der Sand aus dem Abwasser spiral-
förmig in einen zylindrischen Sammelraum geleitet werden. Die Entfernung des ausgeschiedenen Sandes aus dem Sammelraum erfolgt mit
einer Druckluftanlage. Durch eingeblasene Luft kann der Sand gewaschen
und vor dem Herausbringen von den evtl. mit ausgeschiedenen organischen Bestandteilen befreit werden.

Die Abb. 4 zeigt einen vertikal durchflossenen sogenannten Tiefsand-
fang nach BLUNK. Diese Sandfänge bestehen bei vertikalem Druchfluß
aus einem zylindrischen Raum, in den ein oder mehrere Ringzylinder eingehängt sind. Bei Trockenwetter wird nur der äußere Ringzylinder und
bei Regenwasseranfall werden auch die übrigen Zylinder mit durchflossen.
Da bekanntlich die Sandbestandteile im Abwasser hauptsächlich auf der
Kanalsohle oder im unteren Teil eines Kanalprofils abfließen, kann man
bei vertikal durchflossenen Tiefsandfängen vor dem Einlauf in den Sandfang eine höhenverstellbare Stahlblechzunge einbauen und durch sie eine
gewünschte sandhaltige Abwassermenge abtrennen, womit im Sandfang
in etwa immer die gleiche Wassergeschwindigkeit erhalten bleibt. Das
übrige Abwasser, das praktisch keine Sandstoffe enthält, wird um den
Sandfang herumgeleitet.

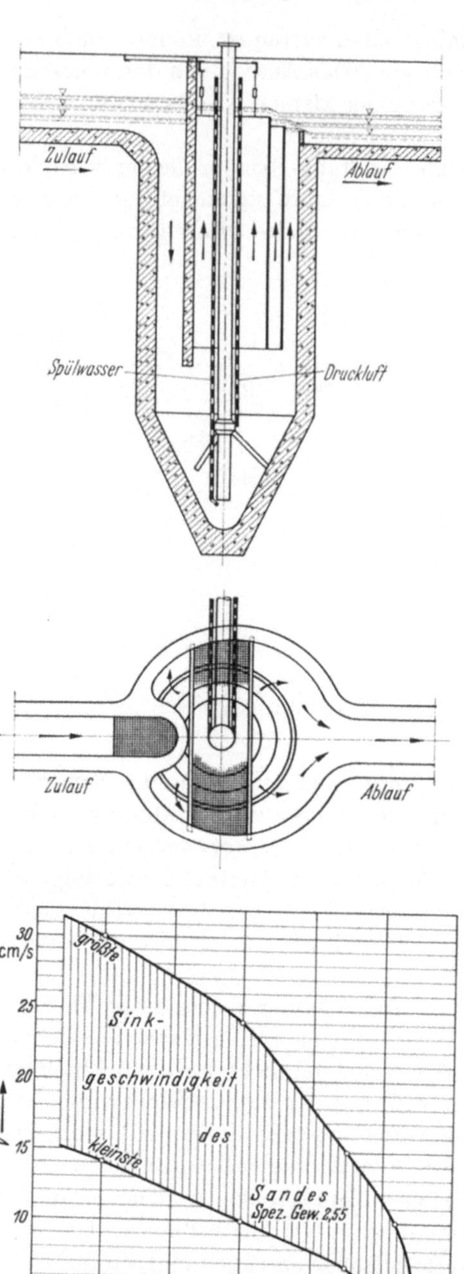

Abb. 4. Vertikal durchflossener Sandfang.

Die Entfernung des Sandes aus dem Sandfang erfolgt unter Druckluft, wobei ein Waschen des Sandes möglich ist, falls sich organische Stoffe mit ausgeschieden haben. In vertikal durchflossenen Sandfängen kann vor der Bauausführung entschieden und festgelegt werden, bis zu welcher Korngröße der Sand zurückgehalten werden soll. Aus der Abb. 5 ist zu entnehmen, daß bei einer aufwärtsgerichteten Wassergeschwindigkeit im Sandfang von 5 cm/s der Sand mit einer Korngröße von über 0,5 mm Durchmesser zurückgehalten wird. Wählt man eine Wassergeschwindigkeit von 10 cm/s, so werden Sandstoffe von über 1,5 mm dem Abwasser entzogen.

Grundsätzlich sind an jeden einwandfrei arbeitenden Sandfang folgende Forderungen zu stellen:

1. Im Sandfang müssen praktisch alle diejenigen Sandstoffe und kleinen Steinchen, die den Betrieb einer Kläranlage, besonders die Pumpenanlagen stören können, zurückgehalten werden.

Abb. 5. Sinkgeschwindigkeiten von Sand und organischen Schlammstoffenn.

2. Im Sandfang dürfen sich nur Sandstoffe usw., aber keine organischen Schlammstoffe und Fäkalien ausscheiden.

3. Der Sandfang soll sich bei konstanter Durchflußgeschwindigkeit selbsttätig auf den schwankenden Abwasserfall eines Tages einstellen, so daß bei jeder Abwassermenge die ordnungsmäßige Entsandung gewährleistet ist.

4. Der Betrieb eines Sandfanges soll einfach sein und die Entfernung des abgeschiedenen Sandes muß sich auf einfache und billige Weise bewerkstelligen lassen.

3. Öl- und Fettfängeranlagen

Um den Betrieb einer Kläranlage nicht zu erschweren und vor allen Dingen, um die biologische Reinigung nicht zu gefährden, ist häufig eine Entfettung und Entölung des Abwassers notwendig. Als Fettfänger wirkt an sich jeder Behälter, in dem die Geschwindigkeit des durchfließenden Abwassers vermindert wird. Da man aber bei einer Kläranlage wegen der größeren Abwassermengen derartige Beruhigungsbecken nicht ohne weiteres einschalten kann, ohne daß während des Fettausscheidens auch andere unerwünschte Stoffe zur Abscheidung kommen, wurden in neuerer Zeit die räumlich verhältnismäßig kleinen belüfteten Fettfänger, die erstmalig beim Ruhrverband erprobt worden sind (Abb. 6), eingeführt. Die Abscheidung der fettigen und öligen Stoffe wird dadurch wirksam er-

Abb. 6. Belüfteter Fettfänger auf der Kläranlage Essen-Rellinghausen (Archiv Ruhrverband).

reicht, daß Luft in feiner Verteilung von der Sohle des Beckens zur Oberfläche aufsteigt und die Fettstoffe aus dem Abwasser mitreißt. Die Fettstoffe bilden dabei meist einen Schaum, der über Schwellen in besondere
Abschöpfkammern gelangt. Auf diese Weise kann eine zufriedenstellende
Entfettung und Entölung des Abwassers erreicht werden. In belüfteten
Öl- und Fettfängeranlagen können sich aber dadurch Schwierigkeiten
ergeben, daß eine starke Schaumentwicklung durch die im Abwasser
vorhandenen Detergentien auftritt. Auf das Detergentienproblem bei der
Abwasserreinigung soll später noch eingegangen werden (s. Abschn. XXI.).

4. Mechanische Reinigungsanlagen

Mechanische Absetzanlagen, in denen unter außerordentlich starker
Verminderung der Wassergeschwindigkeit alle absetzbaren Schlammstoffe, das sind etwa zwei Drittel der in einem Abwasser überhaupt vorhandenen Schlammstoffe, in einer längeren Klärzeit ausgeschieden werden, können sehr verschiedenartig gebaut sein. In kleinere Städten und
Gemeinden wird die mechanische Reinigung des Abwassers zweckmäßig
in sogenannten *zweistöckigen Kläranlagen* durchgeführt, von denen der
Emscherbrunnen (Abb. 7) am bekanntesten ist. Es bietet sich dabei der
Vorteil, daß die Bedienung derartiger Kläranlagen verhältnismäßig einfach ist. Der während der Klärzeit ausgeschiedene Schlamm rutscht lau

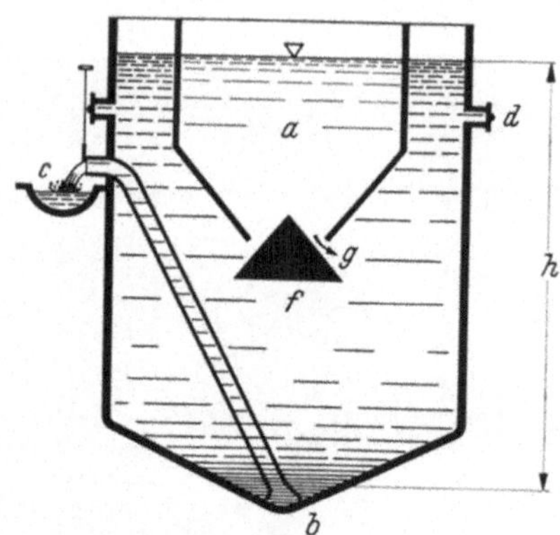

Abb. 7. Schematische Darstellung einer
zweistöckigen Kläranlage (Emscherbrunnen). *a* Absetzraum; *f* Schlammfaulraum; *g* Schlitzverbindung zwischen Absetzraum und Faulraum;
c Schlammablaßrohr.

fend selbsttätig in den unter dem Absetzraum liegenden Schlammraum,
in dem die Zersetzung der organischen Schlammstoffe unter Mitwirkung
von Bakterien bei gleichzeitiger Gasentwicklung vor sich geht. Zweistöckige Absetzanlagen werden sowohl in runder als auch in eckiger Form
als Einzelbrunnen und als Reihenbrunnen gebaut. Die zweistöckigen Absetzanlagen haben aber unter anderem die Nachteile, daß eine große Bau-

tiefe notwendig ist, und daß die Schlammzersetzung durch Erwärmung des Faulrauminhaltes oder durch Umrühren nicht beschleunigt werden kann. Aus diesen Gründen ist es zweckmäßiger, für mittelgroße und große Städte die Entschlammung in Flachklärbecken mit maschineller Schlammausräumung durchzuführen. Derartige Flachklärbecken können in den verschiedensten Ausführungen erstellt werden, und zwar

a) als rechteckige Flachbecken mit und ohne maschineller Schlammausräumung, bei denen der Schlammfaulraum von den Absetzbecken umschlossen ist.

Die Sohle des Absetzbeckens kann in mehrere Schlammsümpfe aufgelöst sein. Aus dem durchfließenden Abwasser scheidet sich der Schlamm während des Klärvorganges in diesen Schlammsümpfen aus und wird täglich mittels Pumpen oder Druckluftheber in den in der Mitte liegenden Schlammfaulbehälter befördert (Abb. 8).

Abb. 8. Flachbecken, die beiderseitig den Schlammfaulraum umschließen.

b) als rechteckige Flachklärbecken mit maschineller Schlammausräumung und vollkommen getrennt liegenden Schlammfaulbehältern.

Am Einlauf dieser Klärbecken (Abb. 9) befindet sich ein Schlammsumpf, der beim Klärvorgang sofort einen großen Teil der sich ausscheidenden Abwasserschlammstoffe aufnimmt. Ein weiterer Teil der absetzbaren Schlammstoffe, besonders die feineren Stoffe, kommt auf der flachen Sohle zur Ausscheidung und wird laufend oder in Zeitabständen durch einen beweglichen Schlammkratzer dem Schlammsammelschacht zugeschoben. Der Betrieb der Anlage gestaltet sich so, das der Kratzer im Vorwärtsgang den am Boden liegenden Schlamm entfernt. Durch eine einfache Umschaltung wird der Kratzer automatisch so weit gehoben, daß er im Rückwärtsgang über dem Wasserspiegel steht. Der in dem Trichter an der Einlaufseite zusammengeschobene Schlamm wird

Abb. 9. Rechteckiges Flachklärbecken mit getrennt liegendem Faulraum im Hintergrund.

mittels Pumpe oder Druckluftheber in den getrennt liegenden Schlammfaulbehälter gebracht.

c) als runde Flachklärbecken mit maschineller Schlammausräumung und vollkommen getrennt liegenden Schlammfaulbehältern.

Das zu klärende Abwasser wird durch einen Düker der Mitte des Klärbeckens zugeleitet und verläßt infolge der eingebauten Tauchwände und Beruhigungsrechen unter vollkommen gleichmäßiger Ausnutzung des Klärraumes des Beckens am ganzen Umfang (Abb. 10). Die gröberen Schlammstoffe gelangen sofort in den zentral gelegenen Schlammsumpf, während die feineren Schlammstoffe in der vorgesehenen Klärzeit auf der flachen, zur Beckenmitte meist etwas geneigten Sohle zur Ausscheidung kommen. Die an einer Brücke aufgehängten rotierenden Schlammkratzer bringen den auf der Beckensohle lagernden Schlamm dauernd oder in Abständen zum Schlammsumpf, von wo der gesamte Schlamm aus dem Abwasser in den getrennt liegenden Schlammfaulbehälter gedrückt wird. Der Antrieb der kreisenden Kratzerbrücke erfolgt durch ein Zahnradgetriebe.

Die Leistung einer mechanischen Abwasserreinigungsanlage kann u. U. durch die Zugabe von chemischen Fällungsmitteln (z. B. Eisenverbindungen und Kalk) erhöht werden. Bei der Reinigung häuslicher und industrieller Abwässer kann die Zugabe von Fällungsmitteln von Vorteil sein, wenn es sich um ein sehr „dickes Abwasser" handelt. Die chemischen Fällungsmittel können u. U. erhebliche Mengen kolloidaler Stoffe zur Flockung bringen, wodurch eine anschließende biologische

Abb. 10. Runde Flachklärbecken mit getrennt liegenden Faulräumen mit Hintergrund.

Reinigung der Abwässer erleichtert wird. Die Zugabe von Fällungsmitteln erhöht aber den Schlammanfall in der mechanischen Reinigungsanlage erheblich. Es ergibt sich dann meist ein sehr wasserreicher Schlamm, der u. U. schlecht zu entwässern ist.

5. Schlammfaulanlagen

Die in den mechanischen Reinigungsanlagen aus dem Abwasser herausgeholten Schlammstoffe werden als „Frischschlamm" bezeichnet. Dieser Schlamm ist reich an kolloidalen und wasserbindenden Stoffen, wodurch sein hoher Wassergehalt von 95 % und mehr bedingt ist. Die Schlammtrockenmasse enthält etwa 60–70 % organische Stoffe. Bei Lagerung des Frischschlammes an der Luft ergeben sich häufig starke Geruchsbelästigungen und Fliegenplagen. Um dem Schlamm seine üblen Eigenschaften zu nehmen, wird er in den Schlammfaulräumen der anaeroben bakteriellen Zersetzung, d. h. einer Zersetzung unter Luftabschluß unterworfen (s. Abschn. VI.). Läßt man den Frischschlamm ausfaulen, dann vermindern sich diejenigen Bestandteile des Schlammes, die zersetzungs- und fäulnisfähig sind, und es verbleibt ein nicht mehr zersetzungsfähiger, also auch nicht mehr faulender Rückstand. Beim Ausfaulen von Klärschlamm muß man sich zwei nebeneinander verlaufende

Vorgänge klarmachen. Einmal werden die pflanzlichen und tierischen Zellen und Fasern usw. von den Fäulnisbakterien angegriffen und zerstört, so daß das eingeschlossene Wasser frei wird, zum anderen geraten die kolloidalen, leimartigen, aufgequollenen und die in ihrem inneren Aufbau Wasser enthaltenen Stoffe in Fäulnis. Hierbei werden die zersetzlichen Stoffe teilweise verflüssigt und zum anderen Teil vergast. Das bei der anaeroben Schlammzersetzung entstehende Gas mit einem Heizwert von 6000–8000 WE hat etwa folgende Zusammensetzung:

$$65\text{–}90\% \text{ Methan (CH}_4),$$
$$10\text{–}35\% \text{ Kohlensäure (CO}_2),$$
$$0\text{– }5\% \text{ Wasserstoff (H}_2),$$
$$0\text{–}10\% \text{ Stickstoff (N)},$$
$$0\text{–}0{,}5\% \text{ Schwefelwasserstoff (H}_2\text{S).}$$

Das Faulgas von zweistöckigen Absetzanlagen, z. B. von Emscherbrunnen, enthält immer weniger Kohlensäure (CO_2) als das von selbständigen Schlammfaulanlagen (Abb. 11).

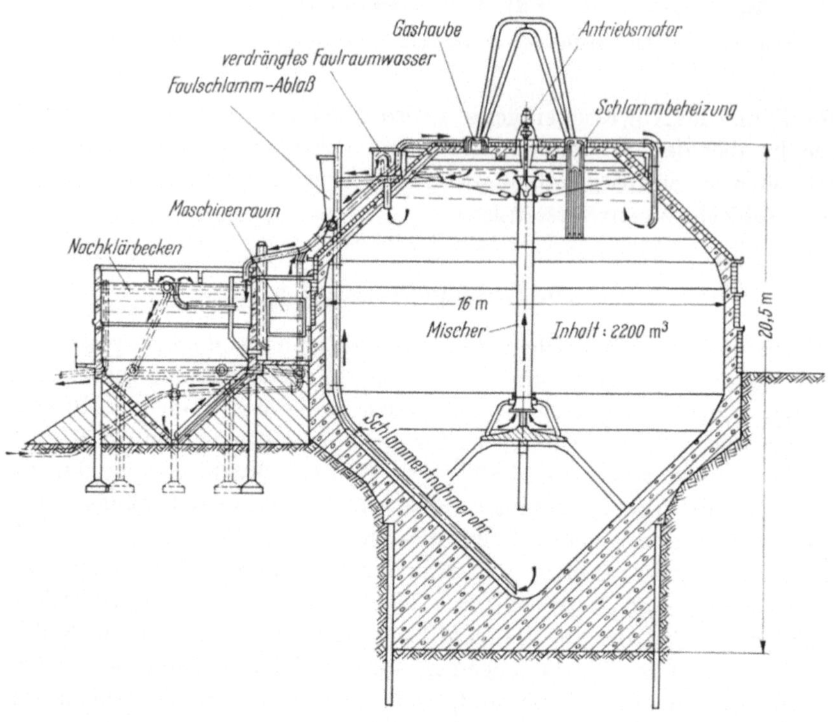

Abb. 11.
Schlammfaulbehälter mit Schlammbeheizung und Umwälzvorrichtung durch Schraubenschaufler.

Das Gas kann zu folgenden Zwecken verwendet werden:

1. Einleitung in das städtische Gasversorgungsnetz oder im Eigenbetrieb zum Heizen der Betriebsgebäude und Wohnhäuser und zum Kochen,

2. zum Beheizen der Faulräume,

3. zur Krafterzeugung bei Verbrennung in Explosionsmotoren,

4. zum Antrieb von Fahrzeugen nach vorheriger Reinigung und Komprimierung.

Die Zersetzung des Klärschlammes schreitet so lange fort, bis schließlich alles zersetzliche Material zerstört ist oder ein Zustand erreicht wird, bei dem durch Absterben der in Frage kommenden Bakterien die Zersetzung zum Stillstand gelangt. Von der Zersetzung werden diejenigen organischen Stoffe zuerst ergriffen, die infolge ihres inneren Aufbaues am leichtesten zerfallen, und das sind die schwefelhaltigen Eiweißstoffe und Fette. Als Endprodukte der Schlammzersetzung erhält man einen geruchlosen ausgefaulten Schlamm, in dem noch ein Rest organischer Stoffe, neben den mineralischen, übriggeblieben ist. Der Gehalt an Stickstoff, Kali und Phosphordünger macht ihn zu einem wertvollen Dünger. Außerdem enthält der Schlamm noch gewisse Mengen an Humus bzw. humusbildenden Stoffen (s. Abschn. XI.).

Da, wie schon gesagt, die anaerobe Schlammzersetzung durch Bakterien ausgelöst wird, müssen diesen, wenn man eine weitgehende Ausfaulung des Schlammes erreichen will, optimale Lebensbedingungen geboten werden, die im praktischen Schlammfaulbetrieb durch folgende Maßnahmen sichergestellt werden können:

1. Aufrechterhaltung einer Temperatur von 25–35 °C im Faulraum.

2. Aufrechterhaltung einer neutralen, schwach alkalischen Reaktion.

3. Beseitigung der giftig wirkenden Abbaustoffe der Bakterien.

Bei zweistöckigen Kläranlagen, bei denen, wie wir gesehen haben, der Schlammfaulraum in direkter Verbindung mit den Absetzräumen unter diesen liegt (Abb. 7), ist es aus den verschiedensten Gründen nicht möglich, den oben gestellten Forderungen nachzukommen. Vor allen Dingen ist es schwierig, besonders in den Herbst- und Wintermonaten, im Faulraum die notwendige Temperatur für die optimalen Lebensbedingungen der Schlammbakterien zu halten, da die künstlich zugeführte Wärme sehr schnell an die Außenwände abgegeben und mit dem durch das Absetzbecken fließenden Abwasser fortgeführt wird. Außerdem ist eine künstliche Durchmischung des Faulrauminhaltes nicht möglich, da bei größerer Unruhe im Faulraum Schlammstoffe durch den Verbindungsschlitz in den Absetzraum übertreten und somit die Klärwirkung hinfällig machen.

Wesentlich günstiger liegen die Verhältnisse bei den selbständigen Schlammfaulbehältern (Abb. 8, 9, 10 und 11).

2*

Der in den Flachbecken gewonnene Frischschlamm wird täglich in den Schlammfaulbehälter gepumpt. Liegt seine Temperatur unter der des Fäulnisbehälterinhaltes, was im allgemeinen der Fall ist, so tritt durch das tägliche Einbringen des kälteren Frischschlammes eine Temperaturabnahme ein. Um aber dauernd die erforderliche Temperatur von 25 bis 35 °C zu erhalten, wird der Behälterinhalt durch geeignete Maßnahmen laufend aufgeheizt. Die notwendige Wärmemenge kann aus dem bei der Schlammzersetzung gewonnenen Gas erzeugt werden, wobei aber noch reichliche Mengen an Methangas für andere Verwendungszwecke übrigbleiben. Zur Aufrechterhaltung einer neutralen, schwach alkalischen Reaktion ist es notwendig, daß der täglich in den Faulbehälter eingebrachte Frischschlamm, der im allgemeinen eine saure Reaktion hat, mit dem Gesamtinhalt des Faulbehälters innig durchmischt wird. Diese Durchmischung kann durch mechanische Rührwerke, Pumpen oder Schraubenschaufler erfolgen. Während der Durchmischung des Schlammes kommt der bakterienreiche Schlamm mit einer ausreichenden Menge Wasser, das sich als überstehende Flüssigkeit in den Faulräumen bildet, in Berührung, so daß auch die giftig wirkenden Abbaustoffe der Bakterien in ausreichender Weise ausgewaschen und entfernt werden können.

6. Biologische Reinigungsanlagen

Die biologische Abwasserreinigung, d.h. die Entfernung und Aufarbeitung der im Abwasser nach der mechanischen Reinigung noch verbleibenden Schmutz- und Fremdstoffe, vor allen Dingen der gelösten und kolloidalen unstabilen, fäulnisfähigen Stoffe, die den Vorfluter unter Umständen außerordentlich stark belasten können, wird durch eine Kombination von physikalischen, chemischen, bakteriologischen und biologischen Vorgängen, die aber im Gegensatz zu den eben behandelten anaeroben Abwasserschlammzersetzungen *aerob*, d.h. unter ausreichender Luftzufuhr (Sauerstoffzufuhr) vor sich gehen, bewirkt (s. Abschn. VI.). Es spielen sich dabei unter Mitwirkung von Bakterien und Kleinlebewesen Vorgänge ab, die dem Selbstreinigungsvorgang in einem Gewässer sehr ähnlich sind, nur mit dem Unterschied, daß bei der biologischen Abwasserreinigung der Abbauvorgang der organischen Stoffe unter entsprechendem Energieeinsatz in viel kürzerer Zeit und auf wesentlich kleinerem Raum als in der Natur vor sich geht.

Bei der biologischen Abwasserreinigung unterscheidet man zwischen *natürlichen* und *künstlichen* Verfahren. Zu den ersteren gehören die *Rieselfeldanlagen*, *Verregnungsanlagen* und die *Fischteichanlagen*, während zu den künstlichen das *Tropfkörperverfahren* und das *Belebtschlammverfahren* zu rechnen sind.

a) Rieselfeldanlagen

Auf Rieselfeldern wird das Abwasser unter Benutzung des Bodens als Träger der wirksamen physikalischen, chemischen und biologischen Kräfte gereinigt, wobei gleichzeitig die im Abwasser vorhandenen Kerndungstoffe, wie Stickstoff, Kali und Phosphorsäureverbindungen weitgehend genutzt werden. Auch der Humusgehalt des Abwassers spielt dabei eine gewisse Rolle. Bei dem Rieselverfahren ist zwischen Hang- und Stauberieselung zu unterscheiden. Die Wahl des anzuwendenden Verfahrens hängt ganz von den örtlichen Verhältnissen ab und muß von Fall zu Fall entschieden werden. Um eine gute Nutzung der Dungstoffe und eine ausreichende biologische Reinigung der Abwässer zu erreichen, ist es wichtig, daß das zu behandelnde Abwasser gleichmäßig über die zu berieselnden Flächen geleitet wird.

b) Verregnungsanlagen

Eine Abart der Rieselfelder sind die Verregnungsanlagen. Das biologisch zu reinigende Abwasser wird in besonderen Rohrleitungen in die Rieselfelder gepumpt und mittels feststehender oder beweglicher Verregnungseinrichtungen auf das zu behandelnde Gelände feinstverteilt. Dieses Verfahren gewährleistet vor allen Dingen eine gleichmäßige, weiträumige Verteilung des Abwassers. Beide Verfahren können im Winter bei strenger Kälte, wenn der Boden gefroren ist, versagen. Man muß daher neben der normal landwirtschaftlich genutzten Fläche auch noch gewisse Ackerstücke so herrichten, daß sie für die Zeit des Frostes mit dem laufend anfallenden Abwasser überstaut werden können. Aus diesen Stauflächen sickert das Abwasser langsam in den Untergrund, wobei dann die biologische Reinigung stattfindet.

c) Fischteichanlagen

Die im mechanisch vorgeklärten Abwasser noch enthaltenen organischen Stoffe können, wenn gewisse Vorbedingungen erfüllt sind, der Fischzucht nutzbar gemacht werden. Um das Fischteichverfahren mit Erfolg anwenden zu können, ist aber eine mehrfache Verdünnung des Abwassers mit sauberem, sauerstoffreichem Vorflutwasser notwendig. Es werden dann gleich den Selbstreinigungsvorgängen in einem Gewässer die kolloidalen und gelösten organischen Schmutzstoffe durch Bakterien, Kleinlebewesen und Pflanzen in Fischfleisch umgesetzt.

d) Tropfkörperanlagen

Tropfkörper bestehen aus frei aufgeschichtetem wetterbeständigem porösem Material, z. B. Lavaschlacke verschiedener Höhe (2–4 m), auf dessen Oberfläche das zu reinigende Abwasser mittels geeigneter Vorrichtungen (Drehsprenger) möglichst fein von oben her verteilt wird (Abb. 12). Gelegentlich sind auch bis zu 10 m hohe Tropfkörper, die sog.

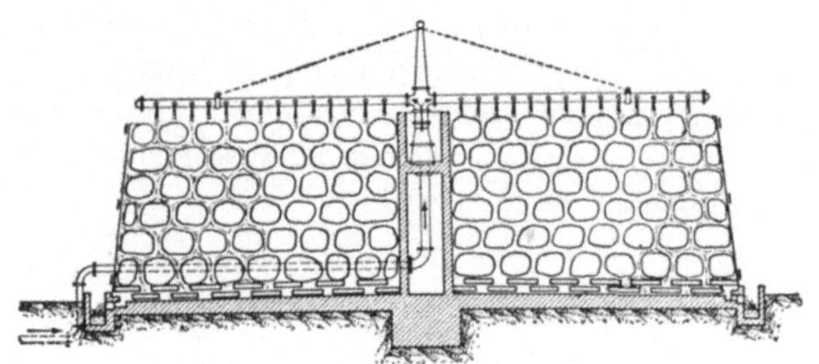

Abb. 12. Schematische Darstellung eines Tropfkörpers.

Turmtropfkörper, gebaut worden. Schon nach kurzer Betriebszeit überzieht sich das Brockenmaterial mit einer schleimigen Haut, dem sogenannten biologischen Rasen. In ihm sind die Bakterien und Kleinlebewesen, die die biologische Reinigung des Abwassers bewirken, ansässig. Das zu reinigende Abwasser wird schon in den oberen Schichten des Tropfkörpers in Tropfen aufgelöst und tropft und diffundiert dann langsam über oder durch den biologischen Rasen von Materialbrocken zu Materialbrocken. Im Zusammenwirken physikalisch-chemischer und biologischer Kräfte findet dann die Abwasserreinigung statt. Die erforderliche Luft (Sauerstoff) für den aeroben Abbau der Abwasserschmutzstoffe kann bei richtig gebauten Tropfkörpern in ausreichendem Maße in den Körper eintreten. Der Betrieb erfolgt je nach dem Abwasseranfall entweder kontinuierlich oder mit Unterbrechung. Um auch bei geringem Abwasseranfall die Tropfkörper kontinuierlich zu betreiben, kann ein Teil des schon biologisch gereinigten Abwassers in den Zulauf der Tropfkörperanlage zurückgeleitet werden. Auf diese Weise erhält man genügend Wasser, um, von der Wassermenge gesehen, eine ziemlich gleichmäßige Belastung zu erreichen. Neben den alten schwach belasteten Tropfkörpern werden heute noch hochbelastete Körper betrieben, in denen nur ein geringer biologischer Rasen gehalten wird. Derartige Tropfkörper sind von der unnötigen Aufgabe befreit, die aus den gelösten Abwasserstoffen gebildeten festen Stoffe im Körper selbst abzubauen. Gelegentlich auftretende Gerüche und vor allen Dingen Fliegenplagen

haben in neuerer Zeit dazu geführt, die Tropfkörper vollkommen zu um-
hüllen (Abb. 13). Die für die Abwasserreinigung notwendige Luft muß
dann künstlich in den Tropfkörper mittels Ventilator eingeblasen werden.
Da während des biologischen Reinigungsvorganges die kolloidalen und

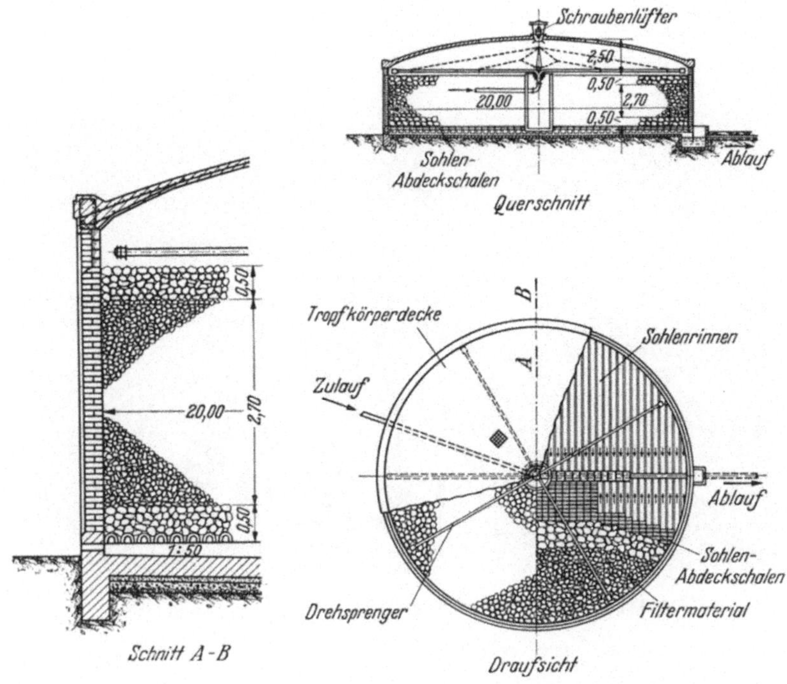

Abb. 13. Vollkommen umhüllter Tropfkörper mit künstlicher Belüftung.

gelösten organischen Schmutzstoffe des Abwassers zum Teil in feste
Schlammstoffe umgewandelt werden, verläßt das biologisch gereinigte
Abwasser den Tropfkörper mit einem gewissen Gehalt an absetzbaren
Schlammstoffen, die in einem besonderen Nachklärbecken noch entfernt
werden müssen.

e) Belebtschlammverfahren

Beim Belebtschlammverfahren (Abb. 14) sind die das Abwasser reinigenden Kräfte im wesentlichen die gleichen wie bei den anderen biologischen Verfahren. Die Bakterien und Kleinlebewesen sind hier allerdings nicht ortsgebunden, wie z.B. in dem biologischen Rasen auf dem
Brockenmaterial eines Tropfkörpers, sondern sie schweben frei im Abwasser zusammen mit dem sogenannten Belebtschlamm. Dieser Schlamm

wird dadurch erzeugt, daß das zu reinigende Abwasser einer mehrstündigen Belüftung unterzogen wird.

Dabei ballen sich zunächst die kolloidalen Bestandteile des Abwassers um die in jedem Abwasser vorhandenen feinen Staub- oder sonsti-

Abb. 14. Belebtschlammanlage des Lippeverbandes in Hamm i. W.

gen Fremdstoffe zusammen. Ist der belebte Schlamm in einer Anlage einmal vorhanden, so vermehrt er sich unter Anziehung der laufend zufließenden Abwasserschmutzstoffe bei gleichzeitiger Reinigung des Abwassers immer weiter. Das aus dem sogenannten Belüftungsbecken mit dem belebten Schlamm zusammen abfließende biologisch gereinigte Abwasser wird in einem besonderen Nachklärbecken vom Belebtschlamm befreit und kann als voll gereinigtes Abwasser unbedenklich jedem Vorfluter zufließen. Ein Teil des zurückgehaltenen Schlammes geht als *Rücklaufschlamm* zu neuer Arbeit in das Belüftungsbecken zurück, während der sogenannte *Überschußschlamm* zweckmäßig der bestehenden Faulkammeranlage möglichst nach entsprechender Eindickung zugeführt wird. Die zur Reinigung des Abwassers notwendige Luft kann entweder auf der Sohle des Belüftungsbeckens in verschiedenster Art und Weise eingeblasen oder durch maschinelle Einrichtungen, wie rotierende Bürsten, Kreisel, Walzen oder auch Druckluftheber in das Abwasser eingebracht werden. Es ist auch eine Kombination zwischen den beiden genannten Belüftungsverfahren möglich.

In diesem Zusammenhang sei noch kurz darauf hingewiesen, daß es unter Umständen ratsam sein kann, für die biologische Abwasserreinigung eine Verbindung von Tropfkörperanlage und Belebtschlammanlage zur Anwendung zu bringen. Besonders dann, wenn ein „dickes Abwasser" oder ein solches mit reichlichen Beimengungen industrieller Abwässer, die an sich schwer zu reinigen sind, behandelt werden soll, empfiehlt es sich, die biologische Abwasserreinigung in zwei Stufen vor-

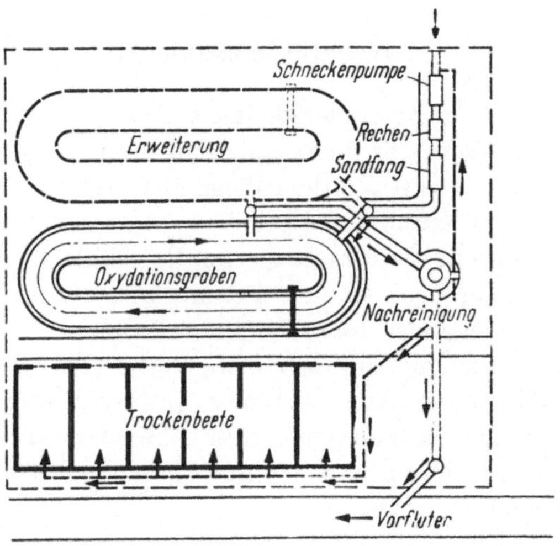

Abb. 15. Systemskizze eines Oxydationsgrabens mit Nachreinigung.

zunehmen, wobei als erste Stufe eine Tropfkörperanlage und als zweite Stufe eine Belebtschlammanlage oder auch umgekehrt Verwendung finden kann. Eine besondere Entwicklung des Schlammbelebungsverfahrens hat zum „Oxydationsgraben" geführt (Abb. 15). Zur Belüftung dienen im allgemeinen rotierende Bürsten, die in die Gruppe der Oberflächenbelüfter einzureihen ist. Durch die rotierende Bürste bewegt sich das Abwasser bei einer Belüftungszeit von mehreren Tagen mit einer Geschwindigkeit von etwa 0,3 m/s im Oxydationsgraben. Der Oxydationsgraben ist häufig für kleinere Gemeinden und zur Behandlung industrieller Abwässer anzuwenden.

Betriebsschwierigkeiten ergeben sich im Oxydationsgraben, wenn das Nachklärbecken in den Graben mit hineingebaut ist und somit eine Verbindung zwischen Absetzbecken und Oxydationsgraben vorhanden ist. Durch die Schlitzverbindung treten im Nachklärbecken unkontrollierbare Strömungen auf, die es verhindern, daß sich der belebte Schlamm ausreichend absetzt. Er gelangt dann in den Ablauf des Nachklärbeckens und verschlechtert den Ablauf. Außerdem kann es dazu kommen, daß mit dem Ablauf mehr Schlammstoffe aus dem Oxydationsgraben abfließen als sich neuer Schlamm im Graben bildet. In diesen Fällen kommt es dann zu keiner ausreichenden Schlammentwicklung im Oxydationsgraben.

Um diese Schwierigkeiten zu vermeiden, ist es ratsam, das Nachklärbecken neben dem Oxydationsgraben zu errichten. Man muß dann aber den ausgeschiedenen Schlamm wie in einer normalen Belebtschlammanlage laufend zurückpumpen.

7. Desinfektionsanlagen

Das Abwasser kann Krankheitskeime enthalten, die auch in den biologischen Reinigungsanlagen nicht vollkommen abgetötet werden. Daher ist unter Umständen meist auf dem Wege über das Vorflutwasser Anlaß zur Verbreitung von Krankheiten gegeben. Letzteres ist besonders dann zu befürchten, wenn in einer kanalisierten Ortschaft Typhus oder Ruhr, Cholera usw. ausgebrochen sind. Um dem Abwasser die Fähigkeit zum Weitertragen ansteckender Krankheiten zu nehmen, muß es entkeimt werden, wodurch die im Abwasser etwa vorhandenen lebendigen und fortpflanzungsfähigen Krankheitskeime abgetötet werden. Von den Mitteln, mit denen die Entkeimung eines Abwassers durchgeführt und sichergestellt werden kann, hat sich das Chlor am besten bewährt und auch überall eingeführt.

IV. Entwicklungstendenzen in der Abwasserreinigung

Bis vor wenigen Jahren wurden die einzelnen Bauelemente einer Kläranlage getrennt voneinander errichtet. Die Abb. 16 zeigt eine normale mechanisch-biologisch arbeitende Kläranlage mit den einzelnen Reinigungsstufen (Vorklärung, Pumpenhaus, Tropfkörper als 1. biologische Stufe, zweistöckige Schlammbelebungsanlage als 2. biologische

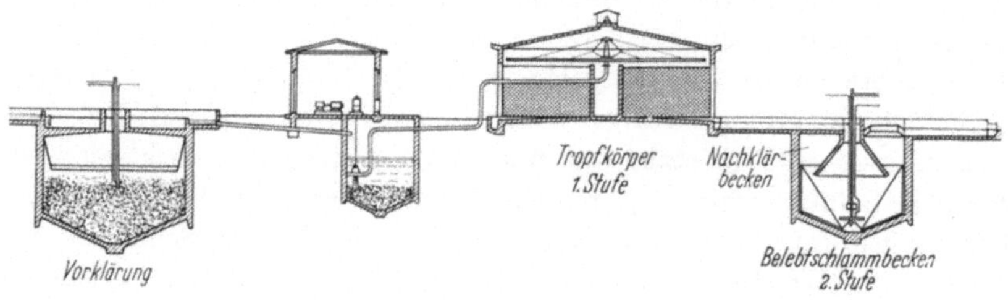

Abb. 16. Schematischer Querschnitt durch eine Kläranlage.

Stufe). Der Flächenbedarf einer solchen klassischen Abwasserreinigungsanlage ist natürlich verhältnismäßig groß, und für jedes Bauelement müssen getrennte Baumaßnahmen durchgeführt werden, die sich naturgemäß in den Baukosten niederschlagen müssen. Um den Flächenbedarf und auch die Baukosten für Kläranlagen zu verringern, wurden in der Abwassertechnik in den letzten Jahren Wege beschritten, die verschiedenen Behandlungsstufen des Abwassers und des Schlammes in einem Bauwerk zusammenfassen.

An einigen typischen Beispielen soll diese Entwicklung hier aufgezeigt werden. In den zweistöckigen Kläranlagen, z. B. in den Emscherbrunnen (Abb. 7), hat man im Zuge der Entwicklung der Abwasser-

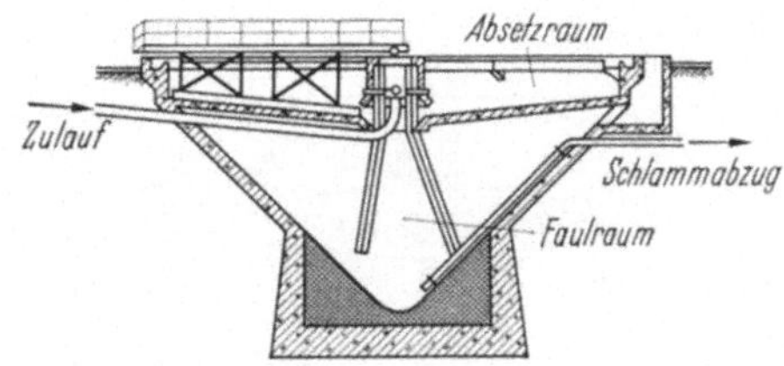

Abb. 17. Üdemer-Becken.

reinigungsverfahren, wenn auch wohl unbewußt, schon vor mehr als 50 Jahren den Absetzraum und den Schlammfaulraum, damals allerdings unter ganz anderen Gesichtspunkten, in einer Einheit zusammengefaßt. Die Weiterentwicklung dieses Gedankens durch SCHMITZ-LENDERS hat zu dem „Üdemer-Becken" geführt, das in der Abb. 17 dargestellt ist.

Abweichend von den bisher üblichen Bauweisen zweistöckiger Anlagen ist der Absitzraum nicht als Gerinne mit Schrägflächen, sondern als flaches, durch einen Kratzer geräumtes Rundbecken ausgebildet worden. Durch diese Konstruktion werden gegenüber den alten zweistökkigen Anlagen (z. B. Emscherbrunnen) folgende Vorteile erreicht:

1. Der tote, nutzlose Raum unter den sonst üblichen Rutschflächen zweistöckiger Absetzanlagen für den aus dem Abwasser ausgeschiedenen Schlamm kommt in Fortfall.

2. Die erforderliche häufige Reinigung der Rutschflächen zweistökkiger Anlagen von Hand entfällt.

3. Der auftretende Schwimmschlamm wird durch die Kratzerbrücke des Absetzbeckens regelmäßig von der Oberfläche des Absetzbeckens abgestreift.

4. Die Wasserführung in flachen Rundbecken ist wesentlich günstiger als in einem aus Schrägflächen gebildeten dreieckförmigen Querschnitt, wie er z. B. bei den Emscherbrunnen vorhanden ist.

5. Die bei Schrägflächen sich über die ganze Länge des Absetzraumes erstreckende Verbindung mit dem Faulraum durch Schlitze, wie sie z. B. beim Emscherbrunnen vorhanden ist, kommt in Fortfall. Statt dessen besteht nur eine Verbindung in der vom Abwasser nicht durchströmten Mitte des Beckens. Infolgedessen entfällt die Gefahr des Durchspülens des Faulraumes. Es findet zwischen Absetzbecken und Faulraum im wesentlichen nur ein Austausch entsprechend der Verdrängung von Faulraumwasser durch das Einbringen von Frischschlamm statt.

In die gleiche Entwicklungsgruppe wie das Üdemer-Becken gehört der Clarigester der Fa. Dorr-Oliver und der Completreaktor, die beide in der Abb. 18 dargestellt sind.

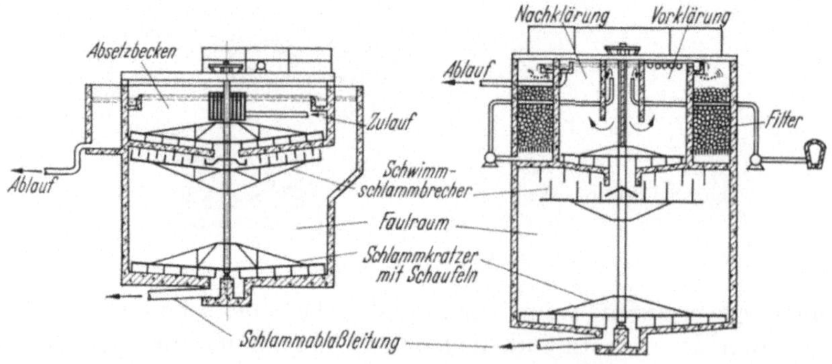

Abb. 18. Clarigester (links); Completreaktor (rechts).

Der Clarigester eignet sich als zweistöckige Kläranlage besonders für kleinere Kläranlagen. Wesentlich bei Clarigester ist, daß sowohl im Absetzbecken als auch im Faulraum Rührwerke für den Betrieb der Anlage eingebaut sind. Der Completreaktor stellt eine neuere Entwicklung der kombinierten mechanischen und biologischen Kläranlagen für 250 bis 2000 angeschlossene Einwohner dar. Man erkennt, daß die mechanische Vorreinigung, der Faulraum, der Tropfkörper und die Nachreinigung des biologisch gereinigten Abwassers in einem Baukörper zusammengefaßt sind. Der Tropfkörper umschließt ringförmig die Vorklärung und Nachklärung. Vor- und Nachreinigung sind bis auf einen Schlitz für den Schlammräumer getrennt. Zur Vermeidung eines Kurzschlusses des Abwasserstromes wird die Zirkulationspumpe größer als die Rohwasserpumpe ausgelegt. Damit läuft dann ein geringer Teil des Abwassers von der Nachreinigung zur Vorreinigung und wird mehrfach über den Tropfkörper geleitet.

Die Abb. 19 zeigt eine „Schreiber-Kläranlage", bei der ebenfalls alle Elemente einer mechanischen und biologischen Abwasserreinigungsanlage in einem Bauwerk zusammengefaßt sind.

Wie die Abb. 19 erkennen läßt, sind Vorreinigung und Nachreinigung für das biologisch geklärte Abwasser im unteren Bauteil angeordnet, während der Tropfkörper und der Maschinenraum im oberen Bauteil liegen. Die Kläranlage wird aus Fertigteilen erstellt. Das zu reinigende

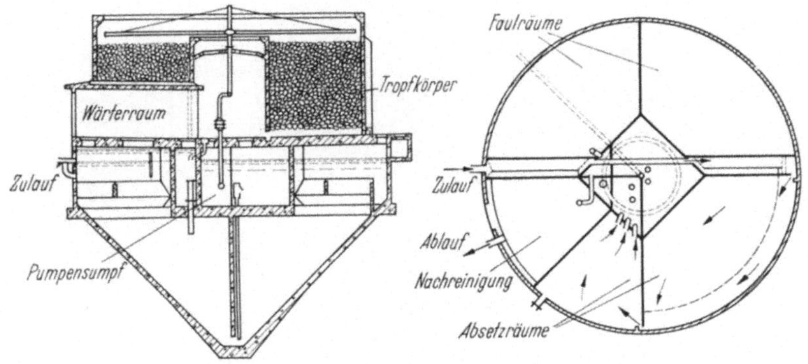

Abb. 19. Schreiber-Kläranlage.

Abwasser braucht im allgemeinen nur einmal, und zwar zur Verteilung, auf den Tropfkörper gehoben werden.

Auch eine Kombination Vorklärung, biologische Reinigung nach dem Schlammbelebungsverfahren mit entsprechenden Nachklärbecken in einem Bauwerk ist möglich. Die Abb. 20 zeigt eine solche Kombination

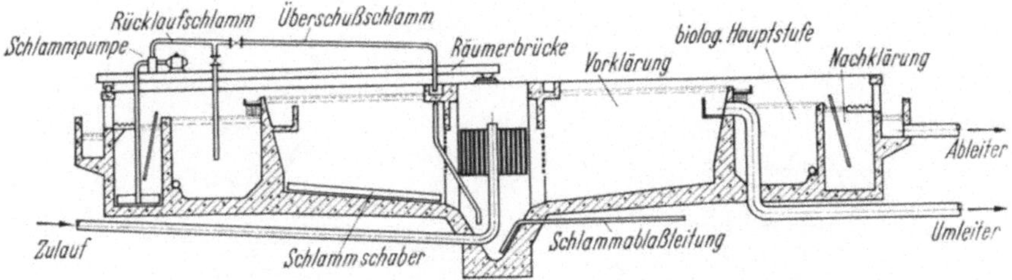

Abb. 20. Schachtelbecken (nach SCHMITZ-LENDERS).

in dem von SCHMITZ-LENDERS vorgeschlagenen Schachtelbecken. In der Mitte des Beckens wird die mechanische Reinigung durchgeführt, im mittleren Ring die biologische Reinigung nach dem Schlammbelebungsverfahren, und schließlich findet im äußeren Ring die Nachklärung des biologisch gereinigten Abwassers statt. Die gesamte Anordnung des Schachtelbeckens ergibt, daß durch die Art des Zusammenbaues und die Gestaltung der verschiedenen Becken ein gutes Zusammenspiel sowohl vom Absetzbecken der Vorklärung in den Belüftungsraum, als vom Belüftungsraum in den Absetzraum der Nachklärung stattfindet. Dadurch ist die ganze Kläranlage als ein einheitlich zusammenwirkender Organismus gekennzeichnet. Jedes einzelne der drei Becken erfüllt nicht nur seine ihm eigene Aufgabe als Absetz- bzw. als Belüftungsbecken, sondern

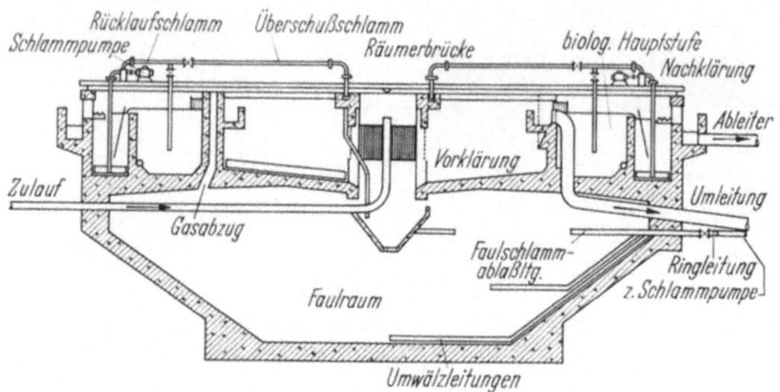

Abb. 21. Schachtelbecken mit darunter liegendem Schlammfaulraum (nach SCHMITZ-LENDERS).

es regelt auch durch geschickte Einstellung der jeweiligen Überläufe die Arbeitsweise des nächsten Beckens.

Selbstverständlich ist es auch möglich, die mechanische und biologische Abwasserreinigung zusammen mit dem Schlammfaulraum in einem Bauwerk unterzubringen, wie die Abb. 21 zeigt.

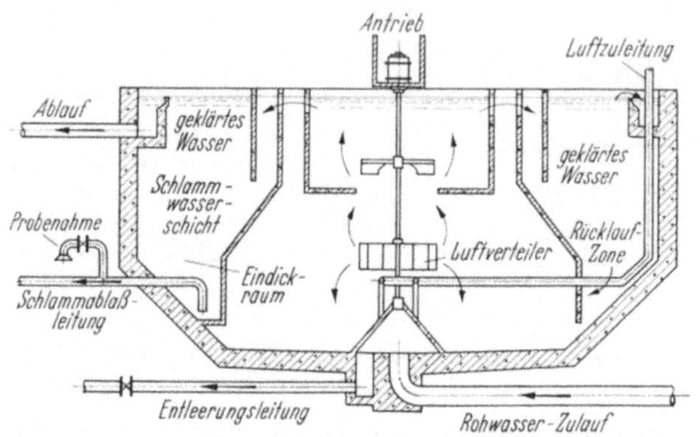

Abb. 22. Aero-Accelator der Fa. Lurgi.

Der Aero-Accelator der Fa. Lurgi faßt die Belebtschlammstufe und die Nachreinigung des biologisch behandelten Abwassers in einem Bauwerk zusammen (Abb. 22). Das mechanisch gereinigte Abwasser und die für die biologische Reinigung benötigte Luft werden der Kläranlage vom Boden aus zugeführt. Das belüftete Abwasser wird über das Mittelbauwerk in die Nachreinigung gegeben, Rücklaufschlamm und ein Teil des Abwassers fließen über den Bodenschlitz wieder der Schlammbelebungsstufe zu.

In einer Blockbauweise baut auch die Fa. Ph. Müller Nachf. Eugen Bucher in Zusammenarbeit mit der französischen Firma Degremont Kläranlagen, wie die Abb. 23 zeigt.

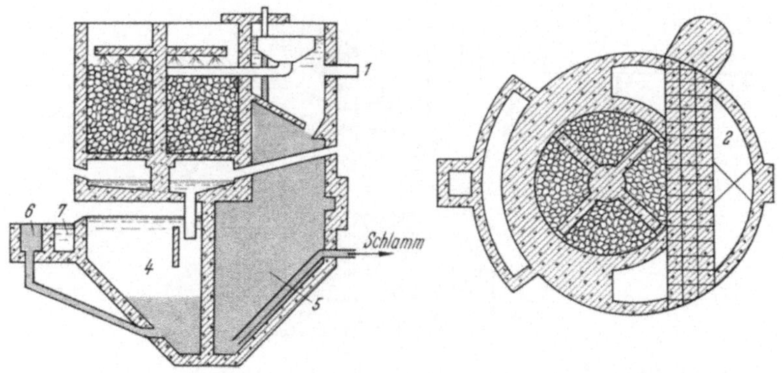

Abb. 23. Blockbauweise der Fa. Ph. Müller-Bucher-Degremont. *1* Rohwasser nach dem Pumpen; *2* Vorklärbecken; *3* Tropfkörper; *4* Nachklärbecken; *5* Faulraum; *6* Rückführung zur Rohwasserpumpe; *7* Behandeltes Wasser.

In einem Bauwerk sind Vorklärung, biologische Reinigung, Nachklärbecken und Schlammfaulraum zusammengefaßt.

Das bei der Emschergenossenschaft entwickelte „Essener Becken" (Abb. 24) enthält in einem Baukörper die Schlammbelebungsanlage und

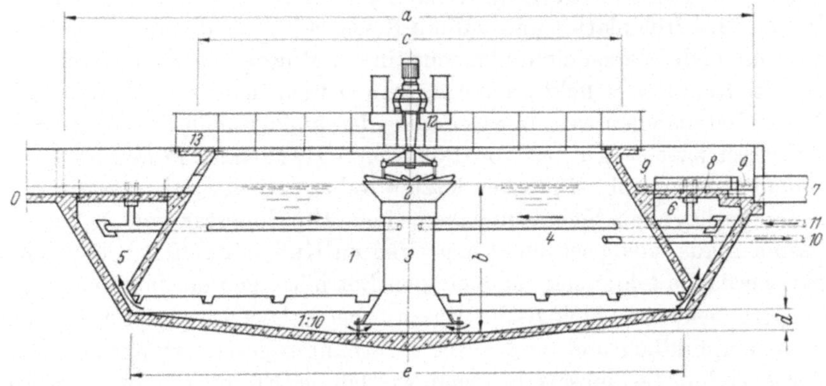

Abb. 24. Essener Becken (Fa. H. Koppers). *0* Abwasserzulauf; *1* Belebungsraum; *2* Simplex-HL-Kreisel; *3* Steigrohr; *4* Steigrohrhalterung; *5* Nachklärraum; *6* Schwimmschlammabzug; *7* Ablaufkanal; *8* Verbindungsrinne; *9* Ablaufrinne; *10* Überschußschlamm; *11* Schwimmschlammabzug vom Schlammsumpf; *12* Antriebsbrücke; *13* Bedienungssteg.

das Nachklärbecken. Es wurde zunächst als eine transportable Kleinkläranlage in Stahlbauweise für 50–1000 Einwohner entwickelt und gebaut. Das einzige maschinelle Aggregat des Essener Beckens, das von der Fa. H. Koppers gebaut wird, ist ein Simplex-Hochleistungskreisel. Nach den Untersuchungen von BÖHNKE und HOLSTE (Technische Mitteilungen der Emschergenossenschaft, H. 6, 1964) stellt das Essener

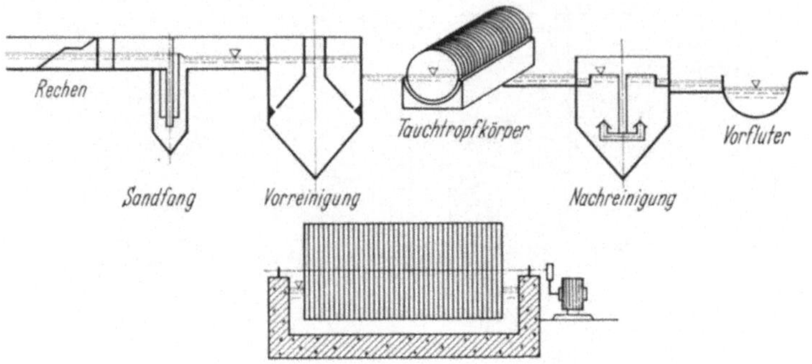

Abb. 25. Schematische Darstellung einer Kläranlage mit Scheibentauchkörpern.

Becken für kleine und kleinste Gemeinden eine wirtschaftlich vollbiologische Abwasserreinigung nach dem Schlammbelebungsverfahren dar. Das Essener Becken ist in den letzten Jahren auch für Einwohnerzahlen von 5000–30000 entwickelt worden.

In den zwanziger Jahren ist von IMHOFF und FRIES versucht worden, die biologische Reinigung des Abwassers mit sich drehenden Tauchkörpern durchzuführen. Eine solche Anlage war damals auf der Kläranlage Langendreer des Ruhrverbandes in Betrieb. Die drehbare Walze bestand aus Holzplatten und war mit Reisig gefüllt. Halb tauchte sie in das zu reinigende Wasser ein und machte in der Minute eine Umdrehung. Der erzielte Reinigungseffekt war gering, zumal auch eine Verschlammung der Walze festzustellen war. Der Gedanke, den biologischen Rasen durch das Abwasser zu bewegen, ist von PÖPEL und HARTMANN in den Scheibentauchkörpern (Abb. 25) in den letzten Jahren wieder aufgegriffen.

Die rotierenden Scheiben haben einen Durchmesser von 2–3 m und bestehen aus biologisch nicht angreifbaren Kunststoffen. Auf der Scheibenoberfläche bildet sich nach einigen Betriebstagen der von den Tropfkörpern bekannte biologische Rasen. Die Anlage ist gegen Kälte und Frost empfindlich und muß durch Überbauten geschützt werden. Nach vorliegenden Betriebserfahrungen werden je Einwohner bzw. je Einwohnergleichwert etwa 1 m² Scheibenfläche benötigt.

Bei den biologischen Reinigungsanlagen nach dem Schlammbelebungsverfahren ist auf Grund von amerikanischen Erfahrungen von KEHR die

„Totalkläranlage", die auf Grund ihrer Wirkungsweise vielleicht besser als „Langzeitkläranlage" zu bezeichnen ist, entwickelt worden. In solchen Anlagen, bei denen man vielfach auf die mechanische Vorreinigung des Abwassers ganz oder teilweise verzichtet, wird das Abwasser, das ein Gemisch von Rohschlamm und Belebtschlamm enthält, über längere Zeit, d.h. über 6–24 Stunden, belüftet. Bei diesen langen Belüftungszeiten wird der Schlamm so weitgehend mineralisiert, daß eine weitere Schlammbehandlung in Faulbehältern, die anaerobe Schlammausfaulung, nicht mehr notwendig ist. Er kann direkt auf Trockenflächen gebracht schnell und ohne Geruchsbelästigungen entwässern.

Nach den bisherigen Erfahrungen mit den Oxydationsgräben (Abb. 15), die in den letzten Jahren zu den sogenannten Hochlastgräben mit einer Abbauleistung von 1800 g BSB_5/Tag (10mal soviel wie ein normaler Oxydationsgraben) weiter entwickelt worden sind, gemacht wurden, kann man sie infolge ihres Anpassungsvermögens an stark schwankende Raumbelastungen für rasch wachsende Gemeinden und für Kur- und Ferienorte mit stark schwankenden Einwohnerzahlen gut einsetzen.

In Schlammbelebungsanlagen können verschiedene Belüftungssysteme zur Anwendung kommen. Man unterscheidet generell zwischen Druckluftbelüftern und Oberflächenbelüftern. Je nach baulicher Gestaltung und Größe der Belüftungsbecken und in Abhängigkeit von der Zusammensetzung des biologisch zu reinigenden Abwassers können die genannten Belüftungssysteme jeweils für sich oder in Kombination ein-

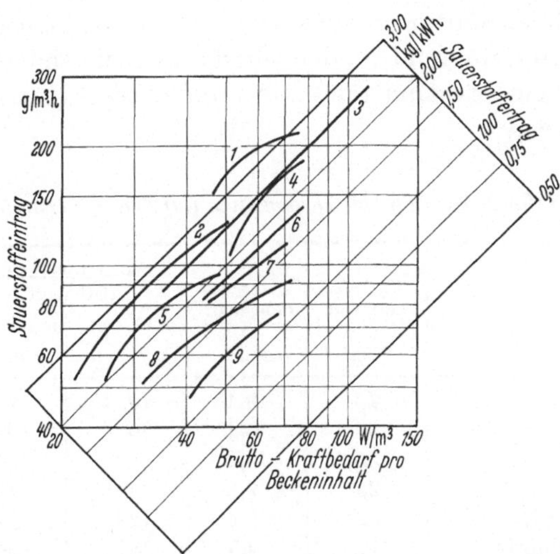

Abb. 26. Sauerstoffeintrag und Kraftbedarf verschiedener Belüftungssysteme. *1* feinblasige Druckluft (Flächenbelüftung); *2* Simplex-Hochleistungskreisel; *3* Simcar-Kreiselbelüfter; *4* feinblasige Druckluft (Bandbelüftung); *5* Vortair-Kreiselbelüfter; *6* mittelblasige Druckluft; *7* grobblasige Druckluft; *8* Dorr-Oliver-Belüfter; *9* Vogelbusch-Dispergator.

gesetzt werden. Es hat sich gezeigt, daß hinsichtlich des biologischen Effektes Druckluftbelüfter und Oberflächenbelüfter in etwa gleichwertig sind. Über den Sauerstoffeintrag in das Abwasser und den Energieverbrauch der verschiedenen Belüftungssysteme haben KNOP und Mitarbeiter recht interessante Untersuchungen durchgeführt (Jahrb. „Vom Wasser", Bd. 32, 1965 u. Techn. Mitt. der Emschergenossenschaft und des Lippeverbandes, Teil 1 u. 2, Essen: Vulkan-Verlag Dr. W. Classen). Die entsprechenden Versuche wurden zunächst in reinem Wasser durchgeführt. Obwohl von vornherein klar war, daß Sauerstoffeintragsmessungen bei Reinwasser nicht ohne weiteres auf die praktischen Verhältnisse in Schlammbelebungsbecken zu übertragen sind, wurden in den von KNOP beschriebenen Versuchen zunächst der Sauerstoffeintrag einer größeren Anzahl von Druckluftbelüftern und Oberflächenbelüftern in Reinwasser nebeneinander gemessen. Die Ergebnisse dieser Untersuchungen, die unter technischen Bedingungen durchgeführt wurden, sind in der Abb. 26 zusammengefaßt.

Der beste Wirkungsgrad wurde für die feinblasige Druckluftbelüftung, die als Flächenbelüftung ausgebildet war, festgestellt, mit einem Sauerstoffeintrag von über 3,0 kg/kWh. Bei den übrigen Belüftungssystemen bewegte sich der Sauerstoffeintrag zwischen 1,25 und 2,8 kg/kWh. Nach den Untersuchungen von KNOP ergeben sich im Sauerstoffeintrag der verschiedenen Belüftungssysteme, wenn dem Reinwasser Detergentien in Mengen zugegeben werden, wie sie im häuslichen Abwasser vorhanden sind, erhebliche Veränderungen. Es zeigte sich dann für die Druckluftbelüftungen ein starker Abfall der Sauerstoffeintragswerte (OC-Werte), während bei den Oberflächenbelüftungseinrichtungen zum Teil sogar eine Erhöhung des Sauerstoffeintrags stattfindet, wie die Zahlentafel 2 zeigt.

Zahlentafel 2. *Einfluß von Detergentien auf den Sauerstoffeintrag*

System	Energie-aufwand	Detergen-tiengehalt	Sauerstoffeintrag (OC-Wert)		αD*
			ohne Det.	mit Deter.	
	W/m³	g/m³	g/m³ · h	g/m³ · h	
Simplex	45	10,1	102	122	1,20
Simcar	90	4,1	204	190	0,94
Vortair	35	10,2	72	104	1,44
Dorr-Oliver	25	9,8	50	50	1,00
Druckluft feinblasig	52	9,2	129	84	0,65
Druckluft mittelblasig	47	3,3	81	55	0,68
Druckluft grobblasig	49	10,1	80	64	0,80

* Unter αD-Wert ist das Verhältnis von Sauerstoffeintrag in ein Wasser mit und ohne Detergentien zu verstehen.

V. Leistung der Abwasserreinigungsanlagen

Bei den Stoffen, die mit dem Brauchwasser abgeschwemmt werden und somit in das Abwasser gelangen, ist zwischen den eigentlichen *Schmutzstoffen* und den *Fremdstoffen* zu unterscheiden. Zu den Schmutzstoffen zählen zunächst die festen Stoffe, die durch die Schwerkraft zu Boden sinken, ferner die zum Teil in der Schwebe oder kolloidaler und echter Lösung befindlichen Stoffe. Die Fremdstoffe umfassen die mineralischen Salze des Abwassers, die auch durch die besten und leistungsfähigsten Abwasserreinigungsverfahren nicht beeinflußt werden. Der *Gesamtfremdstoffgehalt* eines Abwassers, der sowohl die eigentlichen Schmutzstoffe als auch die Fremdstoffe umfaßt, ist in den einzelnen Städten in Abhängigkeit von den verschiedensten Umständen schwankend. Nach IMHOFF beträgt die täglich in das Abwasser gelangende Menge an Gesamtfremdstoffen 190 g je Einwohner. PRÜSS gibt die je Einwohner und Tag mit dem Abwasser abfließende Menge mit 150 g an. Die Reinigungswirkung, d.h. die Entfernung der eigentlichen Schmutzstoffe aus einem städtischen Abwasser, ist in den einzelnen Stufen der Behandlung bzw. in den einzelnen Bauelementen einer Kläranlage sehr verschieden, wie aus der nachstehenden Zahlentafel 3 zu erkennen ist, in der Mittelwerte aus vielen Untersuchungen wiedergegeben sind.

Zahlentafel 3

Stufe der Behandlung bzw. Bauteil der Kläranlage	Je Einwohner und Tag zurückgehaltene Menge an Schmutzstoffen in Gramm	Prozentual zurückgehaltener Anteil bezogen auf die Gesamtfremdstoffe im Abwasser
1. Rechenanlage	2,0	etwa 1,0%
2. Sandfanganlage	5,0	etwa 3,0%
3. Mechanische Reinigung	50,0	etwa 30,0%
4. Biologische Reinigung	50,0	etwa 30,0%
5. Desinfektion	—	—

Die Reinigungswirkung einer Rechen- und Sandfanganlage ist, bezogen auf den Gesamtfremdstoffgehalt eines Abwassers, verhältnismäßig gering. Aus betriebstechnischen Gründen sind diese Anlagen aber notwendig. Durch die mechanische und biologische Reinigung werden dem Abwasser je etwa ein Drittel der Gesamtfremdstoffe entzogen, während ein Drittel der Gesamtfremdstoffe, im wesentlichen aber als ungefährliche mineralische Stoffe, im Abwasser verbleiben und in die Vorflut mit abfließen.

Die Abb. 27 zeigt den Reinigungserfolg in den einzelnen Behandlungsstufen eines Abwassers noch eingehender und in übersichtlicher Zusammenstellung.

3*

Die Darstellung 1 bringt zunächst die je Einwohner und Tag in das
Abwasser gelangende Gesamtfremdstoffmenge und seine Zusammensetzung im einzelnen. Aus der Darstellung 2 ist zu entnehmen, welche
Mengen an Schmutzstoffen bei der mechanischen Reinigung je Einwohner aus dem Abwasser entfernt werden und noch in ihm verbleiben. Die

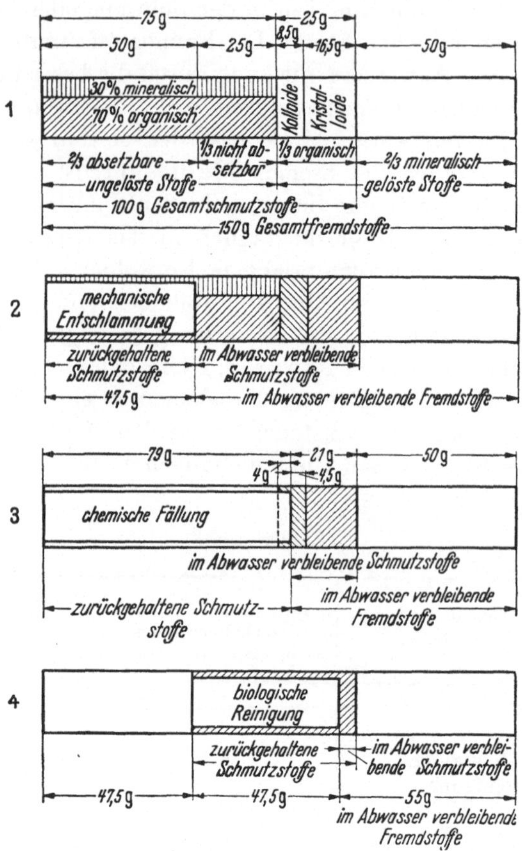

Abb. 27. Gesamtfremdstoffanfall je Einwohner und Reinigungserfolg
der verschiedenen Klärverfahren.

Darstellung 3 zeigt den Reinigungserfolg einer Behandlung des Abwassers mit chemischen Fällungsmitteln. Dieses Verfahren der Abwasserreinigung kann u. U. dort mit Erfolg angewendet werden, wo die Fällungsmittel billig zur Verfügung stehen und ein Reinigungserfolg für das
Abwasser erzielt werden muß, der zwischen der mechanischen und der
biologischen Reinigung steht. Welche Mengen an Schmutzstoffen je
Einwohner aus dem Abwasser bei biologischer Reinigung herausgeholt

werden und welche Mengen schließlich noch in dem gereinigten Abwasser verbleiben, läßt die Darstellung 4 der Abb. 27 erkennen.

Die Leistung einer mechanischen und biologischen Kläranlage wird recht deutlich und anschaulich, wenn man sich die Verhältnisse an einem Beispiel klarmacht. Eine Stadt von 50000 Einwohnern führt mit der Kanalisation bei einem Gesamtfremdstoffanfall von 190 g je Einwohner und Tag im Laufe eines Jahres der Vorflut etwa 3000 t Gesamtfremdstoffe zu. Wird das Abwasser mechanisch gereinigt, dann vermindert sich die Menge auf etwa 2000 t und bei biologischer Reinigung auf etwa 1000 t im Jahr.

VI. Bakterien und andere Kleinlebewesen im Abwasser, im Abwasserschlamm und im Vorfluter

Die Erkenntnisse der Bakteriologie und Biologie haben in der Abwasserreinigungstechnik ein sehr weites und bedeutsames praktisches Anwendungsgebiet gefunden. Nicht nur die bekannten Reduktions- und Fäulniserscheinungen, die im Abwasser auftreten und an dem Geruch nach faulen Eiern zu erkennen sind, oder die Zersetzungen der groben Schlammstoffe, die in einer mechanischen Absetzanlage aus dem Abwasser herausgefangen und in Faulbehältern behandelt werden, haben ihre Ursache in der Tätigkeit einer Vielzahl verschiedenartiger Bakterien, sondern auch die weitergehende Reinigung der Abwässer in den sogenannten biologischen Kläranlagen wird im wesentlichen neben vorhergehenden oder gleichlaufenden physikalischen und chemischen Vorgängen durch Bakterien und andere Kleinlebewesen ausgelöst und durchgeführt. Zwischen den Bakterien, die die Fäulnis bewirken bzw. den organischen Anteil des Klärschlammes bis zu einem gewissen Grade abbauen, d.h. verflüssigen oder vergasen, und denjenigen, die die Reinigung des Abwassers in den modernen biologischen Kläranlagen übernehmen und durchführen, besteht aber in den Lebensbedingungen ein grundlegender Unterschied.

Um die verschiedensten Vorgänge der bakteriellen Schlammzersetzung und der biologischen Abwasserreinigung klar zu erkennen, ist es notwendig, sich zunächst ein wenig mit dem Aufbau und der Tätigkeit der Bakterien zu befassen (Abb. 28). Die Größe der Bakterien ist so gering, daß der feinere Aufbau dieser Organismen nur an elektronenmikroskopischen Aufnahmen gedeutet werden kann. Bakterien besitzen eine poröse Außenhülle, die sogenannte Zellwand, durch die Gase sowie im Wasser gelöste Verbindungen, wie z.B. Salze oder Zucker usw., von außen nach innen eindringen und umgekehrt wieder austreten können.

Es können aber nur solche Stoffe in die Zelle eindringen, deren Moleküle, d.h. die chemisch kleinsten Teilchen der betreffenden Verbindungen, kleiner sind als die Porendurchmesser der Zellwand. Solche Stoffe, deren Moleküle größer sind als die Porendurchmesser, können nicht in das

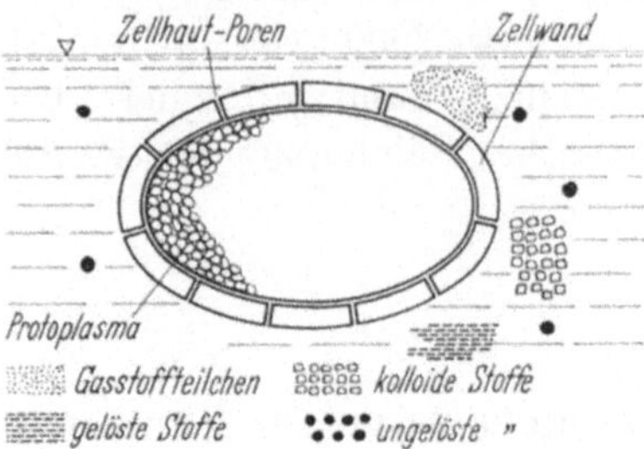

Abb. 28. Schematische Darstellung des Aufbaues einer Bakterie.

Innere der Bakterienzelle gelangen. Hierzu gehören z.B. kolloidale, d.h. halbgelöste und feste ungelöste Bestandteile, wie sie im Abwasser vorhanden sind. In welcher Weise diese Stoffe von den Bakterien verarbeitet werden, soll später besprochen werden.

Im Innern der Bakterienzelle befindet sich das Protoplasma, das seinerseits von einer Membran, der Plasmamembran, gegen die Zellwand abgegrenzt ist. Die Plasmamembran hat die Eigenschaften einer semipermeablen Membran, so daß wohl Wasser hindurchtreten kann, nicht aber die Moleküle der im Wasser echt gelösten Stoffe, wie Kochsalz, Zukker und dergleichen, für die ja die Zellwand, wie oben ausgeführt, noch durchlässig ist. Die eigentlichen Aufnahme- und Ausscheidungsvorgänge dürften dabei die eines Ionenaustausches sein. Auf diese Weise ist die Bakterie in der Lage, je nach Bedarf von den gelösten Stoffen in das Innere des Protoplasmas soviel hereinzulassen, wie für den Lebensvorgang notwendig und andererseits auszusondern, was unerwünscht und überflüssig ist.

Verliert das Protoplasma Wasser, so schrumpft es und löst sich von der äußeren Zellwand, bei Wiederaufnahme von Wasser schmiegt es sich dann an die Außenhülle wieder an. Den Zustand der prallen Füllung nennt man „Turgor" (Abb. 29), den der Schrumpfung infolge Wasserverlustes „Plasmolyse" (Abb. 30).

Finden die Bakterien im Wasser kolloidale oder ungelöste organische Stoffe vor, die selbst oder in ihren Bestandteilen für ihre Lebenstätigkeit brauchbar sind, jedoch nur deshalb nicht ausgenützt werden können, weil der Durchmesser ihrer einzelnen Teilchen größer ist als der Durchmesser der Poren in der Zellwand, so kann die Bakterie trotzdem auch diese Stoffe verwerten. Das kolloidale oder Schmutzstoffteilchen, das auf die Zellwand stößt, infolge seiner Größe aber nicht in die Bakterien eindringen kann, übt einen Reiz aus, der die Bakterien veranlaßt, einen „Spaltstoff", ein „Enzym" auszusondern. Dieser Reizstoff zerlegt die an sich schon kleinen Stoffteilchen in noch kleinere, bis sie durch die Zellwandporen in das Innere der Bakterie eindringen können. Die Kolloide

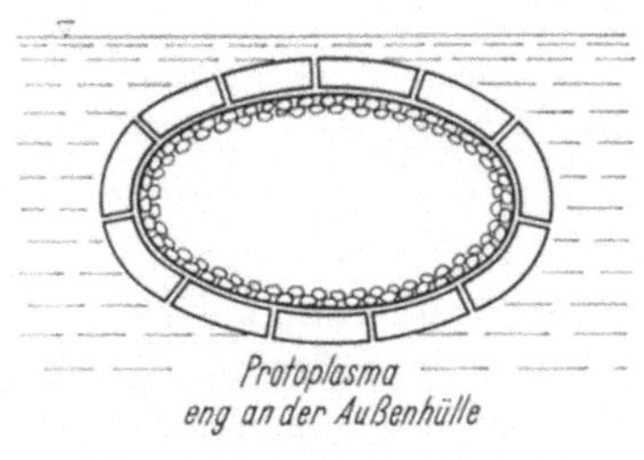

Abb. 29. Zustand der „Turgor".

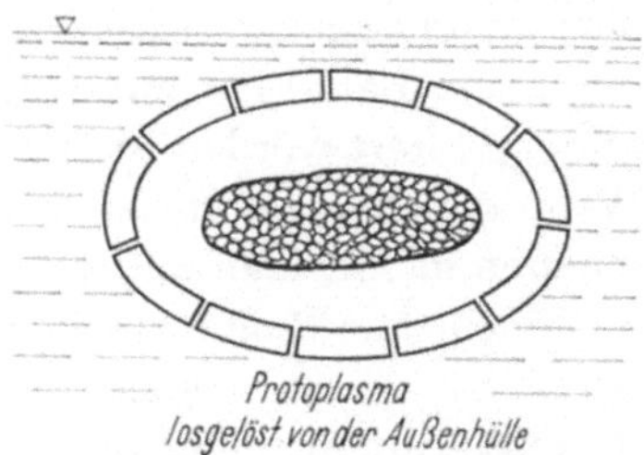

Abb. 30. Zustand des „Plasmolyse".

oder Schmutzstoffteilchen werden auf diese Weise in eine echte Lösung überführt und dann von den Bakterien verarbeitet.

Von großer Bedeutung für die Abwasserreinigung ist, daß den Bakterien das Vermögen zukommt, die von ihnen je nach ihrer Art benötigten Stoffe aus der Fülle der dargebotenen auszuwählen, wobei einige von ihnen noch die Fähigkeit haben, sich an hohe Konzentrationen gewisser Giftstoffe (z. B. Phenol) zu gewöhnen und sie in ihrem Stoffwechsel zu verwerten, d. h. also, sie aus dem Wasser zu entfernen. Von den vielen Vorgängen, die sich in der Bakterienzelle abspielen, interessiert bei der Abwasserreinigung besonders der Sauerstoffumsatz. In jedem Falle muß Sauerstoff in einer gewissen Menge in das Innere der Bakterienzelle gelangen können, um sich hier mit einem Teil des Kohlenstoffes der aufgenommenen Schmutzstoffe zu Kohlensäure umzusetzen. Durch diese Umsetzungen werden zwei wichtige Aufgaben gelöst. Aus der Verbindung des Kohlenstoffs mit dem Sauerstoff wird einmal Wärme gewonnen, da es sich ja praktisch um eine Verbrennung handelt, und zweitens wird der überschüssige zum Aufbau bzw. zur Erneuerung der eigenen Leibessubstanz der Bakterien nicht benötigte Kohlenstoff in Form der Kohlensäure aus dem Inneren der Zelle herausbefördert. Ebenso wird der Stickstoff mit Sauerstoff zu Verbindungen umgesetzt, die uns als *Nitrite* und *Nitrate* bekannt sind und einen Hinweis geben, ob eine intensive Bakterientätigkeit im Abwasser vorhanden ist oder nicht. Da beide Verbindungen, Nitrite und Nitrate, im Wasser leicht löslich sind, können sie aus der Bakterienzelle ausgeschieden werden.

Halten sich die Bakterien nun in einem Wasser auf, das genügend gelösten Sauerstoff enthält, dann wird der zur Oxydation (Verbrennung) des Kohlenstoffs und Stickstoffs erforderliche Sauerstoff einfach mit dem Wasser in die Bakterienzelle hineingebracht und die genannte Reaktion ausgelöst. Die Bakterien, die den Sauerstoff auf diese direkte Weise geliefert erhalten und aufnehmen, nennt man „luftliebende" oder auch „aerobe" Bakterien.

Ist im Wasser kein oder nur wenig gelöster Sauerstoff vorhanden, so kann er durch Aufspalten von sauerstoffhaltigen Stoffen mineralischer oder organischer Natur gewonnen werden. Die Aufspaltung geschieht durch die Bakterien mit Hilfe der Enzyme, deren Wirksamkeit schon kurz erläutert worden ist. Bakterien, die in der Lage sind, sich auf diese Weise den Sauerstoff bei Abwesenheit von im Wasser gelösten zu verschaffen, nennt man „luftscheue" oder „anaerobe" Bakterien.

Eine ganze Reihe von Bakterien besitzt auch die Fähigkeit, sich den jeweiligen Verhältnissen anzupassen. Sie können einerseits gelösten Sauerstoff unmittelbar nutzen, andererseits aber ihren Sauerstoffbedarf auch durch Spaltung sauerstoffhaltiger Verbindungen decken. Diese Bakterien werden „wahlfähige" oder „fakultative" genannt.

In der Abwasserreinigung werden nun je nach den Umständen und Erfordernissen entweder die „aeroben" oder „anaeroben" Bakterien zu nutzbringender Tätigkeit eingesetzt. Soll ein Abwasser biologisch gereinigt werden, dann muß die „aerobe" Zersetzung, d.h. die Oxydation der Abwasserschmutzstoffe, Platz greifen. In das Abwasser wird dann, um den Bakterien optimale Lebensbedingungen zu schaffen, je nach dem zur Anwendung kommenden Verfahren (Tropfkörperverfahren, Belebtschlammverfahren, Rieselfelder, Verregnung, Fischteichverfahren) auf die verschiedenste Weise ausreichend Luft, d.h. Sauerstoff eingebracht. Die dann einsetzende „aerobe" Bakterientätigkeit ist dadurch gekennzeichnet, daß die sauerstoffarmen, gelösten organischen und kolloidalen Schmutzstoffe mehr oder weniger aus dem Abwasser verschwinden und an ihre Stelle sauerstoffreiche bis sauerstoffsatte gelöste Stoffe treten, die von den Bakterien ausgeschieden worden sind. Es verschwinden dann z.B. aus dem Abwasser die Eiweißstoffe und ihre Spaltungsprodukte, der Harnstoff, das Ammoniak und der Schwefelwasserstoff. An ihre Stelle treten dann im biologisch gereinigten Abwasser die Kohlensäure, die salpetrige und Salpetersäure bzw. deren Salze als Nitrite und Nitrate und ferner Sulfate. Es scheiden sich bei der Tätigkeit der Bakterien während der biologischen Reinigung des Abwassers auch ungelöste Stoffe in erheblichen Mengen aus, die zu einem gewissen Teil aus unverarbeiteten Resten der aerob zersetzten organischen Stoffe, teils aus abgestorbenen Bakterienleibern bestehen.

Die im Kläranlagenbetrieb anfallenden Schlammstoffe unterwift man der „anaeroben" Zersetzung, d.h. der Zersetzung ohne Sauerstoffzufuhr. Die organischen Anteile der Schlammstoffe werden von den Bakterien teils unter Bildung von Methan, Kohlensäure, Wasserstoff und Stickstoff vergast und zum anderen Teil verflüssigt. Die Lebenstätigkeit dieser Bakterien ist, wie oben schon ausgeführt wurde, dadurch gesichert, daß sie die im Abwasser und Schlamm vorhandenen sauerstoffhaltigen Verbindungen ihres Sauerstoffgehaltes berauben und darüber hinaus den entstehenden Spaltstücken noch Wasserstoff angliedern. Bei der Tätigkeit der anaeroben Bakterien verschwinden aus dem Schlamm z. B. ebenfalls Eiweißstoffe. Es erscheinen als Abbauprodukte aber keine sauerstoffhaltigen, sondern wasserstoffhaltige Stoffe, besonders Ammoniak und Schwefelwasserstoff. Soweit der Sauerstoff ausreicht, wird er zur Oxydierung des abgespaltenen Kohlenstoffes benutzt, wobei sich Kohlensäure bildet. Auf diese Weise kann aber an sich nur wenig Kohlensäure gebildet werden, da immer nur wenig Sauerstoff zur Verfügung steht. Wenn nun bei der anaeroben Schlammzersetzung trotzdem größere Mengen Kohlensäure entwickelt werden – das entstehende Gase enthält, wie schon ausgeführt wurde, 10–35 % Kohlensäure –, so verdankt sie ihre Entstehung einem besonderen Vorgang. Vor der eigentlichen anaeroben Methangärung und teilweise gleichlaufend mit ihr findet nämlich eine saure Gärung der Schlammstoffe statt, bei der wenig Methan und vorwiegend Kohlensäure und Wasserstoff entwickelt werden. Die Wirkung aber der anaeroben Schlammzersetzung zeigt sich im allgemeinen darin, daß ein beträchtlicher Teil der organischen Schlammstoffe verschwindet und ein Rückstand verbleibt, der wesentlich weniger organische Stoffe enthält als das ursprüngliche Material. Da die organischen Stoffe des Abwasserschlammes stark wasserbindend sind, so muß sich mit ihrer bakteriellen Zersetzung und Zerstörung auch das Schlammvolumen erheblich vermindern. Nebenher werden bei der Schlammzersetzung nicht unbeträchtliche Mengen an Gas gewonnen.

Die Wärmeempfindlichkeit der Abwasser- und Schlammbakterien ist, allgemein gesehen, nicht übermäßig groß. Sie können beträchtliche Temperaturschwankungen vertragen ohne abzusterben, doch läßt ihre Tätigkeit oft bei stärkeren Temperaturschwankungen beträchtlich nach, z. B. bei Methanbakterien. Für die aeroben Bakterien liegt der optimale Temperaturbereich bei etwa 18–30 °C. Die anaeroben Bakterien der Schlammzersetzung arbeiten am günstigsten zwischen 25 und 35 °C. Die Forschungen der letzten Jahre haben gezeigt, daß bei Temperaturen von 45–50 °C eine sehr schnelle Schlammzersetzung durch die „thermophilen", d. h. wärmeliebenden Bakterien möglich ist.

Bakterien vermehren sich im allgemeinen durch Zellteilung. Aus einer Mutterzelle, die sich in der Mitte verengt und schließlich auseinanderreißt, entstehen zwei Tochterzellen. Außer durch Zellteilung können sich verschiedene Bakterien auch durch Sporen vermehren.

Zum Verständnis mancher Erscheinungen und Schwierigkeiten in der Praxis der Abwasserreinigung muß von den mannigfaltigen und vielseitigen Vorgängen innerhalb der Bakterienzelle in diesem Zusammenhang noch das Verhalten gegen starke und konzentrierte Lösungen näher behandelt werden. In Wasser lösliche Stoffe haben das Bestreben, Wasser aufzunehmen, um mit diesem eine Lösung zu bilden. Aus diesem Grunde werden z. B. Kochsalz und Zucker, wenn man sie in feuchter Luft liegen läßt, klebrig und zerfließen schließlich. Je konzentrierter nun eine Lösung ist. d. h. je weniger Wasser sie enthält, um so mehr hat sie das Bestreben, Wasser an sich zu ziehen. Hat man in einem Gefäß zwei Lösungen, von denen die eine konzentrierter ist als die andere, und trennt man beide mit einer für die gelösten Stoffe durchlässigen Scheidewand, dann wandern die gelösten Stoffteilchen so lange aus der konzentrierten in die weniger konzentrierte Lösung, bis in beiden Lösungen die gleiche Konzentration vorhanden ist. Diesen Vorgang nennt man Diffusion. Vollkommen anders liegen aber die Verhältnisse, wenn die Scheidewand zwischen zwei Lösungen verschiedener Konzentration nur für Wasser, nicht aber für die im Wasser gelösten Stoffe durchlässig ist, eine semipermeable Membran also, wie wir sie ähnlich als Begrenzung des Bakterienplasmas kennenlernten. Taucht man z. B. einen Glastrichter mit langem Hals, den man unten mit einer Schweinsblase dicht zugebunden und dann mit einer starken Salz- oder Zuckerlösung gefüllt hat, in ein Gefäß mit reinem Wasser so ein, daß der Flüssigkeitsspiegel innerhalb und außerhalb des Trichters zunächst in gleicher Höhe steht, so erkennt man, daß der Flüssigkeitsspiegel im Trichterrohr bald ansteigt. Die gelösten festen Stoffe können, da die Schweinsblase für sie undurchlässig ist, nicht in das Gefäß mit dem reinen Wasser diffundieren. Da aber das Bestreben vorhanden ist, die im Trichter vorhandene konzentrierte Salzlösung zu verdünnen bzw. einen Ausgleich der Konzentration herbeizuführen, dringt das Wasser des Außengefäßes in das Innere des Trichters ein und erzeugt hier zwangsläufig einen gewissen Überdruck, der sich im Ansteigen des Wasserspiegels im Trichterrohr bemerkbar macht. Diese Erscheinung heißt „Osmose" und der entstehende Überdruck „osmotischer Druck".

Kommen jetzt Bakterien, die, wie wir gesehen haben, mit einer mehr oder weniger durchlässigen Zellwand umgeben sind und deren Protoplasma noch mit einer Membran gegen die Zellwand abgegrenzt ist, in ein Wasser, das erheblich mehr gelöste Stoffe enthält, als in der Flüssigkeit des Protoplasmas vorhanden sind, dann wird dem Protoplasma Wasser entzogen, weil zwar die Außenhülle der Bakterien und die feine Plasmamembran für Wasser, letzte aber für die gelösten Stoffe nicht oder jedenfalls nicht in dem Maße durchlässig ist wie die Außenwand. Die Bakterien können demnach die Abwanderung des Wassers aus dem Zellinnern in solchen konzentrierteren Lösungen nicht verhindern. Es tritt dann Schrumpfung des Protoplasmas ein. Dieser Vorgang ist früher schon als Plasmolyse gekennzeichnet worden. In dem oben beschriebenen Zustand sind die Bakterien zunächst nicht abgetätet, sondern lediglich mehr oder weniger gelähmt. Sie erlangen, wenn die Plasmolyse nicht zu lange dauert, ihre volle Lebensfähigkeit wieder, sobald die Lösung ihrer Umgebung so dünn wird, daß die Bakterien die zur Auffüllung des Protoplasmagewebes erforderliche Menge Wasser aufsaugen und damit wieder in den Zustand des schon beschriebenen Turgors zurückkehren können.

Die Gefahren der Plasmolyse sind besonders bei den Vorgängen in der Ausfaulung des Schlammes, die wir, wie wir gesehen haben, der Tätigkeit anaerober Bakterien zuschrieben müssen, besonders groß. Bei zweistöckigen Absetzanlagen, in denen bekanntlich zwischen dem Absetzraum und dem Schlammfaulraum eine Schlitzverbindung vorhanden ist, können mit dem Abwasser evtl. durchfließende Salzwellen mit einem hohen spezifischen Gewicht in den Faulraum eindringen und hier zu Salzkonzentrationen führen, die die Plasmolyse der Bakterien auslösen. In solchen Fällen läßt die Gasentwicklung aus dem Schlamm schnell nach und steigert sich erst wieder, wenn die Salzkonzentration durch Zufluß salzarmen Wassers weit genug herabgesetzt ist. In Bergbaugebieten in denen oft größere Mengen stark salzhaltiger Grubenwässer in die Kanalisation gepumpt werden, ist mit diesen Erscheinungen häufig zu rechnen.

Neben den „freien" Bakterien kommt bei den biologischen Vorgängen in der Abwasserreinigung und in der Vorflut auch den als „Abwasserpilze" bezeichneten Fadenbakterien und Pilzen, ferner den Algen und vielen Kleinlebewesen eine wesentliche Rolle zu. Nicht nur in den verschiedenen Schichten der Tropfkörper und in den Flocken des belebten Schlammes findet man „Abwasserpilze", wie Sphaerotilus natans, Leptomitus lacteus und Beggiatoa alba, sondern vor allen Dingen in Gewässern, denen reichliche Mengen ungereinigter Abwässer zugeführt werden, sind sie anzutreffen. Wenngleich die „Pilze" zu ihrem Aufbau und Wachstum dem einem Vorfluter zugeführten Abwasser auch beträchtliche Mengen an gelöster organischer Substanz entziehen und damit die Selbstreinigungskräfte eines Gewässers beträchtlich unterstützen können, so sind sie an sich doch unerwünscht, weil es in einem Vorfluter nicht möglich ist, die gewachsenen Pilzmassen zu beherrschen bzw. zu entfernen. Da sie von Zeit zu Zeit absterben und sich von der Unterlage, auf der sie gewachsen sind, lösen, treten sie im Vorfluter als treibende Schlammstoffe in Erscheinung und fallen, sobald sie an ruhigen Stellen zur Ablagerung kommen, der anaeroben gasenden Zersetzung anheim, die in einem Gewässer sehr unerwünscht ist.

Unter den Wasserpflanzen sind Algen außerordentlich artenreich. Sie schwimmen teils im Wasser, teils sitzen sie an den Steinen, Uferbefestigungen oder anderen Wasserpflanzen. Für die biologische Aufarbeitung des Abwassers sind die Algen von besonderer Bedeutung, weil sie durch ihre Lebenstätigkeit im Wasser den gelösten Sauerstoff vermehren und somit wiederum günstige Lebensbedingungen für die Tätig-

keit der aeroben Bakterien schaffen, die bekanntlich die gelösten organischen Schmutzstoffe aus dem Abwasser unter Bildung von sauerstoffsatten Verbindungen unschädlich machen. Algen treten im allgemeinen
in Abwasser nicht auf, wohl aber in reinerem bis reinem Vorflutwasser.
Da mit dem Abwasser auch düngende Stoffe abfließen, wie z. B. Stickstoff, Kali und Phosphorsäureverbindungen, kann es bei besonders günstigen Vorbedingungen in den Vorflutern zu einem besonders starken
Wachstum und einer starken Vermehrung der Algen und auch der höheren Wasserpflanzen kommen, einer Erscheinung, die ebenfalls von erheblicher Bedeutung für die biologischen Vorgänge in einem Gewässer sein
kann. Zu intensive Wucherungen der Wasserpflanzen führen allerdings
besonders in Teichen und langsam fließenden Gewässern zu starken, aber
unerwünschten Verkrautungen.

Die niedrigsten tierischen Lebewesen sind die Protozoen oder Urtierchen. Im Zuge der natürlichen oder künstlichen Reinigung des Abwassers fallen die Bakterien diesen Lebewesen zum Opfer. Die Artenzahl
der Protozoen ist äußerst groß. Zu den bekanntesten zählen die Pantoffeltierchen des Tropfkörperrasens und die Glockentierchen der Belebtschlammflocke. Je nach den äußeren Vorbedingungen tritt einmal diese,
dann wieder eine andere Art in der Überzahl auf.

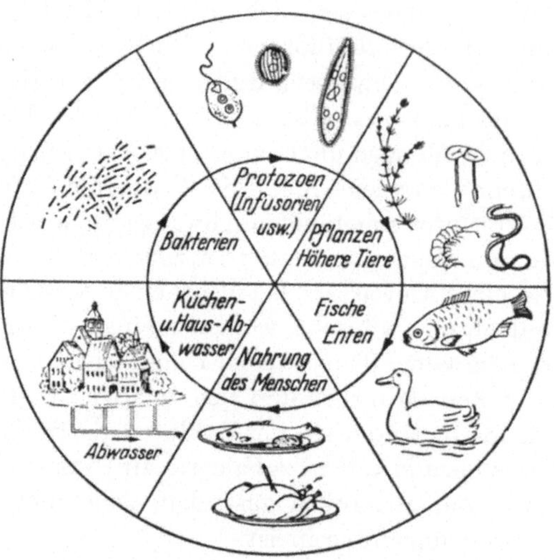

Abb. 31. Kreislauf der organischen Substanz.

Die Urtierchen dienen den nächsthöheren Lebewesen, den Kleinkrebsen, Rädertieren usw., zur Nahrung. Daß diese dann wieder von
den höheren Tieren, wie Fischen, Wassergeflügel verzehrt werden, ist
allgemein bekannt. Der Mensch genießt Fische und Geflügel; der Kreis-

lauf der organischen Substanz im ewigen Strom des Lebens ist damit geschlossen (Abb. 31).

Leitet man einem Vorfluter ungereinigtes Abwasser zu, dann versuchen die dem Vorfluter innewohnenden biologischen Kräfte, die in Zusammenwirken von physikalischen Vorgängen und chemischen Umsetzungen als die sogenannte „Selbstreinigungskraft" eines Gewässers bezeichnet werden, mit dem Fremdstoff „Abwasser" fertig zu werden. Die Natur bietet alle Kräfte auf, die Abwasserinfektion zu überwinden, um den ursprünglichen Zustand des Wassers wiederherzustellen. Ist die im Verhältnis zu sauberem und reinem Vorflutwasser eingeleitete Abwassermenge zu groß oder das Abwasser zu konzentriert, dann reichen die Selbstreinigungskräfte oft nicht aus, um das Abwasser zu verarbeiten, und der Fluß oder Bach wird zum Abwassergraben, in dem sich im wesentlichen anaerobe Umsetzungen, die wir im einzelnen schon kennengelernt haben, abspielen. Steht die Abwasserzuleitung und Abwasserkonzentration aber in einem erträglichen Verhältnis zur Menge des sauberen Wassers, so ist der Vorfluter in der Lage, die ihm zugeführten Abwasserschmutzstoffe auf aerobem Wege aufzuarbeiten und unschädlich zu machen. Dabei bilden sich dann in dem Gewässer gewöhnlich etwa vier Zonen heraus, die sich durch ihre Verunreinigung unterscheiden und durch ihnen eigene Organismen gekennzeichnet sind. Man bezeichnet diese Zonen wie folgt:

1. Zone sehr starker Verunreinigung (polysaprobe Zone). Im Wasser ist im allgemeinen nur sehr wenig Sauerstoff vorhanden. Neben zahlreichen freien Bakterien sind auch für diesen Verschmutzungsgrad typische Organismen vorhanden, die bereits bei Ortsbesichtigung erkannt werden können: dichte, graue Zotten von Abwasserpilzen und rote Schleier über dem Schlamm, von den dichten Massen des Schlammröhrenwurmes Tubifex herrührend. Auch große Mengen der dunkelroten, großen Zuckmückenlarven sind oft vorhanden, dagegen fehlen Algen und höhere Pflanzen. Abb. 32 zeigt dieses sehr einförmige biologische Bild der polysaproben Zone.

2. Zone starker Verschmutzung (α-mesosaprobe Zone). Charakteristisch ist für diese Zone eine noch starke Sauerstoffzehrung, aber das Auftreten der ersten Algenarten und die Abnahme der Abwasserpilze, oft auch der Schlammröhrenwürmer, bei gleichzeitigem Erscheinen einiger anderer Tierarten, die in der polysaproben Zone nicht vorkommen. Oft Massenentwicklung von Wasserasseln an der Grenze zur nächsten Zone. Abb. 33 zeigt die Besiedlung einer Entnahmestelle, die bereits deutliche Züge der folgenden Zone erkennen läßt.

3. Zone mäßiger Verschmutzung (β-mesosaprobe Zone). Die Abwasserschmutzstoffe sind nun weitgehend mineralisiert, und die Sauerstoffzehrung ist gering. Ein hohes Nahrungsangebot führt zu einer artenreichen Tier- und Pflanzenwelt.

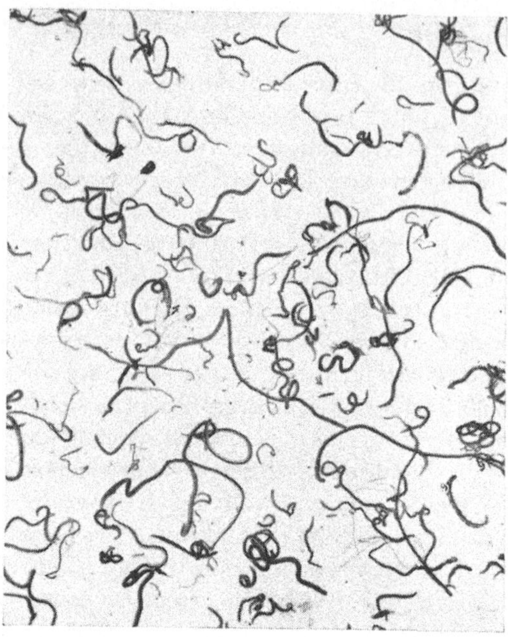

Abb. 32. Biologisches Leben in einer polysaproben Zone eines mit Abwasser belasteten Vorfluters.

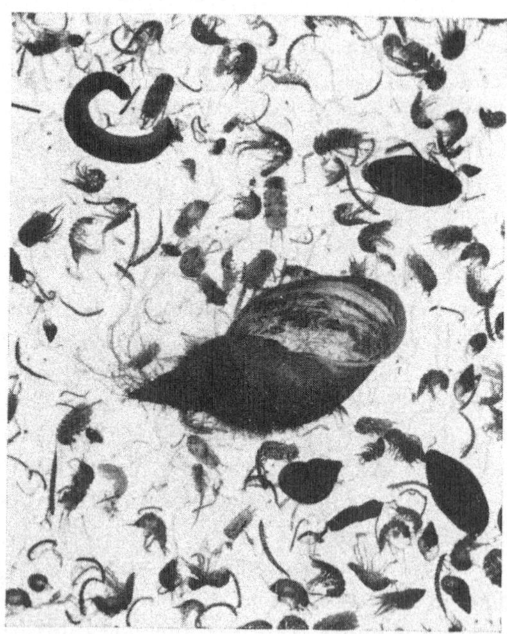

Abb. 33. Biologisches Leben in einer noch nicht ganz β-mesosaproben Zone eines mit Abwasser belasteten Vorfluters.

4. Zone der geringsten Verschmutzung (oligosaprobe Zone). In ihrer reinen, ausgeprägten Form ist diese Zone in unserer Kulturlandschaft relativ selten zu finden. Am ehesten entsprechen ihr die obere Bergbachregion sowie manche Gebirgsseen und Trinkwassertalsperren. Im allgemeinen findet man eine Zwischenstufe, die bald mehr zur oligosaproben bald mehr zur β-mesosaproben Seite neigt. Auch Abb. 34 zeigt das biologische Bild einer solchen Zwischenstufe.

Bei der von LIEBMANN 1953 erstmalig vorgeschlagenen und heute sehr häufig benutzten kartographischen Darstellung des Wassergüte-

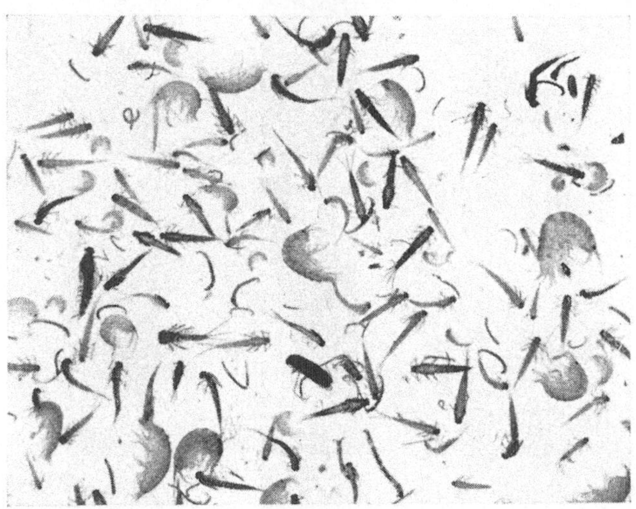

Abb. 34. Biologisches Leben in einer nicht völlig oligosaproben Zone eines Vorfluters.

bildes eines Gewässers werden für die eben genannten Zonen (Wassergüteklassen) vier Farben verwandt. Um auch die Stufen zwischen den einzelnen Zonen bzw. Wassergüteklassen darstellen zu können, werden Schraffuren mit den entsprechenden Farben benutzt (Abb. 35). Man erkennt auf diesem Bild, daß sich die Wasserqualität des Flusses im Verlauf der Jahre durch klärtechnische Maßnahmen nicht unerheblich verbessert hat. In den Gütebildern, die auch dem Laien ein anschauliches Bild einer Gewässerverschmutzung vor Augen führen können, geben folgende Farben Auskunft über den Zustand des Gewässers:

blau	= Güteklasse I	Zone ohne Verschmutzung
blau-grün	= Güteklasse I–II	Zwischenstufe
grün	= Güteklasse II	Zone mäßiger Verschmutzung
grün-gelb	= Güteklasse II–III	Zwischenstufe
gelb	= Güteklasse III	Zone stärkerer Verschmutzung
gelb-rot	= Güteklasse III–IV	Zwischenstufe
rot	= Güteklasse IV	Zone starker Verschmutzung

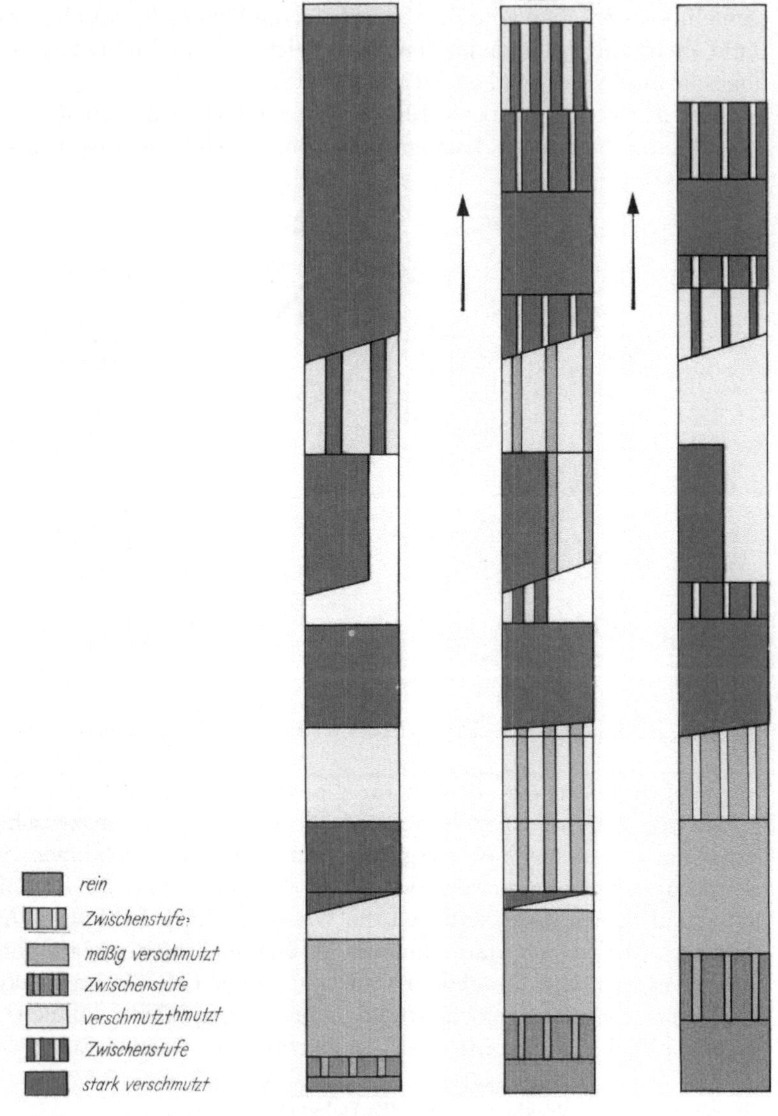

Abb. 35. Darstellung der Wassergüte.

Neben diesen Farben können bei der kartographischen Darstellung besonders wichtige Beobachtungen und Feststellungen an einem Gewässer durch bestimmte Zeichen wiedergegeben werden. Die Zonen mit starker Wasserblüte werden nach LIEBMANN durch große schwarze Punkte gekennzeichnet. Einem Vorschlag von PANTLE und BUCK (Besondere Mitteilungen zum Deutschen Gewässerkundlichen Jahrbuch, Nr. 12 [1955]) entsprechend werden Verödungszonen im Gewässer durch Wellenlinien und Vernichtungszonen mit schwarzer Farbe dargestellt. Flußabschnitte mit Abwasserpilzbildung weisen eine schwarze Schrägschraffur auf. Zonen, in denen mit regelmäßig wiederkehrenden Fischsterben zu rechnen ist, werden durch Kreuze markiert. Kommt es in einem Fluß oder Flußabschnitt zur Ausbildung von Abwasserbändern, so werden diese in den Wassergütekarten durch eine punktierte Längslinie in der Flußmitte dargestellt. Neben den biologischen Untersuchungen können auch wichtige chemische Untersuchungen kartiert werden, z. B. der Sauerstoffgehalt eines Gewässers und seine Sauerstoffzehrung. Selbstverständlich lassen sich auch sonstige chemische Daten, die für den betreffenden Fluß charakteristisch sind, in einer Wassergütekarte zusammenfassen und bildlich darstellen.

VII. Die Wasserstoffionenkonzentration (pH-Wert)

Die Bestimmung der Wasserstoffionenkonzentration, im allgemeinen durch das Zeichen pH ausgedrückt, hat sich in der Abwasserchemie und Abwasserreinigungstechnik weitgehend eingeführt. Was heißt pH? Es ist die Abkürzung des lateinischen Wortes „pondus hydrogenii". Zum Verständnis des Begriffes pH ist folgendes zu sagen:

Die Wasserstoffionen sind in allen wässerigen Lösungen vorhanden und entstehen durch Dissoziation (Aufspaltung) von Wassermolekülen in die positiv geladenen Wasserstoffionen H^+ und die negativ geladenen Hydroxylionen OH^- gemäß folgender Gleichung:

$$H_2O \rightleftarrows H^+ + OH^-. \tag{1}$$

Die Reaktionsprodukte besitzen nun das Bestreben, den Ausgangsstoff zurückzubilden, und dadurch kommt es dann zur Ausbildung eines chemischen Gleichgewichtes, in dem sich die beiden entgegengerichteten Reaktionen die Waage halten. Will man kennzeichnen, daß eine Reaktion zu einem Gleichgewichtszustand führt, so verwendet man in der Reaktionsgleichung entgegengesetzte Pfeile.

Die eben geschilderte Aufspaltung ist, bezogen auf eine Gesamtwassermenge, außerordentlich gering. Erst in etwa 10 Mill. Liter Wasser ist 1 g Wasserstoffionen enthalten. Der in der Formel (1) dargestellte

4 Husmann, Abwasserreinigung, 3. Aufl.

Dissoziationsvorgang (Aufspaltungsvorgang) unterliegt dem in der Chemie bekannten Massenwirkungsgesetz, das ganz allgemein den Ablauf chemischer Reaktionen regelt und in dem im besonderen die Tatsache zum Ausdruck kommt, daß der Verlauf der chemischen Reaktionen, abgesehen von der Reaktionsfähigkeit der zusammengebrachten Stoffe, abhängig ist von ihrer Konzentration. Nach dem Massenwirkungsgesetz führt nun die in der Formel (1) ausgedrückte Reaktion zu einem Gleichgewicht, welches charakterisiert ist durch die Formel (2).

$$\frac{[\mathrm{H^+}] \cdot [\mathrm{OH^-}]}{[\mathrm{H_2O}]} = \mathrm{K}. \tag{2}$$

Die eckigen Klammern um die chemischen Zeichen geben eine bestimmte Konzentration der Stoffe an.

Da, wie schon ausgeführt, die Dissoziation, d.h. die Aufspaltung des Wassers in $\mathrm{H^+}$-Ionen und $\mathrm{OH^-}$-Ionen, sehr klein ist, kann man die Konzentration der Wassermoleküle nach der Dissoziation ohne große Fehler als übereinstimmend mit der Gesamtkonzentration und als eine Konstante betrachten. In diesem Falle formt sich die Gl. (2) wie folgt um:

$$[\mathrm{H^+}] \cdot [\mathrm{OH^-}] = \mathrm{K} \cdot \mathrm{H_2O} = k_\mathrm{w}. \tag{3}$$

Man bezeichnet dann k_w als die Dissoziationskonstante des Wassers. Der Wert dieser Dissoziationskonstante beträgt bei Zimmertemperatur etwa $1 \cdot 10^{-14}$: Da nun in reinem Wasser die Konzentration der H-Ionen gleich der der OH-Ionen ist, denn jedes zerfallene Wassermolekül liefert ja nur ein Wasserstoffion und ein Hydroxylion, kann man in der Gl. (3) an Stelle der Konzentration der OH-Ionen die Konzentration der H-Ionen setzen und erhält dann folgende Beziehung:

$$[\mathrm{H^+}] \cdot [\mathrm{H^+}] = [\mathrm{H^+}]^2 = 10^{-14} = (10^{-7})^2$$
$$[\mathrm{H^+}] = \sqrt{(10^{-7})^2} = 10^{-7}. \tag{4}$$

Statt $[\mathrm{H^+}] = 10^{-7}$ kann man $\log h = -7$ oder $-\log h = 7$ sagen. An Stelle von $-\log h$ wurde das Zeichen pH eingeführt.

Reines Wasser mit einer Wasserstoffionenkonzentration von 10^{-7}, d.h. mit einem pH-Wert von 7, muß also neutral reagieren, da ja die gleichen Mengen OH-Ionen vorhanden sind, die die H-Ionen, welche den Säuregrad bestimmen, kompensieren. Neutrale Reaktion des Wassers ist also nicht die Folge der Abwesenheit der H-Ionen, sondern die Folge davon, daß die gleiche Menge von OH-Ionen vorhanden ist. Anders werden jetzt die Verhältnisse, wenn einer Lösung solche Stoffe hinzugefügt werden, die die H-Ionen-Konzentration vermehren, wie Säuren z.B. Salzsäure, die nach folgender Gleichung dissoziiert ist:

$$\mathrm{HCl} \rightleftarrows \mathrm{H^+} + \mathrm{Cl^-}$$

oder Stoffe, die die OH-Ionen vermehren, wie Laugen, z. B. Natronlauge, die sich nach folgender Gleichung aufspaltet:

$$NaOH \rightleftharpoons Na^+ + OH\,.$$

Saure Reaktion ist also dann vorhanden, wenn die Wasserstoffionenkonzentration des reinen Wassers überschritten wird, also größer ist als 10^{-7}, z. B. 10^{-5}, und alkalische Reaktion tritt dann im Wasser auf, wenn die Wasserstoffionenkonzentration kleiner ist als 10^{-7}, z. B. 10^{-9}.

Um einen bequemeren Maßstab für den Gehalt einer Lösung an Wasserstoffionen zu besitzen, ist die pH-Skala eingeführt worden. Diese ist in 14 Einheiten, gemäß dem Wert der Dissoziationskonstante des Wassers (bei Zimmertemperatur $= 1 \cdot 10^{-14}$) eingeteilt. Sie beginnt bei pH $= 0$ und endet bei pH $= 14$. Zwischen diesen beiden Werten liegen die Lösungen mit mehr oder weniger stark saurer bzw. alkalischer Reaktion, wie aus der folgenden Zahlentafel 4 zu entnehmen ist.

Zahlentafel 4

Reaktion	Stark sauer	Schwach sauer	Neutral	Schwach alkalisch	Stark alkalisch
Wasserstoffionen-konzentration H$^+$	10^{0}–10^{-3}	10^{-4}–10^{-6}	10^{-7}	10^{-8}–10^{-10}	10^{-11}–10^{-14}
pH-Wert	0–3	4–6	7	8–10	11–14

Die pH-Skala ist gewissermaßen mit der Temperaturskala eines Thermometers zu vergleichen. Genau so, wie der auf dem Thermometer angezeigte Temperaturwert einen bestimmten Wärmegrad angibt, so entspricht jeder pH-Wert einem bestimmten Reaktionsgrad der Lösung. Es ist also nicht schwierig, auch ohne mathematische und chemische Kenntnisse den pH-Begriff in der richtigen Weise zu benutzen. Aber so wenig man bei gemessenen Wärme- oder Kältegraden mit dem Thermometer feststellen kann, ob regnerisches oder sonniges Wetter herrscht, genau so wenig kann aus dem pH-Wert entnommen werden, durch welche Säuren oder Laugen er bestimmt wird. Will man wissen, ob ein pH-Wert von 0,5 durch Salzsäure oder Schwefelsäure hervorgerufen ist, muß eine entsprechende chemische Analyse durchgeführt werden. Einen guten Überblick über den Zusammenhang von Säure bzw. Säuregehalt je Liter Wasser und pH-Wert gibt die nachstehende Zusammenstellung der Zahlentafel 5 von KORDATZKI.

Aus der Tab. 5 ist beispielsweise zu entnehmen, daß ein pH-Wert von 2 durch folgende Säuremengen gegeben ist:

0,365 g Salzsäure/l

90,0   g Milchsäure/l.

Die Messung des pH-Wertes erfolgt im praktischen Betrieb kolori-
metrisch mit Indikatorpapier oder besser nach der elektrometrischen
Methode. Entsprechend dem Untersuchungsobjekt liefern beide Verfahren gute Ergebnisse. In den letzten Jahren sind besonders die elektrometrischen Meßverfahren außerordentlich vervollkommnet worden, so
daß sie sich in der Abwasserreinigungspraxis sehr eingeführt haben
(s. Abschn. XVI.).

Zahlentafel 5

Salzsäure HCl	g/l		36,5	3,65	0,365	0,037
	pH		0,11	1,08	2,00	3,00
Schwefelsäure H_2SO_4	g/l		49	4,905	0,490	0,049
	pH		0,24	1,17	2,05	3,00
Ameisensäure HCOOH	g/l	92	46	4,602	0,460	0,046
	pH	1,01	1,79	2,32	2,85	3,42
Milchsäure $C_3H_6O_3$	g/l	180	90	9,001	0,900	0,090
	pH	1,78	1,97	2,43	2,95	3,50
Essigsäure CH_3COOH	g/l	120	60	6,003	0,600	0,060
	pH	2,18	2,40	2,87	3,37	3,89
Ätznatron NaOH	g/l		40	4,001	0,400	0,040
	pH		13,93	12,98	12,00	11,00
Ätzkalk $Ca(OH)_2$	g/l				0,371	0,037
	pH				11,72	10,81
Ammoniak NH_3	g/l	34	17	1,703	0,170	0,017
	pH	11,72	11,59	11,16	10,64	10,15

VIII. Wassermengenmessungen

Nicht nur im Normalbetrieb einer Kläranlage oder bei der Überwachung von Versuchsanlagen zur Abwasserreinigung, sondern auch bei
der Kontrolle und Untersuchung von Bachläufen ist es oft von großer
Wichtigkeit, die durchfließende bzw. abfließende Wassermenge annähernd zu kennen oder schnell festzustellen. *Wassermengenmessungen,
die vollkommen genaue Resultate liefern sollen, können allerdings nur von
geschulten Kräften mit gründlichen wissenschaftlichen Vorkenntnissen und
entsprechenden Geräten ausgeführt werden.* Angenäherte Messungen mit
recht brauchbaren Ergebnissen sind aber auch für den Laien nicht
schwer auszuführen, wenn er sich einfacher Methoden bedient, von denen
einige beschrieben werden sollen.

1. Ermittlung der Wassermenge mittels Gefäßen von bekanntem Inhalt

Diese Methode liefert bei kleinen Wassermengen vollkommen einwandfreie Resultate. Sie ist als die einfachste und beste zu empfehlen, besonders bei Versuchsanlagen zur biologischen Reinigung von Abwässern usw., weil es bei der späteren Größenberechnung der zu erstellenden Anlagen sehr wichtig ist, die in einer Versuchsanlage behandelte Abwassermenge zu kennen. Auch bei kleineren Bachläufen, in denen Abstürze vorhanden sind oder sich Wehre einbauen lassen, können u. U. Gefäßmessungen mit gutem Erfolg Anwendung finden. Ebenso kann bei einem Rohrauslauf vielfach die abfließende Wassermenge mittels Gefäß gemessen werden. Als Auffanggefäße benutzt man zweckmäßig Blechbehälter oder auch zusammenlegbare Eimer aus Leder oder Segeltuch.

Die während einer bestimmten Anzahl von Sekunden in mehreren Messungen gefundene Abflußmenge, geteilt durch die Füllzeit (Sekunden) des Meßgefäßes, ergibt die mittlere sekundliche Abflußmenge. Läuft z.B. ein Gefäß von 20 l Inhalt in 8 Sekunden voll, so beträgt die sekundliche Wassermenge 20/8 = 2,5 l.

2. Ermittlung der Wassermenge durch Schwimmermessungen

Um auf Grund von Schwimmermessungen die Wassermenge in einem Bachlauf oder künstlichen Gerinne annähernd zu ermitteln, muß man das Profil des Baches bzw. des Gerinnes, soweit es vom durchfließenden Wasser gefüllt ist, d.h. den gefüllten Querschnitt und die mittlere Geschwindigkeit des Wassers beim Durchfließen des Querschnittes kennen.

Bezeichnet man die sekundliche Abflußmenge mit Q, den Abflußquerschnitt mit F und die mittlere sekundliche Wassergeschwindigkeit mit v, so ergibt sich

$$Q = F \cdot v.$$

An dem zur Messung bestimmten Graben, Bach oder künstlichen Gerinne wird zunächst eine bestimmte Strecke von 10–100 m Länge, je nach Möglichkeit abgesteckt, wobei der auszumesssende Querschnitt etwa in der Mitte der Meßstrecke zu liegen kommt. Es ist sehr wichtig, daß eine gerade Maßstrecke ausgewählt wird, die ein möglichst gleichmäßiges Gefälle hat. Die Bewegung des Wassers wird durch einen schwimmenden Körper sichtbar gemacht. Als Schwimmer benutzt man ein Stück Holz oder eine Glasflasche, die soweit mit Wasser gefüllt ist, daß sie etwa zu 3/4 eintaucht. Der Schwimmer wird oberhalb des Anfangspunktes eingesetzt, damit er beim Durchgang durch den oberen Meßpunkt schon die Geschwindigkeit des Wassers angenommen hat. Mit einer Stoppuhr wird jetzt die Zeit festgestellt, die der Schwimmer braucht um vom Anfangs- zum Endpunkt der Meßstrecke zu gelangen. Wird die Länge der Meßstrecke durch die festgestellte Sekundenzahl geteilt, so erhält man die in einer Sekunde zurückgelegte Strecke, welche als Abwassergeschwindigkeit bezeichnet wird, und zwar als Oberflächengeschwindigkeit. Die mittlere Geschwindigkeit des Wassers im ganzen Profil ist geringer. Bei Bächen und Gräben mit einigermaßen regelmäßigen Ufern und Wassertiefen bis zu 2 m und auch mit Sohlschalen ausgekleideten Bachläufen nimmt man an, daß die mittlere Geschwindigkeit 0,80–0,85 der gemessenen Oberflächengeschwindigkeit beträgt.

Mit Rücksicht darauf, daß besonders in Abwasserkanälen der gefüllte Querschnitt nur selten längere Zeit gleich bleibt, ist es notwendig, immer eine große Anzahl von Messungen des gefüllten Querschnittes und der Wassergeschwindigkeit vorzunehmen und aus den erhaltenen verschiedenen Meßzahlen den Mittelwert zu errechnen. Bei einem breiten Bachbett ist es auch oft ratsam, die Schwimmermessung jeweils auf der rechten und linken Seite und in der Mitte des Wasserstromes vorzunehmen und aus den hierbei gewonnenen Einzelzahlen den Mittelwert der Wassergeschwindigkeit zu errechnen.

Berechnungsbeispiel 1. Wie groß ist die abfließende Wassermenge in dem nachstehenden rechteckigen Profil, wenn der Schwimmer eine 50 m lange Strecke im Mittel in 10 Sekunden durchflossen hat?

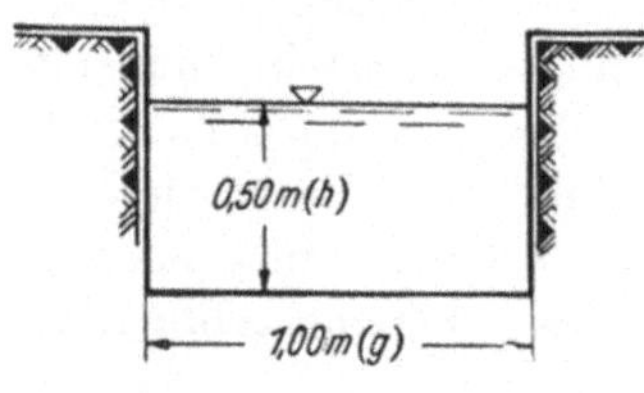

$$Q = F \cdot v,$$

$$F = g \cdot h = 0,50 \cdot 1,00 = 0,5 \text{ m}^2,$$

$$v = \frac{50}{10} \cdot 0,85 = 4,25 \text{ m/s},$$

$$Q = 0,5 \cdot 4,25 = 2,125 \text{ m}^3/\text{s} = 2125 \text{ l/s}.$$

Abb. 36. Wassermengenmessung in einem rechteckigen Profil.

Berechnungsbeispiel 2. Wie groß ist die abfließende Wassermenge in dem nachstehenden trapezförmigen Profil, wenn der Schwimmer eine 100 m lange Strecke im Mittel in 130 Sekunden durchflossen hat?

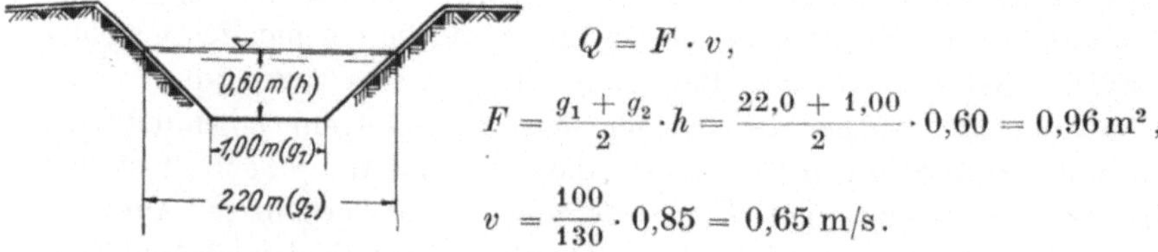

$$Q = F \cdot v,$$

$$F = \frac{g_1 + g_2}{2} \cdot h = \frac{22,0 + 1,00}{2} \cdot 0,60 = 0,96 \text{ m}^2,$$

$$v = \frac{100}{130} \cdot 0,85 = 0,65 \text{ m/s}.$$

Abb. 37. Wassermengenmessung in einem trapezförmigen Profil.

$$Q = 0,96 \cdot 0,65 = 0,624 \text{ m}^3/\text{s} = 624 \text{ l/s}.$$

Berechnungsbeispiel 3. Wie groß ist die abfließende Wassermenge in dem nachstehenden Dreieckprofil, wenn der Schwimmer eine 20 m lange Strecke im Mittel in 15 Sekunden durchflossen hat?

$$Q = F \cdot v \, ,$$

$$F = \frac{g \cdot h}{2} = \frac{2{,}00 \cdot 1{,}75}{2} = 1{,}75 \, \text{m}^2 \, ,$$

$$v = \frac{20}{150} \cdot 0{,}85 = 1{,}13 \, \text{m/s} \, ,$$

$$Q = 1{,}13 \cdot 1{,}75 = 1{,}977 \, \text{m}^3/\text{s} = 1977 \, \text{l/s} \, .$$

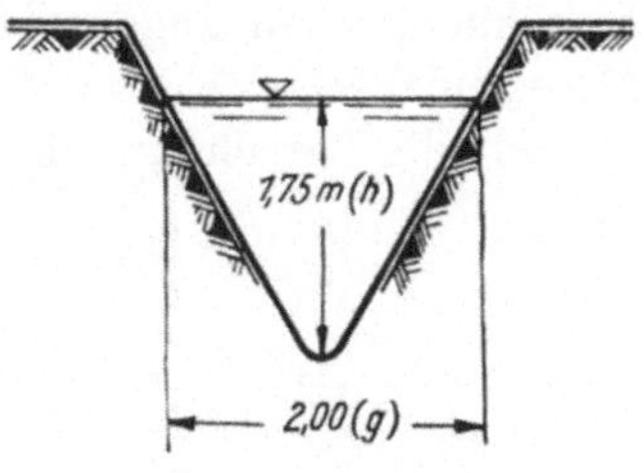

Abb. 38. Wassermengenmessung in einem Dreieckprofil.

Die Errechung der abfließenden Wassermenge ist auch bei allen hier nicht aufgeführten Profilen einfach, sie setzt lediglich die Kenntnis der Flächenberechnung voraus.

3. Ermittlung der Wassermenge durch eingebaute vollkommene Überfälle

In vielen Fällen wird es bei Bachläufen oder Abwassergräben nicht möglich sein, die abfließende Wassermenge durch Schwimmermessungen zu ermitteln. Um aber auch in solchen Fällen zu brauchbaren Wassermengenmessungen zu kommen, können vollkommene Überfälle eingebaut werden (Abb. 39). Diesen vollkommenen Überfall kann man durch den

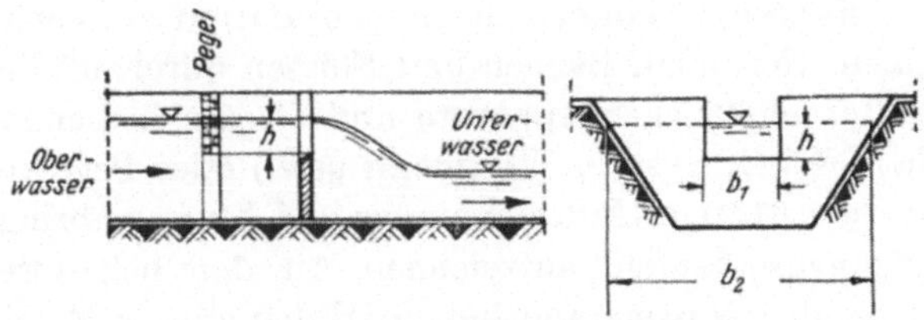

Abb. 39. Wassermengenmessung am Überfall.

wasserdichten Einbau von Spund- oder Bohlwänden mit einer rechteckigen Ausflußöffnung herstellen. Bei kleinen Profilen leistet auch ein mit der entsprechenden Abflußöffnung versehenes starkes Blech gute Dienste, das man in das Profil einsteckt oder einschlägt. Es kann nach Erledigung der vorgesehenen Messung sofort wieder an anderer Stelle gebraucht werden.

Ist die Überfallhöhe h und die Überfallbreite b_1 bekannt, dann läßt sich die Wassermenge nach der Annäherungsformel

$$Q = 1{,}95 \cdot b_1 \cdot h \cdot \sqrt{h}$$

berechnen, wenn angenommen wird, daß $b_1 = b_2$ ist (b und h sind in Meter einzusetzen). Ist das Verhältnis von $b_1 : b_2$ nicht 1, dann ergeben sich für die Berechnung der Wassermengen jeweils folgende Formeln:

$$\frac{b_1}{b_2} = 0{,}75; \quad Q = 1{,}90 \cdot b_1 \cdot h \cdot \sqrt{h},$$

$$\frac{b_1}{b_2} = 0{,}50; \quad Q = 1{,}83 \cdot b_1 \cdot h \cdot \sqrt{h},$$

$$\frac{b_1}{b_2} = 0{,}25; \quad Q = 1{,}75 \cdot b_1 \cdot h \cdot \sqrt{h}.$$

Um möglichst einwandfreie Messungen zu erhalten, ist es notwendig, die Wasserhöhe h einige Meter oberhalb des Überfalls zu messen, weil dort infolge der Einwirkung des Überfalls noch keine Wasserspiegelsenkung vorhanden ist. Um die Überfallshöhe h laufend ablesen zu können, bringt man zweckmäßig oberhalb der Spundwand einen Pegel an (s. Abb. 39), dessen Nullpunkt mit der Überfallkante genau in einer Höhe liegen soll. Die Breite b des rechteckigen Überfalls paßt man zweckmäßig den zu messenden Abwassermengen an. Erfahrungsgemäß wählt man bei

1–25 Sekundenliter b_1 zu 0,25 m,
25–150 Sekundenliter b_1 zu 0,50 m,
über 150 Sekundenliter b_1 zu 1,00 m.

Eine von den drei besprochenen Meßmöglichkeiten dürfte immer gegeben sein, um für den praktischen Betrieb brauchbare Wassermengenmessungen ausführen zu können. Kommt es darauf an, genaue Messungen in Kanälen, Gerinnen, Bächen und Flüssen durchzuführen, so muß man sich wissenschaftlicher Apparate und Geräte bedienen (z.B. Hydrometrischer Flügel, System Woltmann usw.) oder Pegelapparate mit Uhrwerk und selbsttätiger Aufzeichnungsvorrichtung anbringen, die den Wasserstandswechsel laufend aufzeichnen. Aus dem bekannten gefüllten Querschnitt bei der Wasserstandshöhe und den an den Meßstellen sorgfältig ermittelten Reibungsverlusten kann die durchfließende Wassermenge berechnet oder aus einer für jede Wasserstandshöhe ausgerechneten Tabelle sofort abgelesen werden.

In die Zuläufe von Kläranlagen oder hinter Abwasserpumpen baut man auch automatisch arbeitende Wassermengenmesser ein, die auf einer geeichten Skala die jeweiligen Wassermengen anzeigen. Auf Einzelheiten soll in diesem Buch nicht eingegangen werden. Der interessierte Leser mag sie dem einschlägigen Schrifttum entnehmen.

IX. Vorarbeiten für die Entwürfe von Kläranlagen. Anforderungen an die Abwasserreinigung

1. Vorarbeiten für mechanische Absetzanlagen

Um eine mechanische Kläranlage in ihrer Größe richtig zu berechnen, ist eine genaue Kenntnis der in der Anlage zu behandelnden Abwassermenge und die Verteilung des Abflusses auf die Tagesstunden notwendig.

Die Größe des Absetzraumes einer mechanischen Kläranlage ist aber nicht allein von diesen beiden Faktoren, sondern auch von der Absetzfähigkeit des im Abwasser vorhandenen Schlammes stark abhängig.

Eine für die Gemeinde A erstellte mechanische Kläranlage, die einen guten Reinigungserfolg aufweist und im inneren Betrieb gut funktioniert, kann, wenn sie in der Gemeinde B mit der gleichen Einwohnerzahl, der gleichen täglichen Gesamtabwassermenge, dem gleichen Stundenabfluß und den gleichen Vorflutverhältnissen in der gleichen Größe erstellt wird, unter Umständen sehr enttäuschen, ja sogar vollkommen versagen und ihren Zweck gar nicht oder nur unvollkommen erfüllen. Diese Feststellung mag zunächst übertrieben erscheinen; aus den nachfolgenden Ausführungen wird man aber ohne weiteres erkennen, daß es sich immer empfiehlt, bei der Entwurfsbearbeitung einer Kläranlage, auch wenn es sich nur um eine mechanische Anlage handelt, gründliche Vorstudien nach den verschiedenen Richtungen hin zu machen. Auf diese Weise werden einwandfreie Unterlagen gesammelt, bevor an die Berechnung oder sogar an die Bauausführung der Anlage herangegangen wird. Auf die Erfahrungen, Beobachtungen und Berechnungen andererorts sich allein zu verlassen und eine Kläranlage nach „bewährtem Muster zu bauen" kann zu den unangenehmsten Überraschungen führen.

Wenn man die Größe des Absetzbeckens der Kläranlage berechnen will, muß man sich darüber klar sein, welcher Reinigungsgrad bzw. welcher Kläreffekt erreicht werden soll bzw. erreicht werden muß. Häusliches Abwasser gilt dann als mechanisch gut gereinigt, wenn im Klärvorgang 95–98% der absetzbaren Stoffe zurückgehalten werden. Besser als in Prozenten kann aber der anzustrebende Reinigungserfolg festgestellt werden, wenn verlangt wird, daß im Ablauf einer mechanischen Kläranlage nach zwei Stunden Absetzzeit maximal nur noch 0,1–0,3 ml/l Schlammstoffe im Tagesmittel vorhanden sein dürfen.

Daß bei der Forderung nach einem prozentualen Kläreffekt die Ausscheidung der Abwasserschlammstoffe nicht ausreichend sein kann und u. U. noch erhebliche Mengen an Schlamm in die Vorflut abfließen, zeigt die Zusammenstellung der Zahlentafel 6.

Im Normalfall, d.h. bei gewöhnlichen häuslichen Abwässern, wird man den eben geforderten Kläreffekt erreichen können, wenn die Absetzanlage so groß gewählt ist, daß sich das Abwasser in ihr bei Trockenwetter 90 Minuten, d.h. 1,5 Stunden aufhalten kann. Je nach der Art

Zahlentafel 6

Schlammgehalt im Zufluß zur Kläranlage	Ausgeschiedene Menge an Schlamm bei einem Kläreffekt von beispielsweise 95 %	Im Abwasser nach der mech. Klärung noch verbleibende Menge an Schlamm
2 ml/l	1,9 ml/l	0,1 ml/l
4 ml/l	3,8 ml/l	0,2 ml/l
6 ml/l	5,7 ml/l	0,3 ml/l
8 ml/l	7,6 ml/l	0,4 ml/l
10 ml/l	9,5 ml/l	0,5 ml/l
20 ml/l	19,0 ml/l	1,0 ml/l

und der Eigenschaft des Abwassers und des Schlammes können aber bezüglich der Absetzfähigkeit des letzteren beträchtliche Abweichungen vom Normalen eintreten, besonders dann, wenn das Abwasser Industrieabwässer besonderer Art enthält. Man tut daher gut daran, wenn eben möglich, für jede zu erstellende Kläranlage zunächst eine Absetzkurve

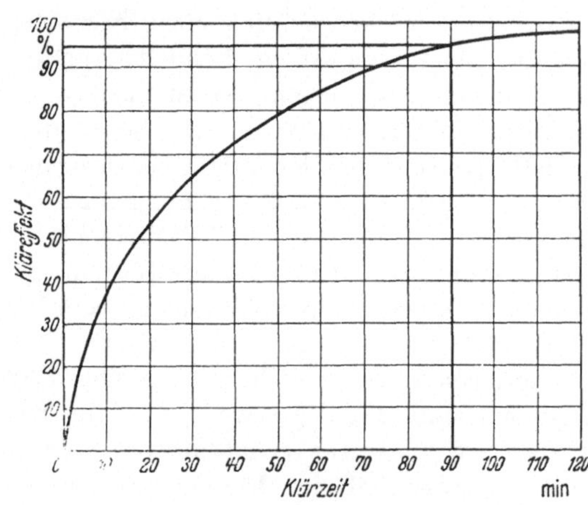

Abb. 40. Normale Absetzkurve für häusliches Abwasser.

des Schlammes in dem zu behandelnden Abwasser aufzustellen. Dieses ist besonders dann zu empfehlen, wenn mit dem häuslichen Abwasser zusammen auch noch industrielle Abwässer behandelt werden müssen, die einen besonders gearteten Schlamm in die Kanalisation einbringen oder auf Grund ihrer chemischen Zusammensetzung und Umsetzung mit dem häuslichen Abwasser den normalen Abwasserschlamm beeinflussen.

In den Abb. 40–42 sind drei typische Absetzkurven aufgetragen.

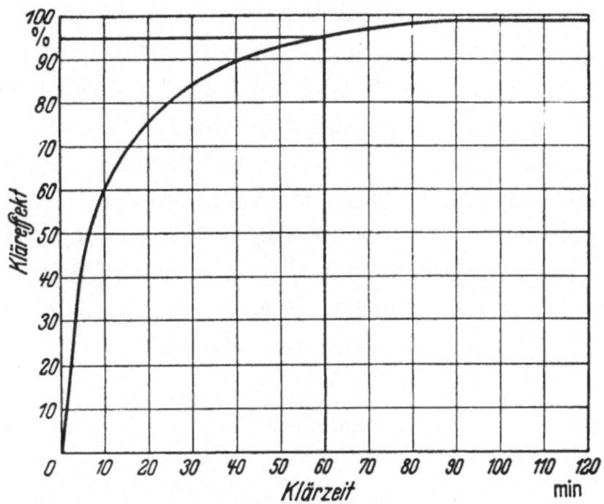

Abb. 41. Absetzkurve für ein Abwasser mit einem spezifisch schweren Schlamm.

Die Kurve der Abb. 40 stellt eine normale Absetzkurve für rein häusliches Abwasser dar. Die theoretisch zu erreichenden prozentualen Kläreffekte sind aus dem Verlauf der Kurve ohne weiteres abzulesen. In

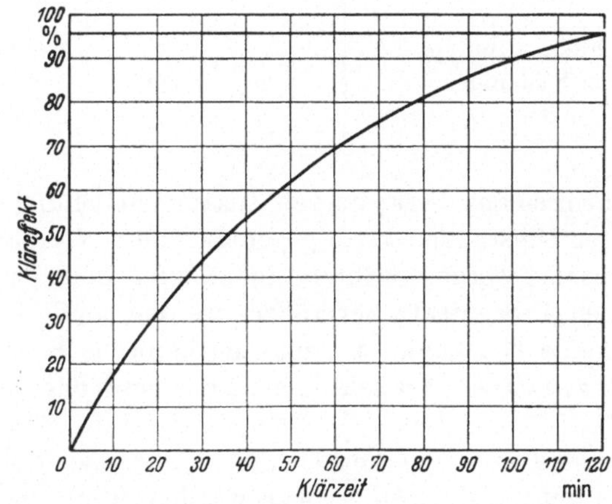

Abb. 42. Absetzkurve für ein Abwasser mit einem spezifisch leichten Schlamm.

90 Minuten (1,5 Stunden) lassen sich 95% der absetzbaren Stoffe zur Ausscheidung bringen.

Die Abb. 41 zeigt eine Absetzkurve, wie sie erhalten werden kann, wenn mit dem häuslichen Abwasser ein spezifisch schwererer Schlamm anfällt. In einem solchen Falle kann der gewünschte Kläreffekt von

95% schon nach einer Aufenthaltszeit von nur 60 Minuten (1 Stunde) erreicht sein.

Ein vollkommen anderes Bild haben wir bei der Abb. 42. Der Kläreffekt von 95% ist erst nach einer Aufenthaltszeit von 120 Minuten (2 Stunden) zu erzielen. Dieser Zustand kann sich dann ergeben, wenn im häuslichen Abwasser ein spezifisch leichter Schlamm vorhanden ist, der sich nur langsam und schwer aus dem Abwasser abscheidet.

Sind z.B. im Laufe eines Tages im Stundenmittel 1000 m³ Abwasser auf einer Kläranlage zu behandeln und will man einen Kläreffekt von 95% erreichen, dann ergeben sich aus den ausgeführten drei Absetzkurven hinsichtlich des erforderlichen Klärraumes die Zahlen, die in der nachfolgenden Zahlentafel 7 zusammengefaßt sind.

Zahlentafel 7

Art des Abwassers	Mittlerer Stundenzufluß m³	Erforderlicher Absetzraum m³	Abweichungen gegenüber den normalen Erfordernissen
A. Häusliches Abwasser mit normalem Schlamm	1000	1500	
B. Häusliches Abwasser mit spezifisch schwerem Schlamm	1000	1000	Verminderung des Absetzraumes zulässig
C. Häusliches Abwasser mit spezifisch leichtem Schlamm	1000	2000	Vergrößerung des Absetzraumes notwendig

Die Erkenntnisse aus dieser kurzen Zusammenstellung sind klar und eindeutig. Unter Umständen kann gegenüber dem Normalfall an Klärraum 33,3% gespart werden, während im anderen Falle der Absetzraum um den gleichen Prozentsatz vergrößert werden muß. Daß sich diese Tatsachen für eine Gemeinde, die eine mechanische Kläranlage bauen muß, finanziell auswirken, braucht nicht mehr besonders hervorgehoben zu werden.

Interessant sind auch die Verhältnisse, wenn man die erreichbaren Kläreffekte betrachtet, die sich ergeben würden, wenn die Absetzzeiten für die genannten drei Abwasserarten auf der Grundlage der normalen Absetzkurve alle zu 90 Minuten (1,5 Stunden) angenommen und die Absetzräume entsprechend erstellt worden wären, ohne daß Rücksicht auf die spezifischen Eigenschaften des in den Abwässern vorhandenen Schlammes genommen ist.

Nehmen wir für die Gemeinden A, B und C den gleichen mittleren Stundenabfluß von 1000 m³ an und eine mittlere Tagesverschmutzung im Abwasser von 4 ml/l während 16 Stunden, so ergibt sich auf Grund der Absetzkurven (s. Abb. 40–42) für die einzelnen Gemeinden folgendes:

Gemeinde A mit normalem Schlamm im Abwasser kann bei einer Klärzeit von 90 Minuten (1,5 Stunden) 95% der absetzbaren Stoffe aus dem Abwasser herausholen. Der Ablauf der Kläranlage enthält dann noch 0,2 ml Schlamm im Liter.

Gemeinde B mit einem spezifisch schweren Schlamm im Abwasser kann bei einer Klärzeit von 90 Minuten (1,5 Stunden) 99% der absetzbaren Stoffe aus dem Abwasser herausholen. Der Ablauf der Kläranlage enthält dann nur noch 0,04 ml Schlamm im Liter.

Gemeinde C mit einem spezifisch leichten Schlamm im Abwasser kann bei einer Klärzeit von 90 Minuten (1,5 Stunden) 84% der absetzbaren Stoffe aus dem Abwasser herausholen. Der Ablauf der Kläranlage enthält dann schon 0,64 ml Schlamm im Liter.

In den drei Fällen werden mit dem mechanisch geklärten Abwasser noch folgende Schlammengen dem Vorfluter zugeführt:

	Schlammenge je Stunde	Schlammenge in 16 Stunden
Gemeinde A	200 l	3,2 m³
Gemeinde B	40 l	0,64 m³
Gemeinde C	640 l	10,2 m³

Die Gemeinde A erfüllt, wie ersichtlich, die Bedingungen, die an eine gute mechanische Reinigung zu stellen sind. In der Gemeinde B haben wir einen wesentlich besseren Reinigungserfolg, weil auf Grund der besonderen Eigenschaften des Abwasserschlammes eine beträchtliche Reserve in der Absetzanlage vorhanden ist. Die Gemeinde C hat trotz der mechanischen Kläranlage im gereinigten Abwasser noch reichliche Mengen an Schlammstoffen, so daß der Klärerfolg als ungenügend bezeichnet werden muß.

Schlammstoffe im Abwasser bedeuten bekanntlich für einen Vorfluter in mancherlei Beziehung eine starke Belastung. Die mechanische Reinigung der Abwässer soll den Vorfluter von diesen Schlammstoffen befreien. Wir sehen aber aus diesen kurzen Ausführungen, daß trotz mechanischer Reinigung die Vorflut unter Umständen noch recht stark belastet bzw. ungenügend entlastet wird, wenn bei der Erstellung der Kläranlage keine Rücksicht auf die Eigenschaften des Abwassers und des in ihm enthaltenen Schlammes genommen, sondern die Anlage einfach „nach bewährtem Vorbild an anderer Stelle" ausgeführt wird. Bei den Vorarbeiten für eine mechanische Absetzanlage wird man sich aber nicht allein auf die Feststellung der Absetzfähigkeit der Schlammstoffe beschränken, sondern vor allen Dingen Beobachtungen in der Richtung machen, ob mit dem Abwasser viel sperrige Stoffe, grobe Abfälle, Lumpen oder ähnliche Dinge ankommen, damit auch die Rechenanlagen entsprechend ausgeführt werden (s. Abschn. XIX.: Betriebsschwierigkeiten in Kläranlagen).

Zu den Vorarbeiten für mechanische Absetzanlagen gehört auch die Feststellung, ob das zu behandelnde Abwasser seine Reaktion stark wechselt. Normalerweise hat häusliches Abwasser eine schwach alkalische Reaktion. Der pH-Wert liegt zwischen 7,0 und 7,2. Sind in einer Gemeinde Industriebetriebe vorhanden, dann kann es leicht vorkommen, daß durch die Abwässer dieser Betriebe eine Verschiebung der Abwasserreaktion eintritt. Ist ein Abwasser sauer, z.B. durch Salzsäure oder Schwefelsäure oder durch organische Säuren, dann sind u.U. Betonbauten der Kläranlage gefährdet. Saure Abwässer geben oft auch dem Schlamm eine saure Eigenschaft; in solchen Fällen kann die Schlammfaulung gefährdet werden. Auch stark alkalische Abwässer schädigen die Schlammzersetzung.

Auch der Zufluß von Mineralölen usw. kann den Betrieb einer mechanischen Anlage gefährden und zu erheblichen Betriebsschwierigkeiten führen.

Grundsätzlich ist es empfehlenswert, sich vor dem Bau einer mechanischen Reinigungsanlage durch 24stündige Untersuchungen über die Qualität und Zusammensetzung des Abwassers Gewißheit zu verschaffen.

2. Vorarbeiten für Schlammfaulanlagen

Die Menge und chemische Zusammensetzung des in städtischen Kläranlagen anfallenden Schlammes ist gewissen Schwankungen unterworfen, die einmal von der Lebensgewohnheit der Bevölkerung und zum anderen von der Art und Menge der industriellen Abwässer, die u.U. in die Kanalisation mit aufgenommen werden, abhängig sind. Da die industriellen Abwässer häufig selbst schon beträchtliche Schlammengen enthalten und außerdem bei ihrer Vermischung mit dem städtischen Abwasser zusätzlich noch Schlamm entstehen kann – beim Zufluß eisenhaltiger Beizereiabwässer zum häuslichen Abwasser treten u.U. starke Flockungserscheinungen unter Bildung eines voluminösen, wasserhaltigen Schlammes auf –, ergibt sich für das Gesamtabwasser in einem Hauptsammler, in den die Kläranlage eingeschaltet werden kann, oft eine erheblich über dem Normalfall liegende Menge an Schlammstoffen und außerdem ein Schlamm, der in der Zusammensetzung und in seinem Verhalten beim Ausfaulen stark vom normalen städtischen Abwasserschlamm abweichen kann. Wohl gibt es in der Abwasserreinigungstechnik einige allgemein gültige Daten und Richtzahlen für den Frischschlamm bezüglich der je Einwohner anfallenden Menge, des Wassergehaltes im Schlamm, des mineralischen und organischen Anteils in der Schlammtrockensubstanz und der zu erwartenden Gasmenge, die als Grundlage für Entwurfsbearbeitung und Größenberechnung einer Schlammfaulanlage mit Vorteil benutzt werden können. Diese Zahlen lauten (s. Taschenbuch der Stadtentwässerung von K. IMHOFF, München: Oldenbourg 1965):

1. frischer, unter Wasser abgepumpter
   Schlamm aus Trichterbecken mit   2,16 l je Einwohner u. Tag
   einem Wassergehalt von . . . . 97,5 %

2. frischer Schlamm, der beim Herauspumpen von dem überschüssigen Wasser
   getrennt wurde   1,08 l je Einwohner u. Tag
   mit einem Wassergehalt von . . . . . 95 %

3. Zusammensetzung der Schlammtrockensubstanz:
   mineralischer Anteil . . . . 30 %
   organischer Anteil . . . . 70 %

4. Gasentwicklung aus 1 kg organischer Stoffe des in den Faulraum eingebrachten frischen Schlammes in 90 Tagen

$$\text{bei } 10\ ^\circ\text{C} = 450\ \text{l/kg}$$
$$\text{bei } 15\ ^\circ\text{C} = 530\ \text{l/kg}$$
$$\text{bei } 20\ ^\circ\text{C} = 610\ \text{l/kg}$$
$$\text{bei } 25\ ^\circ\text{C} = 710\ \text{l/kg}$$
$$\text{bei } 30\ ^\circ\text{C} = 760\ \text{l/kg}.$$

Diese Zahlen gelten nur für Normalverhältnisse. Tauchen bei der Entwurfsbearbeitung für eine Kläranlage, insbesondere für eine Schlammfaulanlage Zweifel auf, daß sowohl die Menge als auch die Zusammensetzung des Schlammes erheblich von den oben genannten Erfahrungszahlen abweichen könnte, ist es immer anzuraten, vor dem Baubeginn im Hauptsammler, der alle zu behandelnden Abwässer enthält, entsprechende Probenahmen und Untersuchungen durchzuführen. Unterläßt man im Zweifelsfalle diese Feststellung, dann kann, falls der Schlammanfall weit über dem Normalen liegt und die Zusammensetzung des Schlammes nur eine langsame anaerobe Zersetzung zuläßt, leicht der Fall eintreten, daß die erstellte Schlammfaulanlage zu klein ist und somit den an sie gestellten Anforderungen nicht gerecht werden kann. Bisweilen können, ohne daß es vorher bekannt geworden ist, dem Abwasser und Abwasserschlamm gewisse Giftstoffe beigemischt sein, die die Ausfaulung des Frischschlammes verzögern oder sogar ganz unterbinden. Es ist daher ratsam, die Voruntersuchung eines Frischschlammes auch auf seine Gasungs- bzw. Zersetzungsfähigkeit auszudehnen. Zu diesem Zweck wird eine bestimmte Menge des durch eine Probenahme über einen längeren Zeitraum gewonnenen Schlammes, und zwar etwa 500–1000 g, in einem Glaskolben eingewogen und bei Zimmertemperatur aufgehoben. An den Kolben ist eine Gasauffangvorrichtung anzuschließen, um die Menge des entstandenen Gases täglich oder in größeren Zeitabständen ablesen zu können. Aus der entstandenen Gasmenge und der Schnelligkeit der Gasentwicklung kann man dann gewisse Rückschlüsse auf das Verhalten des betreffenden Schlammes bei der Behandlung in den Schlammfaulräumen ziehen. Vor allen Dingen ist zu erkennen, ob der Schlamm überhaupt gasender anaerober Zersetzung zugänglich ist und ob seine organischen Stoffe schnell oder langsam abgebaut werden. Falsch wäre es allerdings, aus solch einem kleinen Laboratoriumsversuch bindende Schlüsse auf die im späteren Großbetrieb anfallende Menge an Gas zu ziehen. Derartige Laboratoriumsversuche können und sollen nur richtungsweisend sein, sie bilden aber u. U. eine wertvolle Ergänzung der für die Entwurfsbearbeitung notwendigen Vorarbeiten. Um bei der Bestimmung der Gasungsfähigkeit eines zunächst unbekannten Schlammes vor Trugschlüssen bewahrt zu bleiben, ist es allerdings notwendig, eine

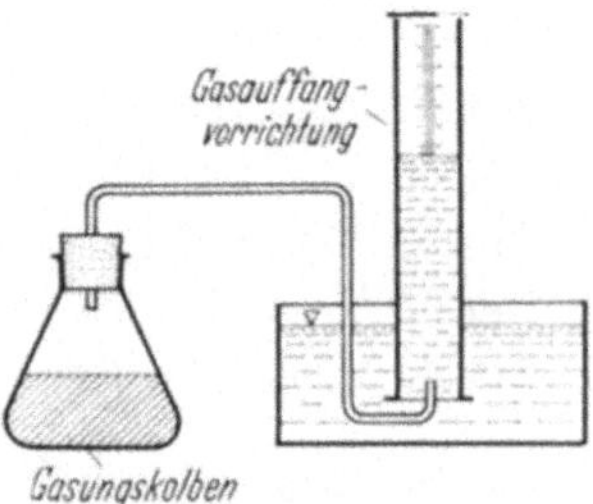

Abb. 43. Schlammfaulanlage für Laborversuche.

Reihe von Versuchen anzusetzen und den hierzu benutzten Schlamm an verschiedenen Wochentagen und zu verschiedenen Zeiten aus dem Abwasser zu gewinnen, da es möglich ist, daß hemmende Giftstoffe nur stoßweise zum Abfluß kommen.

Die Abb. 43 zeigt eine im Laboratorium gebräuchliche Versuchsanlage um die anaerobe Zersetzung eines Schlammes zu überprüfen.

3. Vorarbeiten für biologische Reinigungsanlagen

Die hier notwendigen Vorarbeiten haben sich in der Hauptsache auf die eingehende chemische Untersuchung der zu reinigenden Abwässer zu erstrecken. Es wird im wesentlichen zunächst darauf ankommen, die Konzentration des Abwassers durch Feststellung des Kaliumpermanganatverbrauchs und des biochemischen Sauerstoffbedarfs und der

Stickstoffbilanz zu ermitteln. Außerdem ist es von Wichtigkeit, die Reaktion bzw. den pH-Wert des Abwassers und seinen Sauerstoffgehalt zu kennen. Eingehende Untersuchungen sind auch in der Richtung anzustellen, ob etwa organische und anorganische Giftstoffe im Abwasser vorhanden sind, die eine künstliche biologische Reinigung behindern oder unmöglich machen oder bei den natürlichen biologischen Verfahren Schäden im Boden oder in den Fischteichen verursachen. Die einzelnen Untersuchungs- und Bestimmungsmethoden sollen hier nicht näher behandelt werden, sie können in den einschlägigen Lehrbüchern nachgelesen werden. In der Bundesrepublik sind für alle Wasser- und Abwasseruntersuchungen die „Deutschen Einheitsverfahren zur Wasser-, Abwasser- und Schlammuntersuchung", 3. Aufl., Weinheim/Bergstr.: Verlag Chemie 1960 verbindlich erklärt worden.

4. Anforderungen an die Abwasserreinigung

In der Bundesrepublik Deutschland gelten einheitliche Bestimmungen für die Abwassereinleitung in die öffentlichen Gewässer. Jede Abwassereinleitung muß entweder durch eine Erlaubnis oder Bewilligung genehmigt oder gedeckt sein, in denen genau festgelegt ist, welche Qualität das abzuleitende Abwasser einer Gemeinde oder eines gewerblichen und industriellen Betriebes haben darf.

Aus Wasserführung, Selbstreinigungskraft, Zustand, Beschaffenheit und Benutzung der Gewässer ergibt sich, welchen Reinigungsmaßnahmen ein Abwasser unterzogen werden muß in und welchen Mengen das Abwasser in ein Gewässer eingeleitet werden darf. Um die für die Erteilung einer Erlaubnis oder Bewilligung bei der Einleitung von Abwasser in ein öffentliches Gewässer zuständigen Behörden beratend zu unterstützen, sind in einem vom Bund und den Ländern beauftragten Ausschuß „Normalanforderungen für Abwasserreinigungsverfahren" für häusliche und industrielle Abwässer erarbeitet worden[1]. Die vom Ausschuß erarbeiteten Normalanforderungen geben Erfahrungswerte wieder, die man bei den verschiedenen Abwässern in neuzeitlich und gut betriebenen Kläranlagen erreichen kann. Für die häuslichen Abwässer bestehen für die mechanische Reinigung, die teil- und vollbiologische Reinigung folgende Normalforderungen:

1. Allgemeines

Unter häuslichem Abwasser ist auch solches zu verstehen, dem gewerbliches Abwasser nur in so geringen Mengen beigemischt ist, daß seine Eigenschaften nicht oder nur unwesentlich beeinflußt und die üblichen Behandlungsmöglichkeiten nicht

---

[1] Herausgeber: Länderarbeitsgemeinschaft Wasser (LAWA), 2 Hamburg, Am Sorgfeld 110: Verlag Wasser und Boden.

5 Husmann, Abwasserreinigung, 3.Aufl.

verändert werden. Die folgenden Anforderungen gelten nicht für Einleitungen aus Kleinkläranlagen, die unter die Normenvorschrift DIN 4261 fallen.

2. Häusliches Abwasser bei Trockenwetter

a) Mechanische Reinigung

1. Absetzbare Stoffe nach 2 Stunden Absetzzeit . . . . .   0,3 ml/l
2. Schwimmstoffe . . . .   keine mit dem
                                         Auge wahrnehmbaren

b) Biologische Reinigung

1. Biologische Vollreinigung

    a) Absetzbare Stoffe nach 2 Stunden Absetzzeit   . . .   0,3 ml/l
    b) Schwimmstoffe . . . .   keine mit dem
                                            Auge wahrnehmbaren
    c) Fäulnisfähigkeit . . . .   negativ
    d) Kaliumpermanganatverbrauch . . . .   100 mg/l
        Höhere Werte können zugelassen werden, wenn der
        fünftägige biochemische Sauerstoffbedarf unter dem
        angegebenen Wert liegt (z. B. bei schwer abbaubaren
        Stoffen).
    e) Biochemischer Sauerstoffbedarf (BSB_5) . . . . . .   25 mg/l

2. Biologische Teilreinigung

Wenn biologische Teilreinigung genügt, können die Anforderungen an die Abwasserreinigung geringer sein, doch müssen dabei mindestens folgende Werte eingehalten werden:

    a) Absetzbare Stoffe nach 2 Stunden Absetzzeit   . . .   0,3 ml/l
    b) Schwimmstoffe . . . .   keine mit dem
                                              Auge wahrnehmbaren
    c) Kaliumpermanganatverbrauch . . . .   150 mg/l
    d) Biochemischer Sauerstoffbedarf (BSB_5) . . . . . .   80 mg/l

3. Häusliches Abwasser mit Regenwasser gemischt

Es kann davon ausgegangen werden, daß Kläranlagen den Anforderungen genügen, wenn die mechanische Klärung bis zum 5fachen (1 + 4) und die biologische Reinigung bis zum 1,5–2fachen (1 + 0,5 bis 1 + 1) des Trockenwetterabflusses aufnimmt.

Durch geeignete zusätzliche Maßnahmen zur Regenwasserklärung kann erreicht werden, daß die angegebenen Gehalte an absetzbaren Stoffen bei Regenwetter um nicht mehr als 100% überschritten werden. Es ergeben sich dann für die absetzbaren Stoffe nach 2 Stunden Absetzzeit . . . . 0,6 ml/l.

4. Ableitung radioaktiver Abwässer

Die Ableitung radioaktiver Abwässer in die Kanalisation oder in ein Gewässer ist in der Bundesrepublik durch die „Erste Strahlenschutzverordnung" vom 24. Juni 1960 geregelt. Im § 34 dieser Verordnung zum Schutz von Luft, Wasser und Boden heißt es:

„Aus Kontrollbereichen herausgelangendes Abwasser darf in Abwasserkanälen oder oberirdische Gewässer nur eingeleitet werden, wenn die von einem Umgang mit radioaktiven Stoffen herrührende Konzentration der radioaktiven Stoffe in diesem Abwasser im Tagesdurchschnitt die in einer Anlage zur Verordnung genannten Werte nicht überschreitet."

In dieser Anlage zur Strahlenschutzverordnung ist eine große Anzahl von radioaktiven Stoffen aufgeführt, von denen in der Zahlentafel 8 nur einige wenige zusammengestellt sind, die in der Forschung und Medizin häufiger gebraucht werden.

Zahlentafel 8. *Zulässige Radioaktivität*

Isotop	Halbwertszeit	Zulässige Konzentration beim Verlassen des Kontrollbereichs lt. Strahlenschutzverordnung	
		μCi/ml	pCi/l
Au 198	2,7 Tage	$5 \cdot 10^{-4}$	500000
J 131	8,05 Tage	$1 \cdot 10^{-5}$	10000
P 32	14,2 Tage	$2 \cdot 10^{-4}$	200000
S 35	87 Tage	$6 \cdot 10^{-4}$	600000
H 3 (Tritium)	12,26 Jahre	$3 \cdot 10^{-2}$	30000000
C 14	5570 Jahre	$8 \cdot 10^{-3}$	8000000

Links in der Tabelle sind die jeweiligen Isotopen, dann die Halbwertszeiten und rechts die zugelassenen Konzentrationen beim Verlassen des Kontrollbezirks laut Strahlenschutzverordnung aufgeführt.

Im Vergleich zu diesen Werten sei darauf hingewiesen, daß in der Bundesrepublik Deutschland für Oberflächenwässer bis 100 pCi/l und für Trinkwasser bis 10 pCi/l zulässig sind.

Die deutsche Strahlenschutzverordnung sieht dort, wo es sich um Gemische unbekannter Isotopen handelt, folgende Begrenzungen bei der Ableitung vor:

1. für radioaktive Stoffe oder Gemische solcher Stoffe im Wasser, die nicht analysiert oder in der Anlage der Strahlenschutzverordnung nicht genannt sind,

$$1 \cdot 10^{-7} \, \mu\text{Ci/ml} = 100 \text{ pCi/l};$$

2. für Gemische von in der Anlage der Strahlenschutzverordnung aufgeführten radioaktiven Stoffen im Wasser, die nicht analysiert, jedoch frei von Radium 226 und Radium 228 sind,

$$1 \cdot 10^{-6} \, \mu\text{Ci/ml} = 1000 \text{ pCi/l};$$

3. für Gemische, von denen in der Anlage der Strahlenschutzverordnung aufgeführten radioaktiven Stoffen im Wasser, die nicht analysiert, jedoch frei von Strontium 90, Jod 129, Blei 210, Polonium 210, Radium 226, Radium 228, Protaktinium 231 und natürlichem Thorium sind,

$$1 \cdot 10^{-5} \, \mu\text{Ci/ml} = 10000 \text{ pCi/l}.$$

X. Allgemeine Schlammfragen

Der große Vorteil der anaeroben Ausfaulung des Abwasserschlammes liegt nicht nur in dem Abbau und der Verminderung der organischen Stoffe, verbunden mit einer Umwandlung der stark geruchsbildenden Bestandteile in solche, die vollkommen geruchslos sind, in der Gewinnung des wertvollen Methangases und eines nährstoff- und humushaltigen Bodenverbesserungsmittels, sondern vor allen Dingen auch in der weitgehenden Entwässerung des Schlammes, verbunden mit einer erheblichen Volumenabnahme. Unter diesem Gesichtspunkt betrachtet, muß die Schlammausfaulung als eine der entscheidensten Maßnahmen in der Abwasserklärtechnik angesprochen werden, ohne die der Betrieb einer neuzeitlichen Anlage überhaupt nicht zu denken und aufrechtzuerhalten ist.

Der frisch gewonnene Klärschlamm ist bekanntlich ein inniges Gemenge der ungelösten Stoffe des Abwassers mit dem Abwasser selbst. In seiner Hauptmenge besteht er aus Wasser, und zwar zu etwa 95%, und nur zu einem geringen Teil, nämlich 5%, aus festen Stoffen. Der Trockensubstanzgehalt des Schlammes steht nun zum Wassergehalt einerseits und zur Raummenge andererseits in einem sehr interessanten Verhältnis: 1 m³ des Frischschlammes, d.h. 1000 kg enthalten bei 5% Gewichtsteilen Trockensubstanz und 95% Wassergehalt 50 kg Trockenstoffe und 950 kg Wasser. Der Einfachheit halber sind die Gewichte der Trockenstoffe dem Gewicht des Wassers gleichgesetzt, während sie in Wirklichkeit etwas schwerer sind, da sie ja im Klärbecken absinken. Ist der Schlamm während der Ausfaulung durch Entwässerung auf die Hälfte seines ursprünglichen Raumes vermindert worden, so daß nur noch 0,5 m³, d.h. 500 kg Schlamm vorhanden sind, so sind in ihm nach wie vor 50 kg Trockenstoffe enthalten, aber nur noch 450 kg Wasser. Der Schlamm hat demnach jetzt einen Trockenstoffgehalt von 10% und einen Wassergehalt von 90%. Wird der Schlamm jetzt weiter entwässert, und zwar auf 0,25 m³ Raummenge, d.h. auf 250 kg, so sind wiederum die 50 kg Trockenstoffe unverändert enthalten, aber an Wasser bleiben nur noch 200 kg, so daß der Trockenstoffgehalt nunmehr auf 20% angestiegen, während der Wassergehalt auf 80% abgesunken ist. Vermindert man die Schlammenge auf 0,1 m³, d.h. auf 100 kg, also ein Zehntel der ursprünglichen Menge, so enthalten 100 kg Schlamm 50% Trockenstoffe und 50% Wasser.

Diese Gegenüberstellung der Zahlen zeigt, daß Klärschlamm mit einem Wassergehalt von 95%, unter Wasserabgabe auf die Hälfte seines ursprünglichen Volumens vermindert, den Gehalt an Trockenmasse nur von 5% auf 10% vermehrt.

Bei weiterer Raumverminderung auf ein Viertel erhöht sich der Trockenstoffgehalt im Schlamm nur auf 20%. Erst nach der Eindickung auf ein Zehntel des ursprünglichen Rauminhaltes ist der Gehalt an Trockenstoffen eines Schlammes dem an Wasser gleich. Durch Feststellung des Wassergehaltes eines Schlammes vor und nach dem Ausfaulen bzw. Trocknen kann also die Verminderung der Schlammenge in einfacher Weise nach der folgenden Formel berechnet werden:

$$m = \frac{M \cdot Tr}{tr}.$$

In dieser Gleichung bedeutet:

M Menge des ursprünglichen Schlammes in m³,
Tr Trockensubstanzgehalt im ursprünglichen Schlamm in %,
m Menge des entwässerten Schlammes in m³,
tr Trockensubstanzgehalt in entwässertem Schlamm in %.

An einem Rechnungsbeispiel werden die Zusammenhänge vollkommen klar.

Es sei die Menge des ursprünglichen Schlammes . . . 1200 m³,

der Trockensubstanzgehalt sei festgestellt zu 5%,

der Trockensubstanzgehalt des entwässerten Schlammes sei festgestellt zu . . . 20%,

$$m = \frac{1200 \cdot 5}{20} = 300\ \text{m}^3.$$

Die ursprüngliche Schlammmenge von 1200 m³ ist also auf 300 m³ vermindert.

In der Abb. 44 ist das Verhältnis zwischen Wassergehalt und Volumenabnahme beim Klärschlamm für alle im Betrieb vorkommenden Werte zusammengestellt, so daß in einfacher Weise abzulesen ist, um welchen Betrag sich das Volumen bei der jeweils festgestellten Veränderung des Wassergehaltes bzw. des Trockensubstanzgehaltes vermindert. Die Kenntnis dieser Zahlen ist für den Betrieb einer Kläranlage von großer Wichtigkeit,

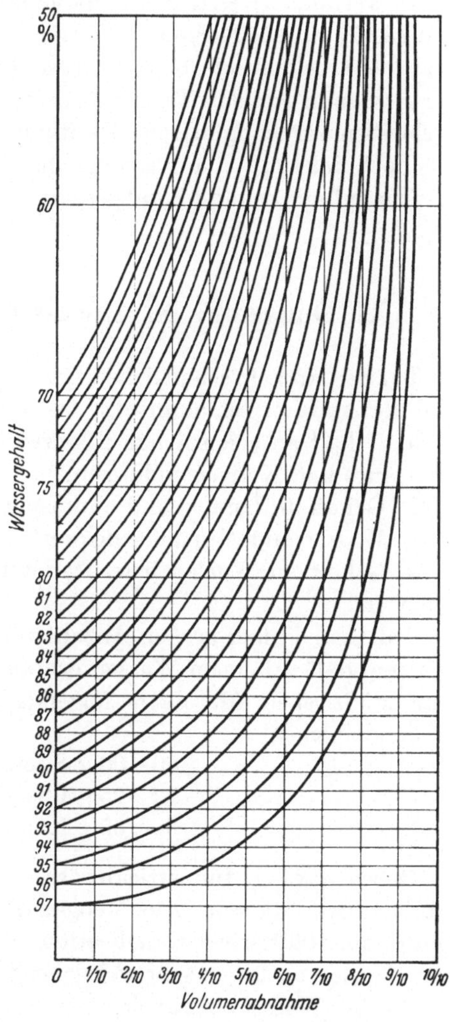

Abb. 44. Verhältnis zwischen Wassergehalt und Volumenabnahme bei Klärschlamm.

da man aus ihnen z. B. die Leistung der Schlammpumpen, die Größe der Schlammtrockenplätze und schließlich die Menge des unterzubringenden Schlammes genau bestimmen kann.

In einer Stadt von 50000 Einwohnern ist in einer mechanischen Absetzanlage mit einem täglichen Frischschlammanfall von 50 m³ zu rechnen. Die Jahresmenge beträgt demnach $50 \cdot 365 = 18250$ m³. Dieser Schlamm, der einen Wassergehalt von 95% hat, wird in der anaeroben Schlammzersetzung auf einen Wassergehalt von 80% gebracht. Dabei vermindert sich das Schlammvolumen gemäß obiger Gleichung von 18250 auf 4562 m³/Jahr. Für diese Menge an ausgefaultem Schlamm sind die Trockenbeete bzw. Schlammbecken zu berechnen. Vermindert der Schlamm auf den Trockenbeeten seinen Wassergehalt auf 50%, so verbleiben zur endgültigen Beseitigung und Unterbringung schließlich nur noch 1824 m³. Die ursprüngliche Frischschlammenge von 18250 m³ ist also auf ein Zehntel herabgesetzt.

XI. Dungstoffe im Abwasser und Abwasserschlamm

Bei der landwirtschaftlichen Bewertung und Nutzung des Abwassers und der Abwasserschlammstoffe ist zu unterscheiden zwischen dem:

a) Gehalt an eigentlichen Pflanzennährstoffen, wie Stickstoff, Phosphorsäure und Kaliverbindungen,

b) Gehalt an Humus und humusbildenden Stoffen,

c) Wasser und Anfeuchtungswert,

d) Gehalt an Wuchs- bzw. Reizstoffen für die Bodenbakterien und Pflanzen.

Auf Grund einer großen Anzahl von Untersuchungen kann man annehmen, daß bei einem Wasserverbrauch von 100 l je Kopf und Tag in 1·m³ städtischen Abwassers folgende Mengen an Pflanzennährstoffen vorhanden sind:

$$80\text{--}100 \text{ g Stickstoff (N)},$$
$$20\text{--}\ 25 \text{ g Phosphorsäure } (P_2O_5),$$
$$60\text{--}\ 65 \text{ g Kali } (K_2O).$$

Durch gewisse Industrieabwässer, z.B. von Hefefabriken, Stärkefabriken usw., die reichliche Mengen dieser Pflanzennährstoffe enthalten und in der städtischen Kanalisation mit abgeleitet werden, können sich diese Zahlen natürlich sehr weitgehend verändern.

Ist der Wasserverbrauch einer Stadt kleiner oder größer als 100 l je Einwohner und Tag, so ändert sich wohl der absolute Gehalt an Pflanzennährstoffen in 1 m³ Abwasser, nicht aber die jährliche je Einwohner in das Abwasser gelangende Menge der genannten Stoffe, wie aus der nachstehenden Zusammenstellung in Zahlentafel 9 zu ersehen ist, bei deren Berechnung die oben genannten Werte an Pflanzennährstoffen zugrunde gelegt sind.

Die Phosphorsäure und das Kali liegen im Abwasser größtenteils als anorganische Salze vor, während der Stickstoff in den verschiedenartigsten Verbindungen auftreten kann. Einmal findet man ihn als sogenannten organischen Stickstoff, z. B. in Eiweißverbindungen, die etwa 15%

Zahlentafel 9

Gehalt an Pflanzennährstoffen in 1 m³ Abwasser			Ges.-Abwassermenge je Einwohner und Jahr	Jahresanfall an Pflanzennährstoffen je Einwohner		
Stickstoff	Phosphorsäure	Kali		Stickstoff	Phosphorsäure	Kali
bei einem Wasserverbrauch von 50 l/K/Tg						
160 g	40 g	120 g	18,25 m³	2,92 kg	0,73 kg	2,19 kg
bei einem Wasserverbrauch von 100 l/K/Tg						
80 g	20 g	60 g	36,50 m³	2,92 kg	0,73 kg	2,19 kg
bei einem Wasserverbrauch von 150 l/K/Tg						
53 g	13 g	40 g	54,75 m³	2,92 kg	0,73 kg	2,19 kg
bei einem Wasserverbrauch von 200 l/K/Tg						
40 g	10 g	30 g	73,00 m³	2,92 kg	0,73 kg	2,19 kg

gebundenen Stickstoff enthalten, vor, dann als freies oder gebundenes Ammoniak und schließlich noch in Verbindung mit Sauerstoff als Nitrit- und Nitratstickstoff, in diesem Falle dann wieder in anorganischen Verbindungen.

Das städtische Abwasser enthält die wichtigsten Pflanzennährstoffe Stickstoff, Phosphorsäure und Kali zum größten Teil in echt gelöster Form, wobei ein Teil des Stickstoffs, besonders derjenige, der in den organischen Verbindungen enthalten ist, auch in den kolloidalen Trübungen enthalten sein kann. Aus diesem Grunde vermindert die mechanische Abwasserreinigung, die bekanntlich lediglich die Schlammstoffe aus dem Abwasser entfernt, den absoluten Gehalt eines Abwassers an diesen Nährstoffen nur wenig und der entsprechende Klärschlamm ist, wie später noch gezeigt wird, arm an eigentlichen Dungwertstoffen. Nach Untersuchungen von PRÜSS verliert ein städtisches Abwasser während der mechanischen Reinigung etwa 10% des Stickstoffes, 10% des Kalis und 24% der Phosphorsäure. Diese Dungstoffe gehen aber für eine landwirtschaftliche Ausnützung nicht verloren, sondern finden sich im Frischschlamm der mechanischen Reinigung wieder. Etwas anders liegen die Verhältnisse bei der biologischen Abwasserreinigung, vor allem bei den künstlichen biologischen Verfahren. Bezogen auf den Pflanzennährstoffgehalt im Abwasser nach der mechanischen Reinigung vermindert sich der Phosphorsäuregehalt um etwa 30%, der Gehalt an Kaliverbindungen um 10%, und die Menge der Stickstoffverbindungen um etwa 20%. Für die landwirtschaftliche Verwertung gehen diese Dungstoffmengen aber ebenfalls nicht verloren. Die Phosphorsäure- und Kaliverbindungen finden wir im Schlamm wieder, der bei dem künstlichen biologischen Reinigungsverfahren entsteht – beim Tropfkörper in dem mit aus dem Körper ausgespülten Schlamm und beim Belebtschlammverfahren im Überschußschlamm.

Auch die Stickstoffverbindungen werden sich zu einem gewissen Teil in diesem Schlamm wiederfinden. Man muß aber damit rechnen, daß ein Teil des Stickstoffes bei der künstlichen biologischen Abwasserreinigung in die Luft entweicht. Die Höhe der Stickstoffverluste hängt von vielen Umständen ab, wie Abwassertemperatur, Intensität der Belüftung während der biologischen Reinigung, Art der im Abwasser vorhandenen N-Verbindungen usw., die von Fall zu Fall sehr verschieden sein können. Auf Grund eigener Untersuchungen konnte ich feststellen, daß die Stickstoffverluste, bezogen auf den Gesamt-N-Gehalt des Rohabwassers, bei Tropfkörperanlagen bis zu 40% und bei Belebtschlammanlagen bis zu 25% betragen können.

Bei der anaeroben Ausfaulung der Schlämme aus der mechanischen und biologischen Abwasserreinigung, die man zweckmäßig zusammen durchführt, vermindert sich der Stickstoff-, Phosphorsäure- und Kaligehalt des Schlammes weiter, und zwar gehen diese Stoffe infolge Bildung löslicher Verbindungen aus dem Schlamm in das sogenannte Faulraumwasser über. Die Abnahme beträgt, bezogen auf den jeweiligen Trockensubstanzgehalt des frischen und ausgefaulten Schlammes bei den Stickstoffverbindungen etwa 40–50%. Die Verminderung der Phosphorsäure- und Kaliverbindungen hält sich bei der Schlammfaulung in ähnlichen Grenzen.

Diese in Lösung gegangenen Dungstoffe brauchen aber einer landwirtschaftlichen Abwässerverwertung nicht verlorengehen, wenn das Faulraumwasser nach evtl. notwendiger mechanischer Entschlammung mit dem Gesamtabwasser der Kläranlage abgeführt und landwirtschaftlich genutzt wird. Allerdings wird sich bei der Ausfaulung ein geringer Stickstoffverlust nicht vermeiden lassen, da mit dem entstehenden Faulgas auch etwas Stickstoff entweicht. Diese Menge ist aber gering, so daß sie in der Dungwertbeurteilung des Abwassers bzw. Abwasserschlammes keine Rolle spielt.

Während der biologischen Reinigung machen die Stickstoffverbindungen eine sehr bemerkenswerte Umwandlung durch. Es verschwindet nämlich der Ammoniakstickstoff und der organisch gebundene Stickstoff zum größeren Teil und dafür bildet sich infolge der Lebenstätigkeit der Bakterien (s. Abschn. VI.) Nitrit- und Nitratstickstoff. In welchem Umfange diese Umwandlung eintritt, ist aus den Abb. 45 und 46 zu ersehen, in denen die Verhältnisse sowohl für Tropfkörper als auch für das Blebtschlammverfahren aufgetragen sind.

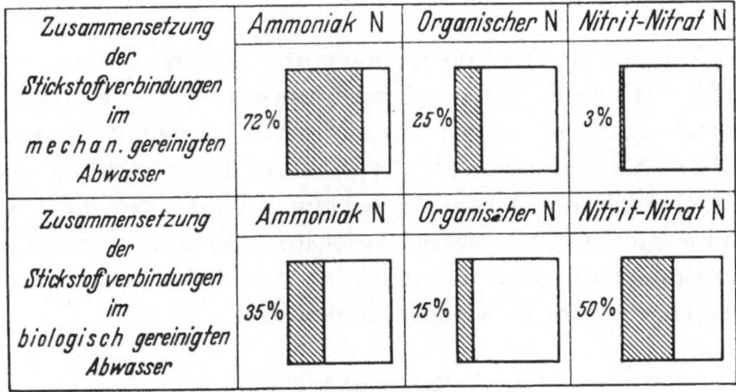

Abb. 45. Umwandlung der Stickstoffverbindungen bei der biologischen Reinigung auf Tropfkörpern.

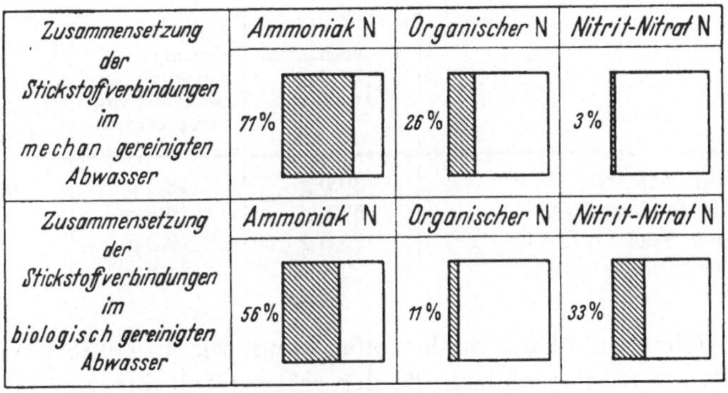

Abb. 46. Umwandlung der Stickstoffverbindungen bei der biologischen Reinigung nach dem Belebtschlammverfahren.

Die beiden Abbildungen und die folgende Zahlentafel 10 lassen weiter erkennen, daß sich die verschiedenen Stickstoffverbindungen eines städtischen Abwassers im künstlichen biologischen Reinigungsvorgang stark zur mineralischen Seite, d. h. zu den Nitrit- und Nitratverbindungen hin verschieben.

Man erkennt in dieser Gegenüberstellung, daß in der Nitrit-Nitratbildung die Tropfkörperabläufe denjenigen der Belebtschlammanlage überlegen sind.

Zahlentafel 10. *Stickstoffhaushalt im Abwasser*

	Zusammensetzung nach mechanischer Reinigung	Nach biologischer Reinigung auf Tropfkörpern	Nach biologischer Reinigung in Belebtschlamm-anlagen
Als Ammoniakstickstoff	71 %	35 %	56 %
Als organischer Stickstoff	71 %	15 %	11 %
Als Nitrit-Nitrat-Stickstoff	3 %	50 %	33 %

In der Zahlentafel 11 ist noch einmal übersichtlich zusammengestellt, wie sich die Stickstoffzahlen in 1 m³ Abwasser bei der künstlichen biologischen Reinigung nach dem Tropfkörper- und Belebtschlammverfahren gestalten. Als Grundlage für die Berechnung ist dabei angenommen, daß in 1 m³ städtischen Abwassers bei einem Wasserverbrauch von 100 l je Einwohner und Tag 80 g Gesamtstickstoff (N) enthalten sind und daß der Stickstoffgehalt beim Tropfkörper um 40 % und beim Belebtschlammverfahren um 25 % abgenommen hat.

Zahlentafel 11

	1 m³ Abwasser enthält bei einem Wasserverbrauch von 100 l je Einwohner und Tag		
	als mechanisch gereinigtes Abwasser	als biologisch gereinigtes Abwasser bei Anwendung von Tropfkörpern	als biologisch gereinigtes Abwasser bei Anwendung des Belebtschlamm-verfahrens
Gesamtstickstoff (N)	80,0 g	48,0 g	60,0 g
Ammoniak-Stickstoff (N)	57,6 g	16,8 g	33,6 g
Organischer Stickstoff (N)	20,0 g	7,2 g	6,6 g
Nitrit-Nitrat-Stickstoff (N)	2,4 g	24,0 g	19,8 g

Der Gehalt an Pflanzennährstoffen kann, wie ausgeführt wurde, im Klärschlamm nicht groß sein, da der größere Teil dieser Stoffe sowohl bei der mechanischen als auch bei der biologischen Reinigung im Abwasser verbleibt. Ferner ist zu beachten, daß bei der Auftrocknung des ausgefaulten Schlammes auf Trockenbeeten oder in Schlammteichen ein Teil der wasserlöslichen Nährstoffe mit dem Drainagewasser zum Abfluß kommt.

Allgemein kann angenommen werden, daß in der Trockensubstanz des Frischschlammes folgender Nährstoffgehalt vorhanden ist:

$$\begin{array}{ll} \text{Stickstoff (N)} & 2{,}0\text{--}4{,}0\,\% \\ \text{Phosphorsäure } (P_2O_5) & 0{,}4\text{--}1{,}0\,\% \\ \text{Kali } (K_2O) & 0{,}2\text{--}0{,}6\,\% \,. \end{array}$$

Bei einem Wassergehalt von 95% enthält 1 t (etwa 1 m³) frischer Klärschlamm dann:

$$\begin{array}{ll}
\text{Stickstoff (N)} & 1{,}0\text{–}2{,}0\ \text{kg} \\
\text{Phosphorsäure (P}_2\text{O}_5\text{)} & 0{,}2\text{–}0{,}5\ \text{kg} \\
\text{Kali (K}_2\text{O)} & 0{,}1\text{–}0{,}3\ \text{kg} .
\end{array}$$

Bringt man also 1 m³ dieses Schlammes auf den Acker, so hat man diesem damit nur etwa 1,3–2,8 kg eigentliche Pflanzennährstoffe zugeführt.

In der Trockensubstanz des ausgefaulten und ausgetrockneten Schlammes ist folgender Nährstoff vorhanden:

$$\begin{array}{ll}
\text{Stickstoff (N)} & 1{,}26\text{–}2{,}52\% \\
\text{Phosphorsäure (P}_2\text{O}_5\text{)} & 0{,}18\text{–}0{,}46\% \\
\text{Kali (K}_2\text{O)} & 0{,}09\text{–}0{,}27\% .
\end{array}$$

Bei einem Wassergehalt von 50% enthält 1 t (etwa 1 m³) ausgefaulter und trockener Faulschlamm dann:

$$\begin{array}{ll}
\text{Stickstoff (N)} & 6{,}3\text{–}12{,}6\ \text{kg} \\
\text{Phosphorsäure (P}_2\text{O}_5\text{)} & 0{,}92\text{–}2{,}30\ \text{kg} \\
\text{Kali (K}_2\text{O)} & 0{,}46\text{–}1{,}38\ \text{kg} .
\end{array}$$

Wenn also 1 m³ dieses Schlammes auf den Acker gebracht wird, so werden diesem etwa 7,68–16,28 kg Pflanzennährstoffe zugeführt.

Knop und Böhnke geben für den Dungwert eines ausgefaulten Schlammes Dungwerte an, die in der Zahlentafel 12 zusammengefaßt sind.

Zahlentafel 12. *Dungwerte des ausgefaulten häuslichen Schlammes in Prozent, bezogen auf den abgetrockneten Schlamm*

Bestandteile		Nach KARST (rd. 70% H_2O)	Nach BUCK (rd. 70–80% H_2O)	Lippeverband (rd. 60% H_2O)
Stickstoff	N	0,6–0,7	0,4–0,7	0,56
Kalk	CaO	1,7–3,0	1–4	1,06
Phosphorsäure	P_2O_5	0,55	0,3–0,7	0,57
Kalium	K_2O	0,15	0,06–0,2	0,07
Kohlenstoff / Stickstoff	C / N	10–13 : 1	15 : 1	12 : 1
Organische Masse		~50	55	50

Bei der Bewertung des Klärschlammes, sei es nun Frischschlamm oder Faulschlamm, nach seinem Gehalt an Humus und humusbildenden Stoffen ist es wichtig, zu wissen, daß der organische Anteil im Abwasser-

schlamm in seiner Gesamtheit keinen Humus darstellt und auch nie zu
Humus werden kann, wenn er in den Ackerboden eingebracht wird.
Papierfetzen, Obstschalen, Streichhölzer, Fäkalien, Öle und Fette usw.
und was es sonst noch alles an organischen Stoffen im städtischen Klärschlamm gibt, müssen für die Bewertung bezüglich des Humusgehaltes
ganz oder teilweise ausgeschaltet werden. Auch ausgefaulter Schlamm
ist trotz seiner Homogenität und seiner schwarzen Farbe, die übrigens
nicht von Humusstoffen, sondern von dem vorhandenen Schwefeleisen
herrührt, in seinen gesamten organischen Anteil nicht als Humus zu
bewerten. Wie groß ist nun der Gehalt an Humus und humusbildenden
Stoffen im Abwasserschlamm in Wirklichkeit? In der nachstehenden
Zahlentafel 13 sind für die verschiedensten Schlammarten, die bei der
Abwasserreinigung auftreten können, Mittelzahlen angeführt, die die
oben gestellte Frage beantworten.

Zahlentafel 13

	Frisch-schlamm	Faul-schlamm	Belebt-schlamm	Tropf-körper-schlamm
Prozentualer Anteil an Humus und humusbildenden Stoffen in der Schlammtrockensubstanz	33%	35%	41%	47%
Anfall an organischer Trockenmasse je Kopf und Tag	35,0 g	20,0 g	35,0 g	24,0 g
Anfall an Humus und humusbilden-den Stoffen je Kopf und Tag	16,5 g	14,0 g	20,5 g	18,8 g

Die Tatsache, daß im Belebtschlamm und im Tropfkörperschlamm
ein nicht unbeträchtlicher Teil an Humus und humusbildenden Stoffen
vorhanden ist, zeigt, daß die Humusstoffe in der mechanischen Reinigung keineswegs vollkommen aus dem Abwasser herausgeholt werden,
wie bisweilen irrtümlicherweise angenommen wird. Da sich sowohl der
Belebtschlamm als auch der Tropfkörperschlamm zum größeren Teil
aus den „nicht absetzbaren" und „kolloidalen" Stoffen eines Abwassers
bildet, so muß angenommen werden, daß gerade diese Stoffe die Haupt-
humusbildner eines Abwassers sind. Es ist ferner wichtig, festzustellen,
daß in der Schlammtrockenmasse der auf der „biologischen Seite" einer
Kläranlage anfallende prozentuale Gehalt an Humusstoffen höher ist als
auf der „mechanischen Seite".
Besonders klar sind die Verhältnisse zu überschauen, wenn man den
Anfall an Humusstoffen in den einzelnen Schlämmen je Einwohner und
Tag für sich betrachtet und die einzelnen Zahlenwerte in Beziehung

bringt zu dem Anfall an organischer Trockenmasse je Einwohner und Tag.

Wird ein Abwasser mechanisch entschlammt und anschließend nach dem Belebtschlammverfahren gereinigt, so erhält man gemäß Zahlentafel 13 je Einwohner und Tag 16,5 + 20,5 = 37 g Humusstoffe, von denen 44,6 % in der mechanischen Reinigungsanlage und 55,4 % in der biologischen Reinigung anfallen. Bei einer biologischen Behandlung des Abwassers auf Tropfkörpern ergibt sich zusammen mit dem Schlamm der mechanischen Vorreinigung ein Humusanfall von 16,5 + 18,8 = 35,3 g je Einwohner und Tag, der sich auf 46,7 % aus dem mechanischen, und 53,3 % aus dem biologischen Teil der Kläranlage verteilt. Der geringere Anfall beim Tropfkörper ist wahrscheinlich dadurch bedingt, daß der gebildete Schlamm langsam durch den Körper hindurch wandert, wobei gewisse organische Stoffe, die für die Humusbildung in Frage kommen, unter CO_2-(Kohlensäure-)Entwicklung zersetzt werden. Bei Belebtschlammanlagen hält sich der Schlamm mit Ausnahme des Rücklaufschlammes immer nur verhältnismäßig kurze Zeit in der Reinigungsanlage auf und kann somit auch nicht in dem gleichen Umfange beeinflußt werden wie der Schlamm im Tropfkörper, zumal die Durchlüftung und damit die Bakterientätigkeit beim Belebtschlamm bei weitem nicht so stark ist wie beim Tropfkörperschlamm.

Beim Ausfaulen des Schlammes ergibt sich ein geringer Verlust an Humusstoffen, der bei einer Abnahme von 16,5 g auf 14,0 g je Einwohner und Tag etwa 15 % ausmacht.

Eingangs ist darauf hingewiesen worden, daß der organische Anteil in den Abwasserschlämmen nicht gleichbedeutend mit Humus ist. Aus der vorstehenden Zahlentafel 13 lassen sich nun die wirklichen Verhältniszahlen von organischer Schlammtrockenmasse und Humus wie folgt berechnen:

1. im Frischschlamm	47,1 %
2. im Faulschlamm	70,0 %
3. im Belebtschlamm	58,5 %
4. im Tropfkörperschlamm	78,3 % .

Man erkennt, daß sich im Frischschlamm trotz seiner verhältnismäßig hohen Anteils an organischer Trockenmasse nur verhältnismäßig wenig Humusstoffe vorfinden. Im ausgefaulten Schlamm hat sich das Bild schon wesentlich verschoben. Der Belebtschlamm hat gegenüber dem Frischschlamm einen höheren Humusgehalt, und der Tropfkörperschlamm ist dem erstgenannten noch überlegen. Man muß annehmen, daß sowohl im anaeroben Faulprozeß als auch durch die Einwirkung von anaeroben Bakterien im Tropfkörper gewisse organische Schlammstoffe, die zunächst analytisch nicht als Humusstoffe erfaßt werden können, besonders weitgehend aufgespalten werden, wodurch der Unterschied im Humusgehalt des Frischschlammes zum Belebtschlamm und zum Tropfkörperschlamm zu erklären wäre.

Der Wasser- und Anfeuchtungswert des Abwassers kann ganz bedeutend sein, wenn es sich darum handelt, den Grundwasserspiegel zu heben oder trockene Jahreszeiten zu überwinden.

Neuerdings ist man zu der Erkenntnis gekommen, daß im Abwasser wachstumsfördernde Hormone, sogenannte Reizstoffe, für die Pflanzen und Bakterien vorhanden sind. Im einzelnen sind die Wirkungen dieser Stoffe aber noch nicht näher untersucht worden.

XII. Landwirtschaftliche Verwertung von Faulschlamm

Die landwirtschaftliche Verwertung und Nutzung der im Kläranlagenbetrieb anfallenden Abwasserschlämme ist in erster Linie eine Landschaftsfrage. Die Abfuhr von flüssigem ausgefaultem Schlamm durch die Landwirte, wie die Abb. 47 zeigt, ist wohl nur noch in den seltensten Fällen möglich, da es in der Nähe der Kläranlagen an den notwendigen

Abb. 47. Abfuhr von flüssigem ausgefaultem Schlamm.

Landwirten fehlt und diese den flüssigen Schlamm nur zu ganz bestimmten Zeiten auf die Wiesen oder Äcker bringen können.

Die Verknappung und Verteuerung der landwirtschaftlichen Arbeitskräfte haben dazu geführt, daß die verhältnismäßig arbeitsintensiven

Methoden der normalen Klärschlammbeseitigung, gekennzeichnet durch Abfuhr und Verteilung von Schlämmen aus Trockenbeeten oder Schlammtrockenteichen auf den landwirtschaftlich genutzten Flächen, nicht mehr tragbar sind. Aus diesem Grunde geben die Landwirte der Verwendung von künstlichen Düngemitteln den Vorzug.

Von den Städten und Gemeinden müssen in zunehmendem Maße steigende Kosten aufgewendet werden, um die Schlammablagerungsflächen in näherer oder weiterer Umgebung der Kläranlagen zu erwerben. Auf längere Sicht ist aber der Ankauf und die Inanspruchnahme von ständig sich erweiternden Flächen für die Ablagerung von Klärschlamm schon aus volkswirtschaftlichen Überlegungen nicht zu vertreten. Es wird daher schon seit vielen Jahren nach Möglichkeiten der Beseitigung, vor allem aber der landwirtschaftlichen Verwertung von ausgefaultem Schlamm gesucht.

Nach dem heutigen Stand der Technik bieten sich folgende Möglichkeiten an:

1. Verbrennung des Schlammes bei evtl. Verwertung der anfallenden Asche.

2. Künstliche Trocknung des Schlammes und Herstellung eines streufähigen Gutes.

3. Natürliche Trocknung des Schlammes in Trockenbeeten und Verteilung des stichfesten Gutes mit Hilfe von weitgehend mechanisierten Einrichtungen.

4. Kompostierung des Schlammes.

5. Mischung des Schlammes mit Torf und Herstellung eines streufähigen Gutes.

Die *Verbrennung* von ausgefaultem Schlamm, die man zweckmäßig mit Müll durchführt, bietet keine besonderen betrieblichen Schwierigkeiten und ist schon mehrfach zur Anwendung gekommen. In gut konstruierten Verbrennungsanlagen ergibt sich keine Geruchsbelästigung. Es ist auch die Verbrennung von frischem Schlamm mit Müll zur Ausführung gekommen. Da man mit einem verhältnismäßig hohen Wassergehalt des Schlammes in die Verbrennungsanlage gehen muß, sind die Kosten der Schlammverbrennung verhältnismäßig hoch. Solche Anlagen garantieren aber eine restlose Schlammbeseitigung. Die anfallende Asche kann u. U. noch landwirtschaftlich genutzt werden. Durch vorgeschaltete Eindicker kann der Wassergehalt des Schlammes vor der Verbrennung herabgesetzt werden.

Die *künstliche Trocknung* des Schlammes und die Herstellung eines streufähigen Gutes ist schon an vielen Stellen erprobt worden. Umfangreiche Erfahrungen hat auf diesem Gebiet der Niersverband gesammelt. Die künstliche Trocknung erfordert einen hohen maschinellen Einsatz und größere Aufwendungen an chemischen Fällungsmitteln. Der finanzielle Aufwand für die künstliche Schlammtrocknung ist beträchtlich, so daß man dieses Verfahren wohl nur in den Fällen wählen kann, wo keine andere Möglichkeit der Schlammbeseitigung besteht.

Da im Gebiet des Lippeverbandes nach KNOP und BÖHNKE[1] beim Bau der Kläranlagen bereits ausreichend bemessene Schlammtrockenbeete angelegt wurden, lag es nahe, hier die Frage einer möglichst *mechanisierten Verteilung* des strichfesten Schlammes zu prüfen. Es kommen hierfür nur Geräte in Frage, die von den Landwirten in den Herbst- und Wintermonaten im Ein-Mann-Betrieb eingesetzt werden können. Für die Verteilung des Schlammes eignet sich ein Streuwagen, der in der Abb. 48 schematisch dargestellt ist.

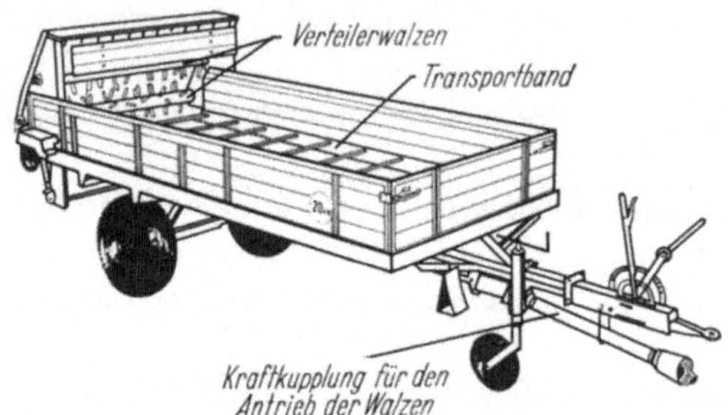

Abb. 48.
Mist- und Schlammstreu-
wagen.

Bei allen Versuchen, bei denen der Wassergehalt des Schlammes zwischen 60 und 70 % lag, wurde mit dem Wagen eine gute Verteilung des Schlammes erreicht, wie die Abb. 49 zeigt.

Abb. 49.
Mist- und Schlammstreuwagen
im Einsatz.

Es war durchaus möglich, den Schlamm in einer Dicke von 1–3 cm auf die landwirtschaftlich genutzten Flächen aufzubringen, wobei die Größe der Schlammstücke zwischen handflächengroßen bis zu kleinsten Teilen schwankte.

Die Abfuhrleistungen je Tag und die Ladekosten je Kubikmeter Schlamm hängen natürlich von den Entfernungen von der Kläranlage

---

[1] Industrieabwasser, Düsseldorf: Deutscher Kommunal-Verlag Mai 1962.

bis zur landwirtschaftlich genutzten Fläche und von der Form der Beladung ab. Bei den vom Lippeverband durchgeführten Versuchen wurde der Streuwagen von Hand beladen. Bei einer Entfernung des Ackers von der Kläranlage von etwa 600 m wurde in achtstündiger Arbeitszeit eine Leistung von 24 m³ erreicht, die sich aber steigern läßt, wenn bei der Verladung Spezialbagger eingesetzt werden.

Die *Kompostierung der Schlammes* wird heute in den meisten Fällen zusammen mit Müll, aus dem die unerwünschten, für die landwirtschaftliche Verwertung nicht geeigneten Stoffe ausgesiebt oder aussortiert werden, durchgeführt. Um eine gute Kompostierung von Müll und Faulschlamm zu erreichen, müssen nach PÖPEL die zur Verwendung kommenden Rohstoffe folgende Eigenschaften haben:

1. eine neutrale bis schwach alkalische Reaktion;
2. keine antibiotisch wirkenden Stoffe enthalten;
3. eine möglichst vielseitige Zusammensetzung;
4. ein Kohlenstoff-Stickstoff-Verhältnis (C/N) von etwa 20;
5. die richtige Feuchtigkeit aufweisen;
6. äußerlich so gestaltet sein, daß sie leicht von den Mikroorganismen angegriffen werden;
7. der Kleinlebewelt muß stets eine ausreichende Menge Sauerstoff zugeführt werden.

Wenn diese Forderungen erfüllt sind, kann die Kompostierung in 6–14 Tagen durchgeführt werden. Um das C/N-Verhältnis auf den Optimalwert von 17–20 einzustellen, ist aber in vielen Fällen noch Nachreifezeit notwendig.

Die Mischung des *ausgefaulten Schlammes mit Torf* wird schon seit vielen Jahren auf einer Reihe von Kläranlagen durchgeführt. Um den Dungwert dieses streufähigen Materials zu erhöhen, setzt man der Schlamm-Torf-Mischung häufig Kalk und mineralische Stoffe wie Kali und Phosphorsäureverbindungen zu.

XIII. Probenahmen in Fluß- und Bachläufen, in Abwasserkanälen, auf Kläranlagen und aus dem Grundwasser

Der richtigen Probenahme in Fluß- und Bachläufen, Abwasserkanälen und Kläranlagen kommt eine sehr große Bedeutung zu, die leider häufig unterschätzt wird. Es ist grundfalsch und zeigt von wenig Verständnis für die wichtigen Fragen der Vorflutverunreinigung und Kläranlagenkontrolle usw., wenn gelegentlich von ungeschulten Kräften Wasser- oder Abwasserproben ohne Kenntnis der tatsächlichen Zusammenhänge entnommen und dazu noch in unsaubere Bierflaschen oder sonstige Behälter abgefüllt und einem chemischen Laboratorium zur eingehenden Untersuchung und Beurteilung zugeschickt werden. Der mit der Untersuchung der betreffenden Wasser- oder Abwasserprobe beauftragte Chemiker wird in solchen Fällen zu Ergebnissen kommen, die den wirklichen Verhältnissen in keiner Weise entsprechen. Bei jeder Probenahme ist die Grundforderung zu stellen, daß sie sich dem Zweck der Untersuchung anpassen muß. Die Probenahme soll demnach nach Kenntnisnahme der Zusammenhänge und nach örtlicher Besichtigung stattfinden. Es soll hierbei dem mit der späteren Untersuchung beauftragten Chemiker schon klar sein, auf welche Fragen die Untersuchung eine Antwort liefern soll. Danach wird die Probenahme und die Untersuchung oft sehr verschieden auszuführen sein.

a) Probenahme in Fluß- und Bachläufen

Von entscheidender Bedeutung für den praktischen Erfolg einer Gewässeruntersuchung und für die einwandfreie Beurteilung des Untersuchungsobjektes ist zunächst die Festlegung derjenigen Stellen, an denen die Probenahme, die sich sowohl auf die Entnahme von Wasserproben als auch von Schlammproben erstrecken kann, durchzuführen ist. Um den Grad der Belastung eines Vorfluters mit Abwasser und Abwasserschmutzstoffen und die möglicherweise eingetretene Selbstreinigung nach erfolgter Verschmutzung festzustellen und um Vorschläge machen zu können, ob und bis zu welchem Grade die eingeleiteten Abwässer durch zweckentsprechende Kläranlagen zu reinigen sind, ist es zunächst notwendig, eine Vergleichsgrundlage für die Auswertung der einzelnen Untersuchungsergebnisse zu schaffen. Zum Vergleich wird man in der Regel die Wasserqualität des Vorfluters heranziehen, die oberhalb der Abwassereinleitung vorhanden ist, da es doch das Bestreben sein muß, durch entsprechende Klärmaßnahmen die Wassergüte eines Flusses auf seiner ganzen Fließstrecke möglichst hoch zu halten bzw. einen oberhalb der Abwassereinleitung vorhandenen Gütezustand wieder zu erreichen. Durch Vergleich mit den an geeigneten Stellen unterhalb der verschiedenen Verschmutzungsquellen entnommenen Wasserproben ist es dann verhältnismäßig leicht, ein Urteil sowohl über die absolute als auch die relative Belastung und Verschmutzung eines Gewässers abzugeben. Ist es möglich, aus dem Vorfluter schon an einer Stelle eine Wasserprobe zu entnehmen, bevor es überhaupt durch irgendwelche außer den durch die natürlichen Lebensvorgänge im Wasser und an den Ufern sich bildenden Stoffe verunreinigt ist, so liefert der Vergleich mit den übrigen, im weiteren Lauf entnommenen Proben ein absolutes Maß sowohl für die stattgefundene Verunreinigung als auch für die eingetretene Selbstreinigung.

Bei der Auswahl der einzelnen Probenahmestellen ist es zunächst wichtig, daß man die Auswirkungen aller größeren Abwassereinläufe erfaßt. Falls die Abwassereinläufe den Vorfluter nur einseitig, d. h. auf der Seite der Einleitung belasten, tut man gut daran, die Probenahmestelle bis zu dem Punkt nach unterhalb zu verlegen, wo sich das Abwasser mit dem Vorfluter innig vermischt hat. Tritt dieser Fall gar nicht oder nur sehr weit unterhalb der Abwassereinleitungsstelle ein, dann müssen an den Probenahmestellen die Wasserentnahmen auch auf die Flußmitte und die gegenüberliegende Seite ausgedehnt werden. Überall gültige Vorschriften wird man in dieser Beziehung natürlich nicht aufstellen können, es muß vielmehr der Einsicht des Probenehmenden überlassen bleiben, wieweit eine Probenahme an einer bestimmten Stelle in mehrere Probenahmen aufzuteilen ist. Wenn es sich einrichten läßt, wählt man für die Wasserentnahmestellen Brücken oder Stege, u. U. muß aber auch ein Kahn oder sonstiges Wasserfahrzeug zu Hilfe genommen werden.

Es liegt auf der Hand, daß nur sehr zahlreiche und über einen möglichst langen Zeitraum entnommene Proben ein einigermaßen sicheres und abschließendes Urteil über den Grad der Verunreinigung und über das Selbstreinigungsvermögen eines Vorfluters gestatten. Besonders bei größeren Flüssen usw. wirken so viele einzelne Faktoren auf die Zusammensetzung des Wassers und auch auf die Selbstreinigung ein, daß durch die Untersuchung nur weniger Proben das wirkliche Bild über die Beschaffenheit des Vorfluters oft geradezu ins Gegenteil gekehrt werden kann. Um möglichst alle Wasserstände und im besonderen auch den Einfluß der verschiedenen Jahreszeiten und verschiedenen Witterungsverhältnisse kennenzulernen, soll sich eine Vorflutuntersuchung über mindestens ein Jahr erstrecken. Da ferner die Menge und Zusammensetzung der eingeleiteten Abwässer erfahrungsgemäß nicht an allen Wochentagen gleich ist, ist dafür zu sorgen, daß die Probenahmetage auf die ganze Woche zerteilt werden. Es ist auch notwendig, die Sonntage

6*

in den Kreis mit einzubeziehen, da es bisweilen vorkommt, daß aus den Betrieben an Sonn- und Feiertagen größere Mengen an Abwasser abgeleitet werden. Von großer Wichtigkeit ist es ferner, die Wasserproben an den einzelnen Entnahmestellen immer zu verschiedenen Tageszeiten zu nehmen, da die Menge der abfließenden Abwässer und Schmutzstoffe nicht zu jeder Tageszeit gleich groß ist und auch die Zusammensetzung im Laufe eines Tages beträchtlichen Schwankungen unterliegen kann. Es kann auch von Vorteil sein, gelegentlich eine Nachtprobenahme einzuschalten, da bekanntlich gerade zu dieser Zeit aus Industriebetrieben in unerlaubter Weise oft Abwässer zum Abfluß kommen. Der Idealfall einer Probenahme an einem Vorfluter würde dann gegeben sein, wenn es möglich ist, die einzelnen Wasserproben an den verschiedensten Probenahmestellen mit der fließenden Wasserwelle zu entnehmen, so daß auf der ganzen untersuchten Vorflutstrecke praktisch immer das gleiche Wasser zur Untersuchung käme. Eine derartige Wasserentnahme wird aber wohl nur in den seltensten Fällen möglich sein, da die Fließgeschwindigkeiten nicht immer ausreichend bekannt sind und durch Mühlenstaue usw. die Wasserwelle oft erheblich aufgehalten wird und nur langsam und mit unbekannter Verzögerung zum Abfluß kommt. Plötzliche Regenfälle im ganzen Einzugsgebiet oder in einem Teilgebiet können ebenfalls beträchtliche Verschiebungen in den Fließgeschwindigkeiten hervorrufen. Es sei in diesem Zusammenhang noch darauf hingewiesen, daß es auch unbedingt notwendig ist, die Probenahmen während oder nach stärkeren Regenfällen durchzuführen, da sich dann oft recht bemerkenswerte Aufschlüsse über die Verschmutzung eines Vorfluters ergeben können. Um auf längeren Flußstrecken eine Probenahme überhaupt an einem Tage durchführen zu können, wird man sich immer des Kraftwagens bedienen müssen, der zweckmäßig einen besonders eingerichteten Anhänger führt, der alle für die Probenahme notwendigen Flaschen und Geräte usw. aufnehmen kann. Sehr geeignet für Probenahmen und Untersuchungen sind auch kleine Kombiwagen, die sich leicht für den genannten Zweck umbauen und einrichten lassen.

b) Probenahme in Abwasserkanälen

Die Probenahme in Abwasserkanälen muß aus den verschiedensten Gründen durchgeführt werden. Wichtig ist, daß auch sie sich immer dem Zweck der Untersuchung anpaßt. Findet die Probenahme z. B. in einem Abwasserkanal oder Abwassergraben statt, um festzustellen, wieviel Schlammstoffe in einer zu erbauenden Kläranlage anfallen werden oder in die Vorflut mit abfließen, so ist es außerordentlich wichtig, den tatsächlichen Durchschnittsgehalt an diesen Stoffen im ganzen abwassergefüllten Querschnitt des betreffenden Kanals zu erfassen. Diese

Schlammstoffe sind aber nur in den wenigsten Fällen im ganzen Profil gleichmäßig verteilt. Meistens fließen die schweren Sand- und Schlammstoffe auf der Kanal- oder Bachsohle, während die leichteren und feineren Stoffe im ganzen Profil herumwirbeln. Auch in den Krümmungen der Kanäle findet durch die Zentrifugalkraft eine Scheidung der Schlammstoffe nach spezifisch leichten und schweren statt. Diesen Verhältnissen ist bei der Probenahme unbedingt Rechnung zu tragen. Zweckmäßig ist es, die Abwasserproben an solchen Stellen zu entnehmen, an denen infolge verstärkter Wasserbewegung alle Schlammstoffe des Abwassers gut durcheinander gemischt sind. Solche Stellen sind z. B. Abstürze. Völlig ungeeignet für eine einwandfreie Probenahme sind solche Stellen in Abwasserkanälen, die im Stau liegen, da man hier aus leicht ersichtlichen Gründen auf keinen Fall ein richtiges Bild über den tatsächlichen Schlammgehalt eines Abwassers bekommen kann.

Die Entnahme von Einzelproben ist für die Beurteilung eines Abwassers bei seiner im Laufe eines Tages schnell wechselnden Beschaffenheit vollkommen wertlos. Sie ist noch zweckloser, wenn der untersuchte Kanal auch noch industrielle Abwässer mit abführt, denn diese Abwässer fließen häufig in gewissen Zeitabständen nur für kurze Zeit ab. Erst eine größere Anzahl zeitlich verteilter Probenahmen oder eine Dauerprobenahme über 24 Stunden vermag ein brauchbares Durchschnittsergebnis zu bringen.

Die Entnahme der Abwasserproben erfolgt entweder von Hand oder kontinuierlich durch ein Schöpfrad, das aber nur bei offenen Abläufen oder sehr großen Kanälen benutzt werden kann und dabei von dem Abwasser selbst angetrieben wird. Automatisch arbeitende kleine Pumpen sind für die Probenahme in Abwasserkanälen im allgemeinen nicht geeignet, da sich die Ansaugstutzen sehr schnell durch grobe Abwasserstoffe verstopfen. Zweckmäßig wird bei beiden Entnahemmöglichkeiten in einer bestimmten Zeit, z. B. 1 Stunde, ein Gefäß von 10 Liter Inhalt in gleichmäßigen Abständen mit dem zu untersuchenden Abwasser gefüllt. Ist das Sammelgefäß nach Ablauf einer Stunde gefüllt, so muß kräftig umgerührt werden, damit eine gleichmäßige Verteilung der Schlammstoffe erreicht wird, und anschließend wird die zur Untersuchung erforderliche Menge an Abwasser in bereitgestellte Flaschen abgefüllt. Den Gehalt des Abwassers an absetzbaren Schlammstoffen bestimmt man am besten an Ort und Stelle in den bekannten Absetzgefäßen nach IMHOFF (Abb. 50), da aus dem Abwasser nach längerem Stehen und Schütteln während des Transportes zum Laboratorium sich nachträglich noch Schlammstoffe ausscheiden können, die in dem Abwasser zunächst in kolloidaler Form vorhanden gewesen sind. Hat man die oben erwähnten Absetzgläser nicht zur Hand, können auch die Probeflaschen selbst zur Bestimmung der absetzbaren Stoffe benutzt werden, wenn der Flaschenhals mit einer entsprechenden Skala versehen ist (Abb. 51). Derartige Flaschen gestatten einem Kontrolldienst, bei der Überwachung von Abwassereinläufen in ein Gewässer eine schnelle Über-

Abb. 50. Absetzgläser nach IMHOFF zur Feststellung des Schlammgehaltes im Abwasser.

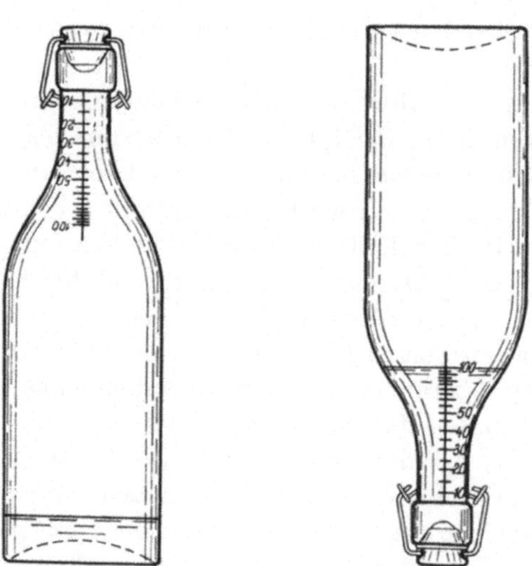

Abb. 51. Probenahmeflaschen, die gleichzeitig als Absetzgläser benutzt werden können.

prüfung des Abwassers hinsichtlich der absetzbaren Schlammstoffe vorzunehmen.

Tritt während der Probenahme plötzlich eine besonders starke Verschmutzung des Abwassers ein, so empfiehlt es sich, zusätzlich eine Stichprobe zu entnehmen. Wichtig ist es auch, daß während der Probenahme genaue Aufzeichnungen gemacht werden, aus denen zu entnehmen ist, welche Temperatur das Abwasser hat und wie sein Aussehen sich während der Probenahme verändert. Auch die Witterungsverhältnisse sind aufzuzeichnen. Es ist grundsätzlich jede Besonderheit zu vermerken, um einen vollkommenen Einblick in die wirklichen Abwasserverhältnisse zu bekommen. Wenn es sich darum handelt, Unterlagen für den Bau einer Kläranlage zu schaffen, ist es ratsam, neben der Probenahme auch die Ermittlung der abfließenden Wassermenge durchzuführen (s. Abschn. VIII.). Die eben beschriebenen Untersuchungen, Beobachtungen und Messungen sollten sich über einen möglichst langen Zeitraum erstrecken. Die hier aufgewendete Arbeit lohnt sich immer, besonders dann, wenn das Abwasser nicht nur mechanisch, sondern auch biologisch gereinigt werden soll, da man auf diese Weise einen wirklichen Einblick in die Zusammensetzung des betreffenden Abwassers bekommt, das in jeder Stadt, wenn verschiedene Industrien an das Kanalnetz angeschlossen sind, verschieden sein kann.

Da die entnommenen Abwasserproben nur in den seltensten Fällen sofort nach der Entnahme eingehend chemisch untersucht werden können, müssen sie mit Formalin oder verdünnter Schwefelsäure konserviert werden. Es genügt im allgemeinen, 1–2 ml des Konservierungsmittels je Liter Abwasser zuzufügen. Bei der späteren chemischen Untersuchung ist auf diese Zusatzmittel Rücksicht zu nehmen. Bei der Wahl der Zusatzmittel ist folgendes zu beachten: Soll in den Abwasserproben später der Permanganatverbrauch bestimmt werden, darf man zur Konservierung kein Formalin benutzen, da dieses ebenfalls einen Eigenpermanganatverbrauch hat. Man nimmt dann die verdünnte Schwefelsäure, und zwar ebenfalls wenige Milliliter je Liter.

Muß die Probenahme in Einsteigeschächten vorgenommen werden, ist es notwendig, festzustellen, ob keine giftigen Gase, wie Schwefelwasserstoff, Kohlensäure usw., in den Schächten vorhanden sind. Es gibt heute eine ganze Reihe einfacher Geräte und Möglichkeiten, um die entsprechenden Feststellungen zu machen. Beim Vorhandensein von Kohlensäure erlischt eine herabgelassene brennende Kerze. Der Schwefelwasserstoff ist leicht am Geruch zu erkennen und beim Herablassen von angefeuchtetem Bleiazetatpapier tritt je nach der Konzentration eine braunschwarze Färbung des Papieres ein. Eine gute Durchlüftung des Probenahmeschachtes ist leicht zu erreichen, wenn oberhalb und unterhalb der Entnahmestelle noch je ein Schachtdeckel geöffnet wird. Ist eine ausreichende Durchlüftung in der zu untersuchenden Kanalstrecke nicht möglich, dann darf der Kanal nur mit einem Sauerstoffgerät begangen werden.

c) Probenahme auf Kläranlagen

Will man auf Kläranlagen die Probenahme richtig durchführen – im wesentlichen ist dabei die Klärwirkung der mechanischen Absetzanlage und evtl. der Reinigungserfolg der nachgeschalteten biologischen Anlage mit Nachklärbecken zu prüfen –, ist es notwendig, in etwa die während der Probenahme durchfließende Wassermenge und die Größe der einzelnen Klärräume zu kennen, denn nur dann lassen sich die erforderlichen Proben korrespondierend, d.h. in Übereinstimmung mit den Klärzeiten, entnehmen. Versuche, z.B. die Durchflußzeit im Absetzbecken durch Anfärben des Abwassers mit einem stark färbenden Farbstoff (Fluoreszin, Eosin usw.) zu ermitteln, führen im allgemeinen nicht zu den richtigen Durchflußzeiten, da sehr häufig ein großer Teil der Farbstoffe von den Schlammstoffen des Abwassers adsorbiert wird und somit verschwindet und außerdem sich immer einzelne Wasserströmungen und Wasserfäden ausbilden, die in wesentlich kürzerer Zeit, als sich rechnerisch ergibt, die Klärbecken durchströmen. Will man die Durchflußzeiten in Kläranlagen, seien es Absetzanlagen, Tropfkörper oder Schlammbelebungsanlagen, einwandfrei mit ausreichender Genauigkeit messen, dann muß mit radioaktiven Isotopen gearbeitet werden. Derartige Messungen sind aber schon mit Rücksicht auf die Meßgeräte nicht billig. Außerdem können sie nur von geschultem und eingearbeitetem Personal durchgeführt werden. Vielfach genügt es, aus dem vorhandenen Klärraum und der Wassermenge die theoretische Klärzeit zu errechnen und dementsprechend die Probenahme wieder über einen längeren Zeitraum durchzuführen. Bei der Kontrolle von Tropfkörpern ist es besonders schwierig, korrespondierende Abwasserproben zu entnehmen, da von dem auf der Oberfläche verspritzten Abwasser schon nach kurzer Zeit ein Teil zum Abfluß kommt. Die praktischen Erfahrungen haben gezeigt, daß man zu recht gut vergleichbaren Proben kommt, wenn für die Durchflußzeit durch den Tropfkörper etwa 20–30 Minuten je nach Belastung angenommen werden. Die zwangsläufig in Kauf zu nehmenden Fehler kann man aber durch eine öftere und längere Probenahme verhältnismäßig weitgehend wieder ausgleichen.

Stichproben haben auch bei der Kontrolle von Kläranlagen wenig Wert. Es sollte mindestens an jeder Probenahmestelle die Wasserentnahme über eine Stunde ausgedehnt werden. Wie oben schon ausgeführt, füllt man durch häufige Entnahmen, entweder durch Hand oder mittels Schöpfrad, in einer Stunde zunächst einen sauberen Eimer, aus dem dann nach inniger Durchmischung wieder die zur Untersuchung erforderliche Abwassermenge abzufüllen ist. Selbstverständlich müssen während der Probenahme wiederum die Wasser- und Lufttemperaturen laufend gemessen und über die sonstigen Beobachtungen einschließlich der Witterung Aufzeichnungen gemacht werden. Der Schlammgehalt der einzelnen Durchschnittsproben wird ebenfalls an Ort und Stelle in der bekannten Weise volumetrisch bestimmt. Die Bestimmung des Schlammgehaltes in einer Abwasserprobe möglichst schnell nach der Entnahme auf der Kläranlage selbst ist besonders wichtig, um die tatsächliche Klärwirkung einer Absetzanlage zu bestimmen. Läßt man das Abwasser nämlich längere Zeit stehen und befördert man es zur Untersuchung in das Laboratorium, wobei sich ein Schütteln der Probenahmeflaschen nicht vermeiden läßt, so kann es vorkommen, daß in den einzelnen Proben wesentlich mehr Schlammstoffe gefunden werden, als während der Entnahme, d.h. im praktischen Betrieb, in den jeweiligen Proben vorhanden gewesen sind. Für eine Abwasserprobe aus dem Zulauf einer Kläranlage, die an sich oft schon beträchtliche Mengen an Schlamm enthält, mag es belanglos sein, ob sich nach der Probenahme noch 0,5 bis 1,0 ml Schlamm ausscheiden; für die Beurteilung des Ablaufs einer mechanischen Reinigungsanlage ist es aber von großer Wichtigkeit, ob nachträglich noch Schlammstoffe in der oben genannten Menge zusätzlich ermittelt werden, die im praktischen Betrieb im Ablauf als kolloidale Aufschwemmung und nicht als Schlammstoffe vorhanden gewesen sind. Auch die Konservierung der zur weiteren Untersuchung bestimmten Abwasserproben ist notwendig, wenn die chemische Untersuchung nicht sofort in Angriff genommen werden kann.

Ist für die mechanische Reinigung eine zweistündige Klärzeit errechnet, wird das Abwasser auf Tropfkörpern biologisch behandelt und in einstündiger Klärzeit im Nachklärbecken von seinen Schlammstoffen befreit, so sind die einzelnen Abwasserproben bei einer Probenahmezeit von 1 Stunde beispielsweise wie folgt zu entnehmen:

1. Zulauf der mechanischen Absetzanlage . . . 10–11 Uhr
2. Ablauf der mechanischen Absetzanlage . . . . 12–13 Uhr
3. Ablauf vom Tropfkörper . . . . 13,30–14,30 Uhr
4. Ablauf vom Nachklärbecken . . . . 14,30–15,30 Uhr.

Ist zur biologischen Reinigung eine Belebtschlammanlage eingeschaltet, so errechnet man die theoretische Aufenthaltszeit im Belüftungsbecken und verschiebt dementsprechend die Zeit der Probenahme.

d) Probenahme aus dem Grundwasser

Die Probenahme von Grundwässern, die z.B. auf ihre Betonangreifbarkeit untersucht werden sollen, ist grundsätzlich von geschulten Fachkräften mit zweckentsprechenden Geräten durchzuführen. Wenn auch besonders stark aggressive Bestandteile eines Grundwassers, wie

z. B. mineralische Säuren (Schwefelsäure) oder Sulfate bei längerem Stehen keine Veränderung in der Probenahmeflasche erfahren, so ändert sich der Gehalt an freier Kohlensäure, die häufig in großen Mengen im Grundwasser vorhanden ist, und ebenfalls stark betonangreifend wirken kann, sehr schnell. Sie muß daher sofort nach der Entnahme der Probe an Ort und Stelle bestimmt werden. Leider wird dieser Tatsache häufig keine Beachtung geschenkt und das Grundwasser von ungeschulten Kräften in irgendeine auf der Baustelle zufällig vorhandene Flasche abgefüllt und zur Untersuchung eingesandt. Es ergeben sich dann Untersuchungsergebnisse, die mit den tatsächlichen Verhältnissen in keiner Weise übereinstimmen. Manches Bauwerk hat auf diese Weise schon beträchtlichen Schaden genommen, der bei sachgemäßer Probenahme des Grundwassers hätte vermieden werden können.

XIV. Betriebsaufzeichnungen in Kläranlagen

Um einen genauen Einblick in die Betriebsverhältnisse einer Kläranlage zu bekommen, ist es notwendig, laufend eingehende Aufzeichnungen nach einem vorgeschriebenen Muster zu machen. Mit Rücksicht darauf, daß eine Kläranlage kein produktiver städtischer Betrieb ist, mag es zunächst überflüssig erscheinen, täglich eine größere Anzahl von Zahlenwerten zu ermitteln. Beim Betrieb einer größeren Kläranlage wird man aber sehr bald feststellen können, wie wichtig diese Feststellungen sind, und daß sich bei sorgfältiger Auswertung der einzelnen Meßergebnisse und Aufzeichnungen oft beträchtliche Betriebskosten einsparen lassen. Wenn beispielsweise beim Ablassen des Frischschlammes aus einem Klärbecken durch Unachtsamkeit zuviel Abwasser mit dem Schlamm gepumpt wird, so ergeben sich einmal wesentlich mehr Pumpkosten und auf der anderen Seite wird der Schlammfaulbehälter statt mit Schlamm mit zuviel Wasser beschickt, wodurch sich wiederum Auswirkungen auf den Gasanfall und die Menge des später zu bewirtschaftenden Faulschlammes oder des abfließenden Faulraumwassers ergeben können. Es ist natürlich selbstverständlich, daß sich die einzelnen Aufzeichnungen und Untersuchungen im Rahmen desjenigen halten müssen, was von einem Klärwärter oder Betriebstechniker verlangt werden kann. Eingehende Betriebsuntersuchungen werden zweckmäßig in gewissen Zeitabständen von den städtischen chemischen Untersuchungsämtern oder sonstigen Stellen, die mit den einschlägigen Fragen und Untersuchungsmethoden vertraut sind, durchzuführen sein. Wenn in den nachstehenden Vorschlägen für die Betriebsaufzeichnungen auch eine Wasserbestimmung der Schlämme und die Ermittlung des mineralischen und organischen Anteils in der Trockensubstanz mit aufgeführt sind, so ist zu sagen, daß diese Bestimmungen so einfach durchzuführen sind, daß sie auch von einem Klärwärter oder Betriebsleiter ohne eingehende chemische Kenntnisse, nach einer gewissen Anlernzeit, ausgeführt werden können. Das gleiche gilt für die Bestimmung des pH-Wertes. Die einschlägigen Firmen liefern heute außerordentlich leicht zu bedienende Meßinstrumente, die von jedem Laien benutzt werden können. Selbstverständlich ist eine gelegentliche Kontrolle solcher Untersuchungen und Messungen durch einen Fachmann immer zu empfehlen.

Jeder Teil einer Kläranlage bedingt seine besonderen Betriebsaufzeichnungen. In der folgenden Übersicht mag für den jeweiligen Fall diese oder jene Feststellung überflüssig oder auch noch ergänzungsfähig sein. Man wird dann die Art der Betriebskontrolle bzw. der Betriebsaufzeichnungen der betreffenden Kläranlage anpassen müssen. Dem hier gemachten Vorschlag liegt der Wunsch zugrunde, neben der Möglichkeit der eigenen Betriebskontrolle auch für möglichst viele Kläranlagen die gleichen Unterlagen auf gleicher Grundlage zu beschaffen, die in ihrer Auswertung die Erkenntnisse der Abwasserreinigung fördern und vertiefen helfen. Im einzelnen sind zweckmäßig folgende Aufzeichnungen und Berechnungen zu machen:

1. Betriebskontrolle der Rechenanlage

1. Anfallende Rechengutmenge (m^3/Tag).
2. Zusammensetzung des Rechengutes:
   % Wasser,
   % Trockensubstanz,
   % mineralischer Anteil in der Trockensubstanz,
   % organischer Anteil in der Trockensubstanz.
3. Gesamttrockenmasse (m^3/Tag), gesamte mineralische Trockenmasse (m^3/Tag), gesamte organische Trockenmasse (m^3/Tag).
4. Angesetzte Arbeitskräfte zur Bedienung des Rechens, einschließlich Abfahren des Rechengutes.
5. Benötigte Arbeitsstunden für die Bedienung des Rechens (Std./Tag).
6. Bemerkungen über Betriebsstörungen, Reparaturen, Ölverbrauch, Schmiermittel usw.

2. Betriebskontrolle der Sandfanganlage

1. Anfallende Sandfangmenge (m^3/Tag).
2. Zusammensetzung des Sandfanggutes:
   % Wasser,
   % Trockensubstanz,
   % mineralischer Anteil in der Trockensubstanz,
   % organischer Anteil in der Trockensubstanz.
3. Gesamte Trockenmasse (m^3/Tag).
   Gesamte mineralische Trockenmasse (m^3/Tag).
   Gesamte organische Trockenmasse (m^3/Tag).
4. Angaben, welche Sandfangkammer entleert wird (bei zwei- und mehrteiligen Sandfängen).

5. Dauer der Entleerung (Std./Tag).
6. Angesetzte Arbeitskräfte zur Entleerung des Sandfanges, einschließlich Abfahren des Sandfangmaterials.
7. Benötigte Arbeitsstunden für die Bedienung des Sandfanges (Std./Tag).
8. Strombedarf für den Betrieb des Sandfanges (kWh/Tag).
9. Bemerkungen über Arbeitsstörungen, Reparaturen, Ölverbrauch usw.

3. Betriebskontrolle der Öl- und Fettfängeranlage

1. Anfallende Öl- und Fettmenge (m³/Tag).
2. Angesetzte Arbeitskräfte zum Entfernen der Fette und Ölstoffe.
3. Benötigte Arbeitsstunden für die Bedienung des Fettfängers (Std./Tag).
4. Strombedarf für den Betrieb des Fettfängers (kWh/Tag).
5. Eingeblasene Luftmenge (m³ Luft je m³ durchgeflossenes Abwasser bei belüfteten Fettfängern).
6. Verwendung der gewonnenen Stoffe.
7. Bemerkungen über Betriebsstörungen, Reparaturen usw.

4. Betriebskontrolle der Absetzanlage

1. Anfallende Abwassermenge im Zulauf oder Ablauf der Kläranlage (l/s). [Evtl. auch erforderlich maximaler Zufluß bzw. Abfluß (l/s)].
2. Temperaturmessungen
   a) Lufttemperatur maximal und minimal,
   b) Wassertemperatur im Zulauf und Ablauf.
3. Schlammgehalt im Zulauf und Ablauf der Kläranlage nach 1 Stunde und 2 Stunden Absetzzeit (ml/l). (Die Entnahmezeit ist täglich zu wechseln.)
4. Angaben über die Klärwirkung in Prozent.
5. Abgelassene und beseitigte *Schwimmschlammenge* (m³/Tag).
6. Zusammensetzung des Schwimmschlammes:
   % Wasser,
   % Trockensubstanz,
   % mineralischer Anteil in der Trockensubstanz,
   % organischer Anteil in der Trockensubstanz.
7. Gesamte Trockenmasse im Schwimmschlamm (m³/Tag).
   Gesamte mineralische Schwimmschlammenge (m³/Tag).
   Gesamte organische Schwimmschlammenge (m³/Tag).
8. Angesetzte Arbeitskräfte zur Beseitigung des Schwimmschlammes.
9. Benötigte Arbeitsstunden für die Schwimmschlammbeseitigung (Std./Tag).
10. Angaben über die Verwertung des Schwimmschlammes: z. B. in die Faulkammer eingebracht oder in Erdbecken gelagert usw.
11. Abgelassene bzw. gepumpte *Frischschlammenge* [bei Flachbecken mit getrennt liegenden Schlammfaulbehältern] (m³/Tag).
12. Anfallende Menge je Einwohner und Tag in Litern.
13. Zusammensetzung des Frischschlammes:
   % Wasser,
   % Trockensubstanz,
   % mineralischer Anteil in der Trockensubstanz,
   % organischer Anteil in der Trockensubstanz,
   pH-Wert.
14. Gesamte Trockenwasse (m³/Tag).
   Gesamte mineralische Trockenmasse (m³/Tag).
   Gesamte organische Trockenmasse (m³/Tag).

15. Dauer des Frischschlammablassens und des Pumpens (Std./Tag).
16. Angesetzte Arbeitskräfte bei der Frischschlammbewirtschaftung.
17. Benötigte Arbeitsstunden für die Bewirtschaftung des Frischschlammes und Bedienung der Absetzanlage.
18. Strombedarf für das Pumpen des Frischschlammes und den Betrieb der Absetzanlage (kWh/Tag).
19. Angaben, wann und wie oft der Regenüberlauf der Kläranlage in Tätigkeit war, nebst Angabe der überfließenden Regenwassermenge (l/s).
20. Schlammgehalt des überfließenden Regenwassers nach 1 Stunde und nach 2 Stunden Absetzzeit (ml/l).
21. Zusammensetzung des Schlammes im überfließenden Regenwasser:
    % Wasser,
    % Trockensubstanz,
    % mineralischer Anteil in der Trockensubstanz,
    % organischer Anteil in der Trockensubstanz.
22. Gesamtanfall an Trockenmasse (m³/Tag).
    Gesamte organische Trockenmasse (m³/Tag).
23. Bemerkungen über Betriebsstörungen, Ölverbrauch usw.

5. Betriebskontrolle der Schlammfaulanlage

1. Temperaturen im Faulraum.
2. Eingebrachte Menge an Frischschlamm (m³/Tag).
3. Temperaturen des eingebrachten Frischschlammes.
4. Zusammensetzung des Frischschlammes:
    % Wasser,
    % Trockensubstanz,
    % mineralischer Anteil in der Trockensubstanz,
    % organischer Anteil in der Trockensubstanz,
    pH-Wert.
5. Eingebrachte Menge an Trockensubstanz (m³/Tag)
    Eingebrachte mineralische Trockenmasse (m³/Tag).
    Eingebrachte organische Trockenmasse (m³/Tag).
6. Abfließende Menge an verdrängtem Faulraumwasser (m³/Tag).
7. Temperatur des abfließenden Faulraumwassers.
8. Schlammgehalt im abfließenden Faulraumwasser nach 1 Stunde und 2 Stunden Absetzzeit (ml/l).
9. Zusammensetzung des Schlammes im Faulraumwasser:
    % Wasser,
    % Trockensubstanz,
    % mineralischer Anteil in der Trockensubstanz,
    % organischer Anteil in der Trockensubstanz,
    pH-Wert.
10. Abfließende Menge an Trockenmasse (m³/Tag).
    Abfließende Menge an mineralischer Trockenmasse (m³/Tag).
    Abfließende Menge an organischer Trockenmasse (m³/Tag).
11. Schlammgehalt des Faulraumwassers nach erfolgter Klärung nach 1 Stunde und 2 Stunden Absetzzeit, oder Angaben, in welcher Weise das Faulraumwasser weiter behandelt wird.
12. Abgelassene Menge an Faulschlamm (m³/Tag). Angaben über die weitere Verwendung des Faulschlammes.
13. Temperatur des abgelassenen Faulschlammes.

14. Zusammensetzung des Faulschlammes:
 % Wasser,
 % Trockensubstanz,
 % mineralischer Anteil in der Trockensubstanz,
 % organischer Anteil in der Trockensubstanz,
 pH-Wert.
15. Abgelassene Menge an Trockensubstanz (m³/Tag).
 Abgelassene mineralische Trockenmasse (m³/Tag).
 Abgelassene organische Trockenmasse (m³/Tag).
16. Abgelassene Faulschlammenge je Einwohner und Tag.
17. Dauer des Faulschlammablassens bzw. des Pumpens (Std./Tag).
18. Angesetzte Arbeitskräfte beim Ablassen des Faulschlammes.
19. Benötigte Arbeitsstunden zur Bewirtschaftung des Faulschlammes und der Schlammfaulanlage (Std./Tag).
20. Strombedarf für die Beseitigung des ausgefaulten Schlammes und den Betrieb der Schlammfaulanlage.
21. Angaben ob und in welchem Zeitabstand der Faulrauminhalt umgerührt oder umgepumpt wird.
22. Strombedarf für das Umwälzen des Faulschlammes (kWh/Tag).
23. Anfallende Gasmenge (m³/Tag), Gasmenge je Einwohner/Tag.
24. Im Eigenbetrieb verbrauchte Gasmenge (m³/Tag).
25. Falls im Eigenbetrieb eine Gasmaschine zur Stromerzeugung läuft, eingehende Betriebsaufzeichnungen über Leistung, Wärmebilanz usw.
26. An Fremde abgegebene Gasmenge (m³/Tag).
27. Bemerkungen über Betriebsstörungen, Reparaturen, Ölverbrauch usw.

6. Betriebskontrolle der biologischen Reinigung

a) Tropfkörperanlagen

1. Zufließende oder abfließende und evtl. rückgepumpte Abwassermenge (l/s), Angaben über Oberflächen- und Raumbelastung.
2. Temperaturmessungen:
 a) Lufttemperatur, maximal und minimal evtl. beim Eintritt oder Austritt der Luft aus dem Tropfkörper (bei geschlossenen Tropfkörpern).
 b) Wassertemperatur im Zulauf und Ablauf.
3. Schlammgehalt im Zulauf und Ablauf des Tropfkörpers nach 1 Stunde und 2 Stunden Absetzzeit (ml/l). Die Entnahmezeit ist täglich zu wechseln.
4. Strombedarf für die Zuführung des Abwassers zum Tropfkörper (kWh/Tag).
5. Schlammgehalt im Ablauf des Nachklärbeckens nach 1 Stunde und 2 Stunden Absetzzeit (ml/l).
6. Anfallende Schlammenge im Nachklärbecken (m³/Tag).
7. Zusammensetzung des Schlammes im Nachklärbecken:
 % Wasser,
 % Trockensubstanz,
 % mineralischer Anteil in der Trockensubstanz,
 % organischer Anteil in der Trockensubstanz,
 pH-Wert.
8. Anfallende Menge an Trockenmasse (m³/Tag).
 Anfallende Menge an mineralischer Trockenmasse (m³/Tag).
 Anfallende Menge an organischer Trockenmasse (m³/Tag).
9. Strombedarf für die Beseitigung des im Nachklärbecken anfallenden Schlammes.

10. Angaben, in welcher Weise der Schlamm aus dem Nachklärbecken beseitigt wird (z.B. Ausfaulung mit dem Frischschlamm usw.).
11. Zur Bedienung der Tropfkörperanlage benötigte Anzahl von Arbeitskräften.
12. Benötigte Arbeitsstunden zur Bedienung der Tropfkörperanlage.
13. Bemerkungen über Betriebsstörungen, Reinigung der Abwasserverteilungseinrichtungen auf dem Tropfkörper, Reparaturen usw.

b) Belebtschlammanlagen

1. Zufließende oder abfließende und evtl. rückgepumpte Abwassermenge (l/s).
2. Temperaturmessungen:
   a) Lufttemperatur, maximal und minimal,
   b) Wassertemperatur im Zulauf und Ablauf.
3. Schlammgehalt im Zulauf zum Belüftungsbecken nach 1 Stunde und 2 Stunden Absetzzeit (ml/l).
4. Schlammgehalt im Belüftungsbecken nach 1 Stunde und 2 Stunden Absetzzeit (ml/l). Die Entnahmezeit ist täglich zu wechseln.
5. Menge des Rücklaufschlammes (l/s).
6. Zusammensetzung des Rücklaufschlammes (l/s):
   % Wasser,
   % Trockensubstanz,
   % mineralischer Anteil in der Trockensubstanz,
   % organischer Anteil in der Trockensubstanz,
   pH-Wert.
7. Gesamtmenge an Trockensubstanz im Rücklaufschlamm (m³/Tag).
   Gesamtmenge an mineralischer Trockensubstanz (m³/Tag).
   Gesamtmenge an organischer Trockensubstanz (m³/Tag).
8. Menge des Überschußschlammes (m³/Tag).
9. Zusammensetzung des Überschußschlammes:
   % Wasser,
   % Trockensubstanz,
   % mineralischer Anteil in der Trockensubstanz,
   % organischer Anteil in der Trockensubstanz,
   pH-Wert.
10. Gesamtmenge an Trockensubstanz im Überschußschlamm (m³/Tag).
    Gesamtmenge an mineralischer Trockensubstanz (m³/Tag).
    Gesamtmenge an organischer Trockensubstanz (m³/Tag).
11. In das Belüftungsbecken eingeblasene Luftmenge (m³/Tag) und m³ Luft je m³ Abwasser.
12. Aufenthaltszeit des Abwassers im Belüftungsbecken (Std.).
13. Strombedarf für die Belüftung des Abwassers (kWh/Tag).
14. Strombedarf für die Schlammbewirtschaftung (kWh/Tag).
15. Angaben, in welcher Weise der Überschußschlamm beseitigt wird.
16. Zur Bedienung der Belebtschlammanlage benötigte Arbeitskräfte.
17. Benötigte Arbeitsstunden zur Bedienung der Belebtschlammanlage.
18. Bemerkungen über Betriebsstörungen, Auswechseln der Belüftungseinrichtungen, Reparaturen usw.

c) Rieselfeld- und Beregnungsanlagen

1. Zufließende und abfließende Abwassermenge (l/s), (Wassermenge je ha bzw. Höhe der Wassergabe).
2. Temperaturmessungen:
   a) Lufttemperatur maximal und minimal,
   b) Wassertemperatur im Zulauf und Ablauf.

3. Schlammgehalt im Zulauf zum Rieselfeld oder zur Beregnungsanlage nach 1 Stunde und 2 Stunden Absetzzeit. Die Entnahmezeit ist täglich zu wechseln.
4. Angabe, welche Fläche berieselt oder beregnet wird.
5. Dauer der Berieselung oder Beregnung.
6. Angabe, wann und in welchen Mengen ausgefaulter Schlamm zusammen mit dem Abwasser den Rieselfeldern zugeführt wird.
7. Strombedarf für die Beregnungseinrichtungen (kWh/Tag).
8. Zur Bedienung der Berieselungs- oder Verregnungsanlage benötigte Arbeitskräfte.
9. Benötigte Arbeitsstunden für die Berieselung und Verregnung.
10. Bemerkungen über Störungen, Reinigung der Zulauf- und Ablaufgräben, Inbetriebsetzung der Winterstauflächen usw.

d) Fischteichanlagen

1. Zufließende Abwassermenge und Menge des zufließenden Verdünnungswassers (l/s). Verhältnis beider zueinander.
2. Sauerstoffgehalt im zufließenden Abwasser- und Verdünnungswasser (mg/l).
3. Temperaturmessungen:
    a) Lufttemperatur maximal und minimal,
    b) im zufließenden Abwasser,
    c) im zufließenden Verdünnungswasser,
    d) im Ablauf der Fischteiche.
4. Zur Bedienung der Fischteichanlage benötigte Arbeitskräfte.
5. Benötigte Arbeitsstunden zur Bedienung der Anlage.
6. Angaben über eingebrachtes Fischfutter.
7. Angaben über Düngung der Teiche.
8. Bemerkungen über Störungen, Besatz an Fischen, Ertrag je ha Teichfläche usw.

7. Betriebskontrolle der Desinfektionsanlagen

1. Behandelte Abwassermenge (l/s).
2. Zugesetzte Menge an Desinfektionsmitteln zum Abwasser (g/m³).
3. Verbrauch an Desinfektionsmitteln (kg/Tag).
4. Temperaturmessungen:
    a) Lufttemperatur,
    b) Abwassertemperatur.
5. Bemerkungen über Betriebsstörungen usw.

In diesem Zusammenhang sei auch auf die von der Abwassertechnischen Vereinigung e. V. im Jahre 1960 herausgegebene Musterbetriebsanweisung für Klärwärter (ZfGW-Verlag Frankfurt) hingewiesen, die sehr viele und gute Hinweise für den praktischen Betrieb von Kläranlagen enthält.

XV. Chemische Untersuchungen in Kanalisationen und Kläranlagen

Da die entnommenen Abwasser- oder Schlammproben nur in den seltensten Fällen sofort nach der Entnahme eingehend im Laboratorium untersucht werden können, müssen sie konserviert werden, um entscheidende Veränderungen durch biologische oder bakterielle Vorgänge zu unterbinden. Je nach den jeweils später vorgesehenen Untersuchungen kann die Konservierung mit Formalin oder verdünnter Schwefelsäure durchgeführt werden. Bei der Wahl des Konservierungsmittels ist aber zu beachten, daß z.B. Formalin einen Permanganatverbrauch hat. Soll dieser in der Wasser- oder Abwasserprobe später bestimmt werden, dann muß mit verdünnter Schwefelsäure konserviert werden. Bei späteren pH-Messungen in den Proben darf aus leicht verständlichen Gründen z.B. keine Schwefelsäure zugesetzt werden. Im allgemeinen genügt es, 1–2 ml des betreffenden Konservierungsmittels je Liter Wasser zuzufügen.

Alle volumetrischen Schlammgehaltsbestimmungen, besonders in Abwasserproben, müssen an Ort und Stelle sofort nach der Entnahme durchgeführt werden. Läßt man nämlich Abwasserproben längere Zeit stehen oder befördert man sie zur Untersuchung in ein Laboratorium, wobei sich ein Schütteln der Proben nicht vermeiden läßt, so kann es vorkommen, daß sich durch Flockungsreaktionen nachträglich Schlammstoffe, die bei der Entnahme an Ort und Stelle noch in einem kolloidalen Zustand in der Probe vorhanden waren, ausscheiden. Auf diese Weise kann man, besonders bei der Kontrolle von mechanischen Reinigungsanlagen, zu vollkommen falschen Untersuchungsergebnissen kommen. Der Ablauf einer guten mechanischen Reinigungsanlage sollte nicht mehr als 0,3 ml/l nach einer zweistündigen Absetzzeit im Imhoff-Glas enthalten, wie es auch in den „Normalanforderungen für Abwasserreinigungsverfahren" festgelegt ist, die heute in allen Ländern der Bundesrepublik von den Aufsichtsbehörden angewendet werden. Hat man diese Feststellung durch die Untersuchung an Ort und Stelle gemacht, dann arbeitet eine solche Anlage befriedigend. Wird aber die Probe des Ablaufs ins Laboratorium gebracht, dann kann sich die Schlammenge durch die eben geschilderten Vorgänge mehr als verdoppeln. Der mit der Beurteilung beauftragte Chemiker müßte dann angeben, daß die Reinigungswirkung der mechanischen Absetzanlage unbefriedigend ist, was sie aber in Wirklichkeit nicht ist.

Die Untersuchungen im Laboratorium sollten grundsätzlich nach den „Deutschen Einheitsverfahren zur Wasser-, Abwasser- und Schlammuntersuchung" erfolgen. Es ist selbstverständlich, daß alle Untersuchungen der Fragestellung entsprechend durchgeführt werden müssen. Größere Mengen eingeleiteter Abwässer bestimmter Industrien lassen es u. U. notwendig erscheinen, Phenole oder Cyan usw. zu bestimmen oder nach sonstigen Giftstoffen zu suchen. Außerdem ist zu prüfen, ob gewisse in die Kanalisation eingeleitete Industrieabwässer nicht den mechanischen oder biologischen Teil einer Kläranlage ungünstig beeinflussen können. Bei Kläranlagenuntersuchungen werden Bestimmungen über die Abwasserkonzentration und den Reinigungseffekt der einzelnen Klärstufen notwendig sein. In Abwasserproben Härtebestimmungen durchzuführen ist meist nicht interessant.

Die Abwasserkanäle der Städte und Gemeinden sollen die anfallenden Abwässer in einwandfreier Weise schnell aus dem Wohn- und Bebauungsbereich abführen. Sie werden in den meisten Fällen aus Beton hergestellt. Bei der Beurteilung der Untersuchungen in Abwasserkanälen wird es in erster Linie darauf ankommen, die eingeleiteten Abwässer hinsichtlich ihrer Aggressivität auf Beton und Eisenteile zu prüfen, soweit Schieber in den Kanälen vorhanden sind (s. Abschn. XXIV.). Außerdem ist es notwendig die Abwässer dahingehend zu beurteilen, ob sie Gase und Dämpfe entwickeln, die für die Bauteile oberhalb des Wasserspiegels schädlich sind oder die Kontrolle von Kanälen erschweren oder sogar unmöglich machen. Außerdem dürfte es notwendig sein, die in die Kanalisation geleiteten industriellen oder gewerblichen Abwässer daraufhin zu prüfen, ob sie mit dem schon abfließenden Abwasser chemische Reaktionen eingehen, die zu Ablagerungen oder Verstopfungen im Kanalnetz führen können. Der Zufluß von industriellem Abwasser in eine Kanalisation wird, wenn dieses sehr heiß und in großen Mengen abgelassen wird, die Temperatur des Gesamtabwassers oft ganz erheblich beeinflussen. Heiße Abwässer können in Kanälen mit Bitumendichtungen oder sonstigen wärmeempfindlichen Dichtungsstoffen u. U. erhebliche Schäden verursachen.

Gewerbliche und industrielle Abwasserzuflüsse zu den städtischen Kanalisationen können im Laufe eines Tages oft erheblichen Schwankungen unterworfen sein, die man auch bei sorgfältigster Probenahme häufig nicht ausreichend erfassen kann. In den letzten Jahren sind eine Reihe von kontinuierlich messenden und registrierenden Geräten für die verschiedensten Wasser- und Abwasserinhaltsstoffe entwickelt worden, die mit gutem Erfolg für die Kontrolle von Abwassereinläufen in städtischen Kanalisationen Verwendung finden können (s. Abschn. XVI.).

Die Untersuchung von mechanisch, chemisch oder biologisch arbeitenden Kläranlagen hat einmal den Zweck, die Reinigungseffekte der Anlagen festzustellen, und zum anderen kann sie notwendig sein, um aufgetretene Störungen oder Minderungen in der Reinigungsleistung der Kläranlage zu erkennen und zu beseitigen.

In der Zahlentafel 14 ist ein generelles Untersuchungsergebnis einer gut arbeitenden Kläranlage, bestehend aus mechanischer Vorreinigung, biologischer Reinigung mit einem Tropfkörper und Nachklärung in den wichtigsten Zahlenwerten, die für eine Beurteilung der Reinigungsleistung der Anlage notwendig sind, aufgetragen. Im Bedarfsfalle müssen diese Untersuchungen natürlich durch weitere ergänzt werden. – Man erkennt, daß das stark getrübte Abwasser aus dem Zulauf zur Klär-

Zahlentafel 14. *Chemisches Untersuchungsergebnis auf einer Kläranlage*

		Zulauf zur Kläranlage	Ablauf der mechanischen Reinigung	Ablauf des Tropfkörpers	Ablauf der Nachklärung
Aussehen		stark getrübt mit vielen Schlammstoffen	stark getrübt mit kaum Schlammstoffen	fast klar mit wenig Flocken	klar, keine Schlammflocken
Geruch		fäkalisch	fäkalisch	erdig	erdig
Absetzbare Stoffe nach 1 Std.	ml/l	6,4	Spuren	0,1	Spuren
Absetzbare Stoffe nach 2 Std.	ml/l	7,0	0,1	0,4	Spuren
Fäulnisfähigkeit (Methylenblau)		fault in 24 Std.	fault in 24 Std.	fault nicht	fault nicht
pH-Wert		7,1	7,2	7,4	7,4
Kaliumpermanganatverbrauch filtriert	mg/l	320	280	91	80
Biochemischer O_2-Bedarf in 5 Tg. sedimentiert	mg/l	281	202	25	20
Ammoniak-Stickstoff (N)	mg/l	50,1	38,3	10,5	10,1
Nitrit-Stickstoff (N)	mg/l	0	0,1	0,2	0,2
Nitrat-Stickstoff (N)	mg/l	0	0	18,4	20,8
Organischer Stickstoff (N)	mg/l	23,5	16,6	4,3	4,3
Gesamtstickstoff (N)	mg/l	73,6	55,0	33,4	35,4
Sauerstoffgehalt	mg/l	0	0	6,12	5,54

anlage mit einem mittleren Schlammgehalt von 7,0 ml/l nach 2 Stunden Absetzzeit in der mechanischen Vorreinigung weitgehend von diesen Stoffen befreit ist. Die starke Trübung im Ablauf der mechanischen Reinigung ist aber, wie nicht anders zu erwarten ist, geblieben, denn in einer mechanischen Reinigungsanlage wird nur der größte Teil der absetzbaren Schlammstoffe aus dem Abwasser entfernt. Im Ablauf des Tropfkörpers ist dann die Trübung des Abwassers fast verschwunden. Die Menge der absetzbaren Schlammstoffe hat aber wieder zugenommen, da ein Teil der kolloidalen Trübung des Abwassers im biologischen Reinigungsprozeß in echte Schlammstoffe umgesetzt wird. Im Ablauf der

Nachklärung ist dann ein klares, schlammfreies Abwasser vorhanden. Der Kaliumpermanganatverbrauch des Abwassers nimmt schon in der mechanischen Reinigung etwas ab. Die Hauptabnahme tritt aber im biologischen Teil der Anlage, d. h. im Tropfkörper ein. Das gleiche gilt für den biochemischen Sauerstoffbedarf in 5 Tagen. Die Werte für den Kaliumpermanganatverbrauch von 80 mg/l und für den biochemischen Sauerstoffbedarf in 5 Tagen von 20 mg/l, die im Ablauf des Nachklärbeckens festgestellt wurden, entsprechen den Anforderungen, die bei häuslichem Abwasser an eine ausreichende und zufriedenstellende biologische Reinigung zu stellen sind. Nach den „Normalanforderungen für Abwasserreinigungsverfahren" wird gefordert, daß bei voller biologischer Reinigung ein häusliches Abwasser nicht mehr als 100 mg/l Kaliumpermanganatverbrauch hat und daß der biochemische Sauerstoffbedarf nach 5 Tagen unter 25 mg/l liegt. Die Stickstoffwerte zeigen ebenfalls eine gute und ausreichende Reinigung des Abwassers. Der Ammoniakstickstoff verminderte sich ganz erheblich. Das der Kläranlage zufließende Abwasser enthält kein Nitrit und Nitrat. Der Ablauf der Nachklärung zeigte eine erhebliche Nitrit- und Nitratzunahme. Auch der organische Stickstoff wird weitgehend abgebaut. Daß im Zuge einer biologischen Abwasserreinigung Stickstoffverluste eintreten, ist bekannt (s. Abschn. XI). Der Gesamtstickstoff verminderte sich nach den vorliegenden Zahlen um mehr als die Hälfte. Die Reinigungsleistung einer Kläranlage sollte immer nach den absoluten Werten im Ablauf beurteilt werden. Prozentuale Angaben über die Klärwirkung können leicht einen Effekt vortäuschen, der nicht vorhanden ist. Das in die Kläranlage einfließende Abwasser enthielt nach der vorstehenden Zahlentafel 14 keinen Sauerstoff, der Ablauf der Nachklärung aber erhebliche Mengen. Durch den biologischen Abbau der organischen Abwasserinhaltsstoffe und das Vorhandensein von gelöstem Sauerstoff wird das Abwasser fäulnisunfähig. Von einem biologisch gereinigten Abwasser muß die Fäulnisunfähigkeit gefordert werden.

Untersuchungen an Schlammbelebungsanlagen zeigen im allgemeinen eine weniger weitgehende Nitrifikation und auch der Sauerstoffgehalt im Ablauf der Nachklärbecken solcher Anlagen ist niedriger. Er kann bei 0,5–2,0 mg/l liegen. In der Reinigungsleistung, ausgedrückt durch die absoluten Werte des Kaliumpermanganatverbrauchs und des biochemischen Sauerstoffbedarfs in 5 Tagen, haben aber Schlammbelebungsanlagen die gleich guten Effekte wie Tropfkörperanlagen.

Die Bestimmung des biochemischen Sauerstoffbedarfs in 5 Tagen erfordert nach den Deutschen Einheitsverfahren einen erheblichen Aufwand an Materialien und Zeit. Außerdem muß der Untersuchende mit der Methodik sehr vertraut sein und sich in längerer Zeit eingearbeitet haben. In der letzten Zeit hat sich der *Sapromat* der Fa. J. M. Voith,

Heidenheim/Brenz, bei der Bestimmung des biochemischen Sauerstoffs im Laboratorium als recht brauchbar erwiesen. Der *Sapromat*, der ein volumetrisches Meßverfahren darstellt, gestattet u. a.

1. die direkte Ablesung des biochemischen Sauerstoffbedarfs;

2. die direkte Ablesung beliebig vieler Zwischenwerte und dadurch die Ermittlung der Abbaugeschwindigkeiten. Außerdem kann ein Meßwertdrucker die einzelnen Meßwerte in kurzen Zeitabständen drucken;

3. die direkte Messung des biochemischen Sauerstoffbedarfs von Abwasserproben hoher Konzentration, meist ohne Verdünnung;

4. die Anwendung von verhältnismäßig großen Abwassermengen, wodurch die Streuung der Meßergebnisse verhältnismäßig klein bleibt;

5. eine einfache Bedienung, jegliche Titrationen und chemische Arbeiten fallen fort.

Nach den bisherigen Erfahrungen in verschiedenen Laboratorien haben die im *Sapromat* gefundenen Werte des biochemischen Sauerstoffbedarfs auch für den Praktiker eine den Tatsachen entsprechende Aussagekraft. Wichtig ist, daß man den BSB-Wert in der ursprünglichen Konzentration, wie er in den Abwasserproben vorhanden ist, bestimmt und nicht erst eine Verdünnung der Proben vornehmen muß, wie es bei der Untersuchung nach den Deutschen Einheitsverfahren notwendig ist.

Wenn auf einer Kläranlage z.B. Sandfangmaterial, Frischschlamm oder Faulschlamm untersucht werden soll, muß auf alle Fälle eine einwandfreie Durchschnittsprobe vorliegen, die man sich am besten so herstellt, daß von dem zu untersuchenden Gut eine größere Menge während des Anfalls, des Ausräumens oder des Ablassens oder Pumpens in einen sauberen Eimer gebracht wird. Aus diesem Eimer wird dann nach nochmaliger inniger Durchmischung die zur Untersuchung bestimmte Materialmenge entnommen. Auf die gute Durchmischung in dem Eimer vor der Entnahme ist besonders zu achten, da bei längerem Stehen oft eine Entmischung des inhomogenen Materials eintritt oder auch Wasser sich oberflächlich oder unter dem Schlamm abscheidet.

Zur Bestimmung der absetzbaren Schlammstoffe eines Abwassers an Ort und Stelle benutzt man zweckmäßig Absetzgläser mit einem stabilen Glasfuß (Abb. 52). die für den praktischen Betrieb besonders geeignet sind. Sie sind gegen Stoß und Bruch sehr unempfindlich und haben somit eine wesentlich längere Lebensdauer als die normalen Absetzgläser.

Die aus Plexiglas oder ähnlichem Material hergestellten unzerbrechlichen Absetzgläser haben sich im praktischen Betriebe nicht bewährt, da die Gläser schnell vorkommen verschmieren und sich nur sehr schwer reinigen lassen. Das Ablesen der abgesetzten Schlammstoffe kann infolge der schlechten Durchsichtigkeit besonders in den Abläufen der Anlagen zu falschen Ergebnissen führen.

Das auf einen Schlammgehalt zu prüfende Abwasser wird unter Zerkleinerung etwa vorhandener gröberer Schlammstoffe in die Spitzgläser eingefüllt und die Menge des abgesetzten Schlammes nach 1–2 Stunden Ruhezeit abgelesen. Während der Absetzzeit kann es vorkommen, daß sich feinste Schlammteilchen an den Wänden der Spitzgläser

Abb. 52. Absetzgläser mit stabilem Fuß.

ansetzen. Um auch diese Stoffe zum Absinken zu bringen, ist es zweckmäßig, die Gläser während der Absetzzeit mehrere Male kurz zu drehen, damit sich die Schlammteilchen von den Wänden lösen. Beim Ablesen des Schlammgehaltes ist streng darauf zu achten, ob sich durch größere Papierstückchen größere Hohlräume in dem abgesetzten Schlamm gebildet haben. Diese müssen bei der Angabe des Schlammgehaltes des betreffenden Abwassers in Abzug gebracht werden.

XVI. Kontinuierliche Überwachung der Abwässer, Kläranlagen und Gewässer

Um über die Zusammensetzung von häuslichen und industriellen Abwässern, über die Wirkungsweise einer mechanisch und biologisch arbeitenden Kläranlage und schließlich über die Belastung und Verschmutzung der Gewässer eine erschöpfende Auskunft zu erhalten, müssen in einem chemischen Laboratorium Stunden- und Tagesdurchschnittsproben untersucht werden. Die chemische Analyse kann, wenn oft auch nur unter einem erheblichen Arbeitsauwfand, auf alle Inhaltsstoffe der Wasser- und Abwasserproben ausgedehnt werden. Bei richtiger Ausdeutung der erhaltenen Untersuchungsergebnisse können einwandfreie Aussagen über die Abwasserzusammensetzung, die Reinigungswirkung von Kläranlagen oder den Zustand der Gewässer gemacht werden. In diesem Zusammenhang sei darauf hingewiesen, daß die Untersuchung von Stichproben für die Beantwortung der eben erwähnten Fragen nicht ausreichend ist.

In den letzten Jahrzehnten ist die Bevölkerungszahl und die Industrieproduktion stark angestiegen. In gleicher Weise vermehrte sich auch der Abwasseranfall und die Zahl der Anfallstellen ganz erheblich. Gleichlaufend damit hat auch die Verschmutzung der Gewässer – trotz der Inbetriebnahme vieler Kläranlagen für häusliche und industrielle Abwässer – stetig zugenommen. War es vor 10–20 Jahren schon schwierig, die einzelnen Abwässer und die Gewässer durch manuelle Probenahmen und Untersuchungen der einzelnen Proben im Laboratorium zu überwachen, so ist es heute auf Grund der erwähnten Entwicklung nicht mehr möglich, alle notwendigen und wünschenswerten Untersuchungen nach der klassischen Methode der Wasseranalytik durchzuführen. Die Bewältigung der heute anstehenden Aufgaben und Arbeiten der Abwasser-, Kläranlagen- und Gewässerüberwachung sind nur durch den Einsatz von kontinuierlich arbeitenden Kontroll- und Meßgeräten, mit denen eine Reihe von physikalischen und chemischen Daten ermittelt werden, zu erreichen.

Beim Einsatz kontinuierlich messender Geräte sind die strengsten Maßstäbe anzulegen. Die Geräte sollen im Aufbau einfach und robust sein, sie müssen sich leicht und einfach warten und reinigen lassen und eine große Widerstandsfähigkeit gegen klimatische und korrosive Einflüsse besitzen. Das Meßprinzip soll so einfach wie möglich im Aufbau sein und einen längeren Betrieb ohne oder mit nur geringer Wartung zulassen. Daß solche Geräte allerdings ohne jede Wartung und Überwachung arbeiten, ist nicht möglich und kann auch nicht erwartet werden. So einfach diese Anforderungen zunächst erscheinen, so schwierig sind sie in vielen Fällen zu erfüllen. Man erlebt es in der Praxis immer wieder, daß Meß- und Kontrollgeräte, die seit Jahren in sauberen Wässern, z. B. in Kesselspeisewässern, Kondensaten, Trinkwässern usw. ohne Störungen einwandfrei arbeiten und gute Meßresultate liefern, in Abwässern, bei der Kontrolle von Kläranlagen oder im Gewässer versagen. Entweder verstopfen sich die Zuleitungen zu den Geräten, die Schieber und Ventile oder die Oberflächen der Meßelemente, z. B. Elektroden oder Meßküvetten verschmieren durch Öle, Fette und andere Abwasserinhaltsstoffe.

Es ist daher nicht verwunderlich, daß trotz der guten und schnellen Entwicklung auf anderen meßtechnischen Gebieten die kontinuierliche Überwachung der Abwässer, der Kläranlage und Gewässer bisher nur auf einigen wenigen Gebieten mit einer ausreichenden Sicherheit und Genauigkeit verwirklicht werden konnte.

Wenn man mit der notwendigen kritischen Objektivität die zur Zeit gegebenen Meßmöglichkeiten und die auf dem Markt befindlichen Geräte betrachtet, dann lassen sich neben einer kontinuierlichen, der jeweiligen Wasser- und Abwassermenge angepaßten Probenahme bei der Überwachung der Abwässer, Kläranlagen und Gewässer heute

1. die Temperatur,
2. der pH-Wert (Wasserstoffionenkonzentration),
3. die absetzbaren Stoffe (Schlammgehalt),
4. die Trübung,
5. die Leitfähigkeit (Salzgehalt),
6. der Sauerstoffgehalt

mit der erforderlichen Genauigkeit und betrieblichen Sicherheit kontinuierlich bestimmen.

Die laufende Bestimmung der *Temperatur* und die entsprechende Aufzeichnung einer oder mehrerer Meßstellen auf einem Mehrfarbenschreiber ist verhältnismäßig einfach. Sie bietet betrieblich kaum Schwierigkeiten.

Der *pH-Wert, die Wasserstoffionenkonzentration* (s. Abschn. VII.) wird heute in den meisten Fällen kontinuierlich mit der Glaselektrode gemessen. Obwohl die pH-Messung mit Glaselektroden nahezu universell im sauren, neutralen und alkalischen Bereich anwendbar ist, müssen für den Einsatz eines Meßgerätes entsprechend der jeweiligen Eigenart der Meßstelle und der gestellten Aufgabe gewisse Voraussetzungen erfüllt sein. Für die pH-Kontrolle der Abwässer und Gewässer wird in den meisten Fällen eine Genauigkeit von 0,1–0,2 pH genügen. Je nachdem, ob minimale, mittlere oder maximale Wert gemessen oder die ganze pH-Skala gemessen und registriert werden soll, wird der pH-Meßbereich festgelegt und hiernach die geeignetste Elektrodensorte ausgewählt. Eine weitere Frage ist die, ob das Meßmedium ein verhältnismäßig sauberes Wasser ist oder ob sich evtl. Öle, Fette oder kolloidale, schleimige oder kristalline Schlämme und grobe Feststoffe im Wasser befinden. In solchen Fällen müssen entsprechende Maßnahmen getroffen werden, um eine Verschmutzung der Glaselektrode, wie sie in der Abb. 53 zu erkennen ist, zu vermeiden. Unter Umständen sind Abscheider, Ablenkbleche oder Feststoffänger vor der Elektrode einzubauen. Dabei ist aber darauf zu

Abb. 53. Durch grobe Schlammstoffe verschmutzte Elektrode eines pH-Meßgerätes.

Abb. 54.
pH-Gerät als Pendelarmatur.

achten, daß bei den Einbauten das zu messende Abwasser oder Flußwasser zu allen Zeiten ungehindert an der Meßelektrode vorbeifließen kann.

Eine Pendelarmatur, wie sie die Abb. 54 zeigt, kann vorteilhaft sein, da hier die Abwasserschmutzstoffe nicht an dem Elektrodenstab hängenbleiben, sondern vom Wasserstrom mitgenommen werden.

Ist der Zutritt des zu überprüfenden Abwassers zur Elektrode infolge zu starker Verschlammung, wie sie in der Abb. 53 zu erkennen ist, nicht mehr gegeben, dann ergeben sich Fehlmessungen. Wird in Abwasserkanälen mit groben Schlammstoffen gemessen, dann muß die Elektrode täglich gesäubert werden. Der vorhandene Temperaturbereich im Abwasser ist bei der Auswahl der Elektrodenarten ebenfalls zu berücksichtigen. In stark sauren Wässern ist das Konstruktionsmaterial der Elektrode anzupassen. Am besten wählt man Kunststoffe, obwohl sich hier wieder eine hohe Abwassertemperatur ungünstig auswirken kann. Metalle sollten im sauren Bereich für die Konstruktion der pH-Meßgeräte nicht verwendet werden.

Eine kontinuierlich arbeitende pH-Meßeinrichtung besteht aus der Elektrode, dem Verstärker und dem Anzeigegerät bzw. Schreibgerät. Zur sicheren Fortleitung des Meßwertes von der Meßzelle bis zum Verstärker müssen sehr gut isolierte, abgeschirmte Leitungen verwendet werden. Ist es nicht möglich, den Verstärker in direkter Nähe der Meßstelle einzubauen, muß ein Kabelanschlußkasten zwischengeschaltet werden. Hierbei sind einige Vorsichtsmaßnahmen zu beachten. Der Anschlußkasten soll gasdicht verschließbar sein, sicherheitshalber ist eine Trockenpatrone mit einem wasseranziehenden Mittel hineinzulegen, um Feuchtigkeit sofort zu adsorbieren. Ebenso soll die Leitung zwischen Anschlußpasten und Verstärker vollkommen abgeschlossen und so abgedichtet sein, daß weder Gas noch Feuchtigkeit in den Verstärker und den Anschlußkasten eindringen kann.

Die Schwierigkeiten, die bei der pH-Messung im Abwasser, in Kläranlagen oder im Gewässer auftreten können, liegen – wie schon erwähnt – in der Verschmutzung und Verölung der Elektrode. Bei der pH-Messung in Abläufen der Beizereien und Galvanisieranstalten können sich Eisen- und Schwermetallverbindungen auf den Glaselektroden abscheiden und diese schnell unwirksam machen. Eine ausgesprochene Korrosion der Elektrodenoberfläche üben Fluorverbindungen aus, die in manchen industriellen Abwässern vorhanden sein können. Der Verschmutzungs- und Verölungsgefahr der Meßelektrode kann man durch den Einbau mechanischer Reinigungsvorrichtungen, entweder mit rotierenden Bürsten oder Gummiwischern, vorbeugen. Bei der Benutzung von Gummiwischern und Bürsten zur Sauberhaltung der Elektroden kann es zu sekundären Einflüssen auf die Glaselektrode kommen, vor allem dann, wenn in dem zu kontrollierenden Abwasser sehr feine kristalline Schlämme vorhanden sind oder sich chemische Reaktionen abspielen, die zu solchen Schlämmen führen. Bei einem Zusammenfluß von schwefelsäurehaltigem und bariumchloridhaltigem Abwasser bilden sich z.B. sehr feine harte Bariumsulfatkristalle, die sich zwischen die Glaselektrode und die Wischeinrichtungen setzen können und schon nach kurzer Zeit die Glaselektrode vollkommen zerstören.

Von den Störungsursachen bei der kontinuierlichen pH-Messung im Abwasser, in den Kläranlagen und im Gewässer sind noch zu nennen:

1. Verstopfung der Zuleitungen zur Elektrode, falls die Messung nicht direkt im Abwasserstrom vorgenommen wird, sondern das Abwasser bzw. Flußwasser zur Meßelektrode gepumpt werden muß oder die Messung im Nebenschluß durchgeführt wird.

2. Leichte Verschmutzung der Elektrode, wodurch die Einstellung des Meßwertes nur sehr träge erfolgt.

3. Nachlassen der Elektrodenfunktion durch chemische Angriffe auf die Elektrode.

4. Eintritt von Feuchtigkeit in die Meßkabel.

Auf Grund dieser Tatsachen müssen pH-Meßgeräte sorgfältig gewartet werden. Die Elektroden sollten im Falle der Messung im Abwasser mindestens einmal in der Woche ausgebaut und gereinigt werden. Es empfiehlt sich eine Spülung mit verdünnter Salzsäure, um mineralische Niederschläge und mit Tetrachlorkohlenstoff, um ölige Bestandteile zu entfernen. Weiterhin ist eine wöchentliche Kontrolle des elektrischen Teiles des pH-Meßgerätes nach den Erfahrungen an den einzelnen Meßstellen alle 14 Tage oder auch nur monatlich einmal notwendig.

Ist an der Meßstelle mit stark schwankenden Wasserständen zu rechnen, ist es zweckmäßig, die pH-Meßelektrode an einem Schwimmer zu befestigen, wie in den Abb. 55 und 56 zu erkennen ist. Es ist dann die Gewähr gegeben, daß die Elektrode immer in das zu prüfende Abwasser eintaucht.

Der Hauptausschuß für Meß- und Kontrolleinrichtungen der Wassergütewirtschaft hat sich sehr eingehend mit der Messung des pH-Wertes befaßt und seine Untersuchungsergebnisse in der Schriftenreihe des Deutschen Arbeitskreises e. V. in den Heften 10 A–C veröffentlicht (Berlin/Bielefeld/München: Erich Schmidt Verlag 1966).

Abb. 55. pH-Meßelektrode an einem Schwimmer befestigt.

Die laufende Kenntnis des Schlammgehaltes bzw. der absetzbaren Stoffe eines häuslichen oder industriellen Abwassers, des Ablaufes einer Kläranlage oder der Schlammführung eines Gewässers ist einmal für die Betriebskontrolle und für die Überwachungsbehörden von Interesse, zum anderen kann sie aber auch für einen Industriebetrieb ebenso bedeutsam sein, um eine Kontrolle zu haben, ob mit dem Abwasser Stoffe der Produktion zum Abfluß kommen. An

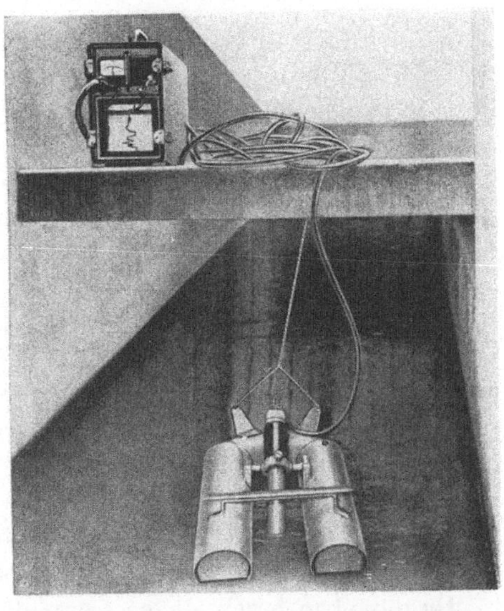

Abb. 56. pH-Eintauchgerät auf einem Schwimmer montiert, oben Meßwertübertrager und Schreiber.

der Ermittlung der Menge und zeitlichen Verteilung der Schlammstoffe im Zulauf einer Kläranlage ist sowohl der Projektbearbeiter als auch der Betriebsleiter der Anlage sehr interessiert. Der Schlammgehalt des Abwassers im Zulauf einer Kläranlage beeinflußt den Betrieb in der täglich

Abb. 57. Gerät nach MÜLLER-NEUHAUS zur kontinuierlichen Messung der absetzbaren Stoffe.

zu fördernden Schlammmenge und in der Belastung der Schlammfaulbehälter ganz erheblich.

In den letzten Jahren sind besonders bei der Emschergenossenschaft und dem Lippeverband mehrere Geräte entwickelt worden, die eine kontinuierliche Bestimmung des Schlammgehaltes gestatten. Die Abb. 57 zeigt ein solches Gerät nach MÜLLER-NEUHAUS, bei dem durch photographische Aufnahmen auf einem Filmstreifen der Schlammgehalt des Abwassers nach 2 Stunden Absetzzeit fixiert wird.

Das Gerät arbeitet folgendermaßen: Eine Durchschnittsprobe des zu untersuchenden Abwassers wird aus ein Sammelgefäß den Absetzgläsern, die an einem rotierenden Tisch befestigt sind, automatisch zugeführt. Vom Einfüllen des Abwassers in das Absetzglas dauert es 2 Stunden, bis sich das betreffende Glas vor dem Photoapparat vorn rechts in Abb. 57 befindet. Dann wird die Kamera automatisch ausgelöst und der Schlammstand im Absetzglas auf den Film aufgenommen. Das photographierte Glas wandert weiter, wird beim automatischen Umkippen geleert und mit sauberem Wasser gespült; es steht dann für die nächste Messung wieder zur Verfügung. Inzwischen sind die weiteren Gläser mit den abgesetzten Schlammstoffen in den gewünschten Zeitabständen am Photoapparat vorbeigewandert und die entsprechenden Aufnahmen gemacht worden. Durch Vorschub des Filmstreifens in der Kamera bekommt man dann ein Bild des Schlammgehaltes des Abwassers im Laufe eines Tages zu den einzelnen Tageszeiten, wie es die Abb. 58 zeigt.

Man erkennt unten auf dem Bild den schwankenden Schlammgehalt des Abwassers zu den verschiedenen Tageszeiten.

Da das eben beschriebene Gerät die Auswertung der Meßergebnisse erst nach der Entwicklung des Filmstreifens, d.h. nach Ablauf einer bestimmten Zeit zuläßt, wurde das Schlammeßgerät von Schniewind in der Weise weiterentwickelt, daß die Menge der in einem Abwasser enthaltenen Schlammstoffe auf photoelektrischem Wege festgestellt wird.

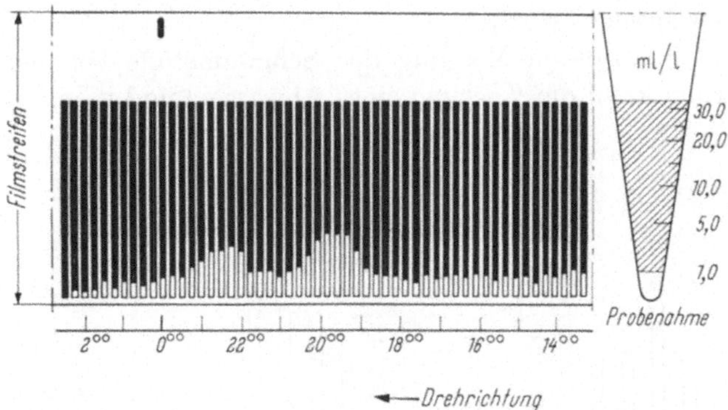

Abb. 58. Meßergebnis der absetzbaren Stoffe im Abwasser (nach Müller-Neuhaus).

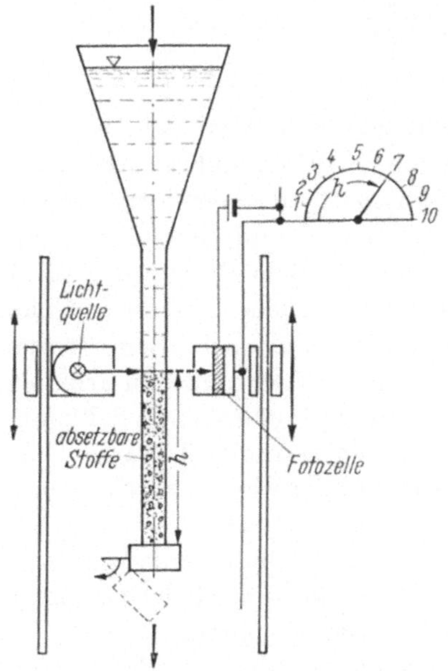

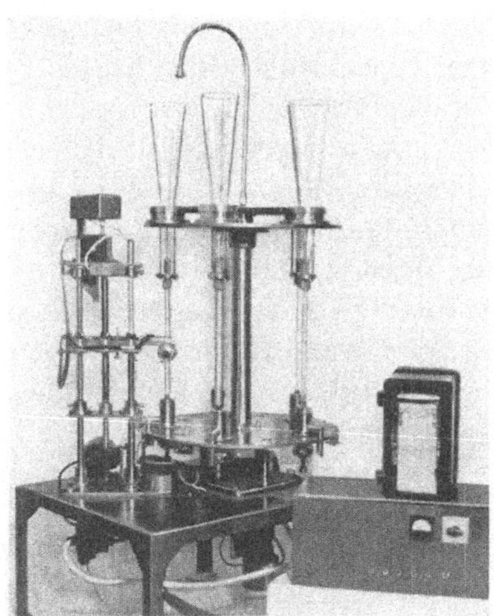

Abb. 59. Schema der photoelektrischen kontinuierlichen Messung der absetzbaren Schlammstoffe.

Abb. 60. Sedimeter.

Die Abb. 59 zeigt ein solches Gerät im Schema und die Abb. 60 das betriebsfertige Gerät (Sedimeter).

Der jeweilige Schlammstand im Absetzrohr wird durch eine entsprechende elektrische Steuervorrichtung auf einen Schreiber übertragen, so daß eine laufende Messung und Ablesung des Schlammgehaltes im Abwasser nach einstellbaren Absetzzeiten möglich ist. Die Entleerung und Säuberung des Absetzglases erfolgt ebenfalls automatisch.

Die Abb. 61 zeigt einen Schreibstreifen der Messung der absetzbaren Stoffe nach diesem Prinzip.

Neben der direkten Messung der Schlammstoffe bei gleichzeitiger Registrierung kann die *Trübung* eines Abwassers und damit gegebenen-

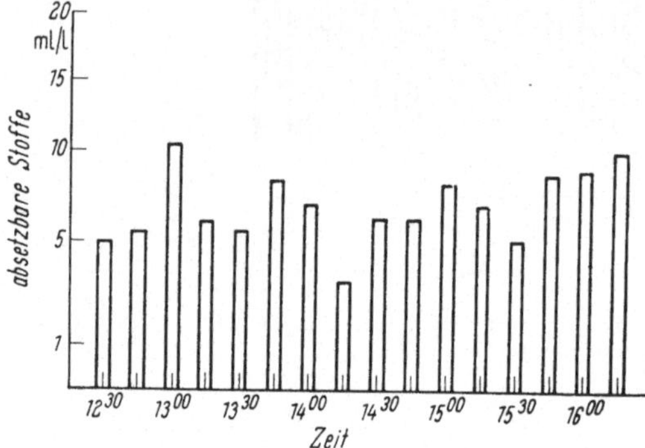

Abb. 61. Meßergebnis der absetzbaren Schlammstoffe im Abwasser (nach SCHNIEWIND).

falls der Schlammgehalt auch durch lichtelektrische Messungen entweder durch Lichtabsorption oder Lichtreflexion gemessen und registriert werden. Nach den bei der Emschergenossenschaft und dem Lippeverband durchgeführten Untersuchungen benutzt man für die lichtelektrischen Messungen zweckmäßig solche Geräte, die auf dem Prinzip der Lichtabsorption beruhen, da dann die Farbe der in einem Abwasser vorhandenen Trübungs- bzw. Schlammstoffe keine Rolle spielt. Benutzt man zur Messung Geräte, die nach dem Prinzip der Lichtreflexion arbeiten, dann ist es nicht möglich, dunkel gefärbte Trübungs- bzw. Schlammstoffe einwandfrei zu bestimmen, da das eingestrahlte Licht von den dunklen Inhaltsstoffen eines Abwassers mehr oder weniger stark, ja u. U. vollkommen absorbiert wird.

Für die Trübungsmessungen sind in den letzten Jahren die Trübungsmeßgeräte der Fa. Sigrist und der Fa. Askania im Bereich der Gewässer- und Abwasserkontrolle mit gutem Erfolg erprobt worden.

Die Abb. 62 zeigt im Schema, wie in einem freifallenden Wasserstrahl bei dem Gerät von Sigrist die Messung mittels einer Lichtquelle und einer Photozelle durchgeführt wird. Ursprünglich wurde das zu prüfende Wasser bzw. Abwasser während der Messung durch ein Glasrohr geleitet. Es zeigte sich aber sehr bald, daß das Rohr auf der Innenseite sehr schnell durch ölige und fettige Abwasserinhaltsstoffe verschmierte und verschlammte und sich dann Fehlmessungen ergaben. In den neuen Modellen ist kein Glasrohr mehr vorhanden. Die Messung erfolgt nach einem

Vorschlag von KNOP und HUSMANN, wie schon erwähnt, in einem freifallenden Wasserstrahl, wodurch alle Betriebsschwierigkeiten durch Verölung und Verschlammung ausgeschlossen sind. In der Abb. 63 ist das betriebsfertige Gerät der Fa. Sigrist zu erkennen. Das zu untersuchende

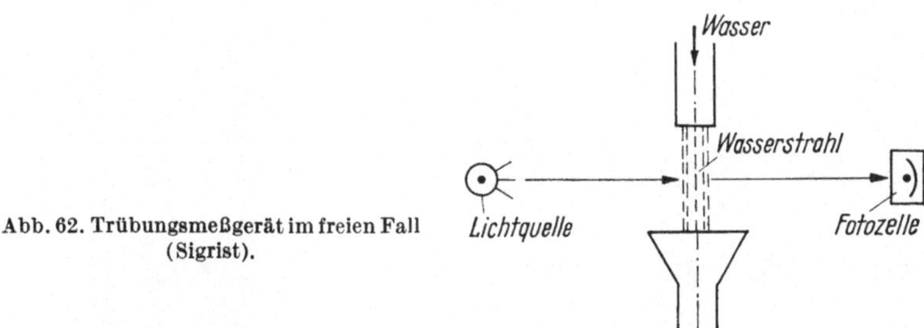

Abb. 62. Trübungsmeßgerät im freien Fall
(Sigrist).

Wasser oder Abwasser muß allerdings durch das Gerät gepumpt werden. Dabei ist darauf zu achten, daß sich der Saugkopf der Saugleitung nicht verstopft. Das Gerät eignet sich nach den bisherigen Erfahrungen gut für die Bestimmung feiner Schlammstoffe im Abwasser und auch zur Kontrolle der Abläufe mechanischer und biologischer Reinigungsanlagen.

Abb. 63. Trübungsmeßgerät „Sigrist"
(rechts die Einrichtung zur Messung im
freifallenden Wasserstrahl).

Das Gerät ist selbstverständlich so konstruiert, daß Eigentrübungen und Eigenfärbungen des Fluß- bzw. Abwassers kompensiert werden. Die Anzeigeskala ist links unten auf dem Bild zu erkennen. Man eicht sie so, daß der Gehalt an Schlammstoffen in ml/l abzulesen ist.

Das Trübungsmeßgerät der Fa. Askania verwendet ebenfalls die Lichtabsorption. Das Meßprinzip ist in der Abb. 64 zu erkennen. Das Meßgerät wird in das zu untersuchende Gewässer oder Abwasser eingehängt, wodurch das Pumpen durch das Gerät vermieden wird. Über ein

Kabel ist es mit dem Anzeigegerät rechts im Bild verbunden. Die Abb. 65 zeigt das Gerät, wie es heute im Einsatz ist. Schwierigkeiten ergaben sich znächst in der Sauberhaltung der Fenster vor der Lichtquelle und der Photozelle. Durch den Einbau einer diskontinuierlichen Wischvor-

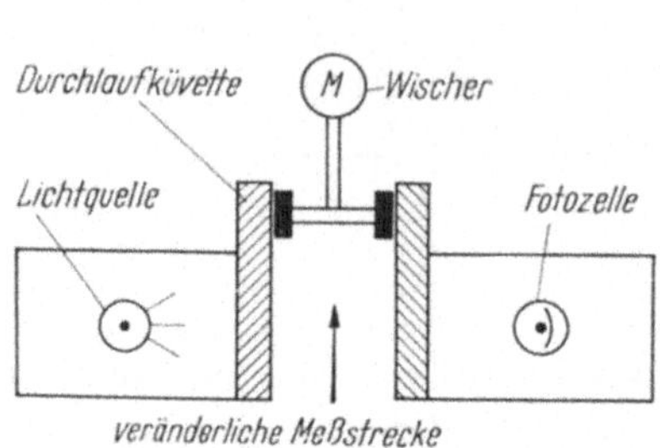

Abb. 64. Schema des Trübungsmeßgerätes (Askania).

Abb. 65. Trübungsmeßgerät „Askania" mit Motor zur Reinigung der Küvettenfenster.

richtung können diese Schwierigkeiten aber weitgehend ausgeschaltet werden. Die Durchtrittsöffnung für das Fluß- bzw. Abwasser ist so groß gewählt, daß Verstopfungen nicht eintreten können.

In sehr eingehenden Vergleichsuntersuchungen sind beide Geräte auf ihre Leistungsfähigkeit und Meßgenauigkeit unter den verschiedensten

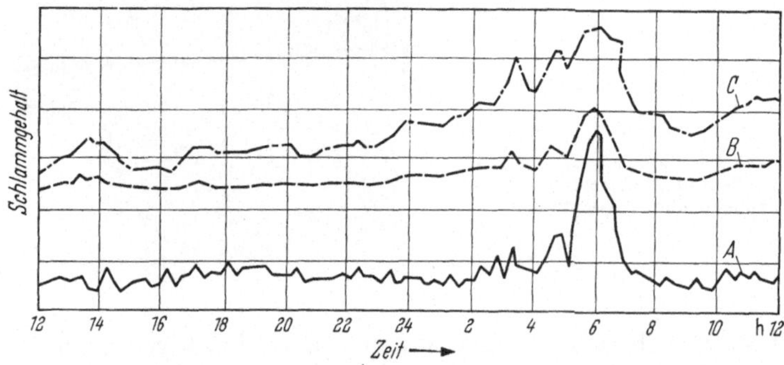

Abb. 66. Vergleichsmessungen der Trübungen mit zwei verschiedenen Meßgeräten (Sigrist und Askania) auf der Basis der Lichtabsorption. Die durch Schlammstoffe hervorgerufene Trübung des Wassers kann auf den Gehalt an absetzbaren Stoffen (ml/l) umgerechnet werden.

Bedingungen der Praxis geprüft worden. In der Abb. 66 sind die Ergebnisse von Absorptionsmessungen mit den beiden Geräten bei der laufenden Kontrolle eines stark mit Schlammstoffen verschmutzten Gewässers aufgetragen. Die Linie A gibt den Verlauf der Schlammgehaltskurve gemessen in Absetzgläsern nach IMHOFF, volumetrisch stündlich im Bachlauf im Verlauf von 24 Stunden gemessen, wieder; die Linie B die Meßergebnisse mit dem Sigrist-Gerät und die Linie C diejenige, die mit dem Askania-Gerät erhalten wurden. Der Verlauf der einzelnen Kurven der beiden Geräte und der in den Absetzgläsern direkt festgestellten Schlammgehaltskurve des Wassers zeigt eine gute, für den praktischen Betrieb ausreichende Übereinstimmung. Es sei aber in diesem Zusammenhang darauf hingewiesen, daß vor der Inbetriebnahme für jede Schlammart und für jedes der beiden Geräte eine Eichkurve aufgestellt werden muß, die die Relation zwischen Lichtabsorption und Schlammgehalt, ausgedrückt in ml/l, wiedergibt.

Die Messung und Kenntnis der *elektrischen Leitfähigkeit* des Abwassers oder des Gewässers gibt die Möglichkeit, den Grad der gelösten mineralischen Verschmutzung zu berechnen. Diese mineralische Verschmutzung wird in der Gewässerkunde und in der Wasser- und Abwasserreinigungstechnik auch als Versalzung bezeichnet. Bei den anstehenden Meßproblemen handelt es sich um die Messung von Ionen bekannter Verteilungsverhältnisse. Vielfach kann man auf Grund der bekannten Ionenverteilung die Leitfähigkeitsanzeige für bestimmte Gewässer oder Abwässer an den einzelnen Meßstellen auf ein bestimmtes Salz im Wasser, z.B. Kochsalz (NaCl) beziehen. Unter den in Fluß- und Abwässern enthaltenen Kationen nehmen die Natriumionen mengenmäßig die erste Stelle ein; ihnen folgen die Calcium-, Magnesium-, Kalium-, Eisenionen usw. Das Häufigkeitsverhältnis, in dem die Kationen bzw. Anionen zueinander stehen, hängt von der Natur und dem Ursprung des Wassers ab. Bestimmte Industrien können den Gehalt an Natrium-, Magnesium-, Calcium- oder Chlorid- und Sulfationen eines Fluß- und Abwassers erheblich erhöhen.

Der Grad und die Art der Versalzung entscheiden über die Verwendung eines Flußwassers zu Trinkwasserzwecken oder über die industrielle und landwirtschaftliche Nutzung. Abwasser mit hohem Salzgehalt ist spezifisch so schwer, daß es in den Absetzanlagen als Polster hängen bleibt und damit den wirksamen Klärraum für nachfolgendes spezifisch leichteres Abwasser so weit vermindert, daß sich eine unzureichende Klärwirkung ergibt. Fließt ein spezifisch schweres Abwasser in eine zweistöckige Kläranlage ein, wie sie ein Emscherbrunnen darstellt, dann fällt dieses Abwasser durch die Schlitze zwischen Absetzraum und Faulraum in den Faulraum ab. Eine entsprechende Menge an meist schwarz gefärbtem Faulraumwasser wird verdrängt und gelangt mit in den Ablauf der Kläranlage. Die Klärwirkung der Anlage wird dann erheblich verschlechtert.

Überschreitet der Salzgehalt eines Abwassers bestimmte Grenzen, so kann er z.B. das Pflanzen- oder Tierleben eines Gewässers gefährden oder vollkommen zerstören. Das stoßartige Auftreten von Salzkonzentration im Abwasser kann die Tätigkeit der Mikroorganismen in einer biologischen Reinigungsanlage infolge eintretender Plasmolyse stark hemmen oder auch vollkommen lahmlegen (s. Abschn. VI.). Auf die Betonkorrosion durch Sulfationen wurde schon in der Einleitung hingewiesen.

Der kontinuierlichen Messung der Versalzung eines Wassers oder Abwassers kommt daher aus den obengenannten Gründen erhebliche Bedeutung zu.

Der Aufbau der Meßeinrichtung zur Bestimmung der Leitfähigkeit, d.h. des Salzgehaltes, besteht aus der Meßzelle mit den Elektroden und dem Widerstandsthermometer der Temperaturkompensation, dem Verstärker und dem Registriergerät. Während Temperaturkompensation, Verstärker und Registriergerät heute keine nennenswerten Fehlerquellen mehr haben und zu keinen Schwierigkeiten bei den Messungen führen, muß bei der Leitfähigkeitsmessung in Fluß- und Abwässern auf die geeignete Elektrodenkonstruktion besonders geachtet werden. Aus der langjährigen Erfahrung der Emschergenossenschaft und des Lippeverbandes ist zu sagen, daß sich Meßzellen, bei denen die Elektroden in das Flußwasser oder Abwasser eintauchen, für die Bestimmung der Leitfähigkeit im Wasser und Abwasser nicht eignen. Die Elektrodenoberflächen überziehen sich auch bei einem äußerlich sauber erscheinenden Flußwasser innerhalb weniger Tage mit einer schleimigen Schicht. Im Abwasser können die Elektroden u.U. je nach der Art und Zusammensetzung des Abwassers schon nach wenigen Stunden unbrauchbar werden. Hierdurch wird die Widerstandskapazität der Elektroden verändert und das Gerät zeigt falsch an. Es wurde eine Reihe automatischer Reinigungsvorrichtungen für die Elektroden konstruiert, aber in der Praxis haben Meßzellen mit frei im Flußwasser und Abwasser befindlicher Elektrodenoberfläche auch nach gründlicher mechanischer Vorreinigung immer wieder versagt. So gut derartige Apparaturen auch in Kesselspeisewässern, Kondensaten, Trinkwässern usw. funktionieren, für die kontinuierliche Abwasser- und Gewässeruntersuchung sind sie nicht geeignet.

Ein Meßgerät, das die genannten Schwierigkeiten nicht bereitet, ist das *Dephimeter* (Fa. Krone, Duisburg). Es hat sich zur Messung der Leitfähigkeit bzw. zur Bestimmung des Salzgehaltes in Fluß- und Abwässern jeder Art bestens bewährt und dürfte auch geeignet sein, die Leitfähigkeit und damit den Salzgehalt in flüssigen Schlämmen festzustellen. Das Gerät enthält im Geber, d.h. im eigentlichen Meßgerät, eine „elektrodenlose" Meßzelle, sog. „Fühler". „Elektrodenlos" bedeutet in diesem Falle, daß das Fluß- oder Abwasser nicht mit den stromführenden Teilen in Berührung kommt und eine Verschmutzung der Elektrodenoberflächen ausgeschaltet wird. Eines dieser Geräte war in einer Kontrollstation ein volles Jahr in Betrieb, ohne daß eine Reinigung der Fühler notwendig wurde.

Die Fühler bestehen aus einem isolierten Glasrohr, das innseitig schmutzabweisend silikonisiert ist. Das Wasser fließt von unten nach oben durch das Meßgerät. Als Elektroden dienen ein auf die Außenseite

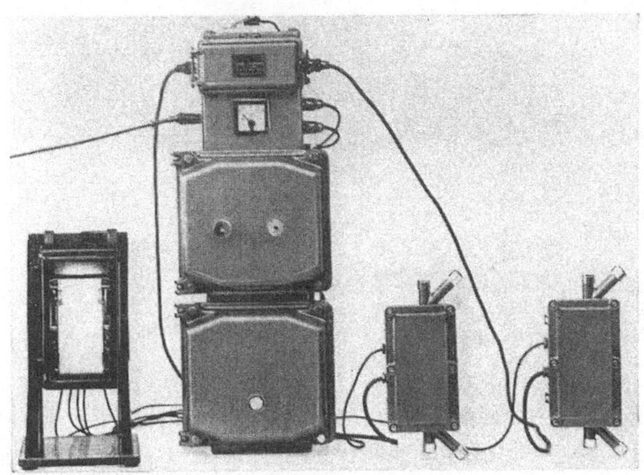

Abb. 67. Leitfähigkeitsmeßgerät „Dephimeter"; von links nach rechts: Schreiber, Meßgerät, 2 Fühler.

des Glasrohres aufgebrachter Metallbelag und die auf Erdpotential gebrachten Metallrohre der Wasserzuleitungen. Der vollständige Verzicht auf frei im Wasser hängende Elektroden ist durch die hohe Meßfrequenz möglich.

Der Temperaturfehler wird in dem Gerät durch einen eingeschalteten NTC-Widerstand kompensiert. Die Temperaturkompensation läßt sich auf einen Ausgleich von Schwankungen um $\pm 5\,°C$ von der Bezugstemperatur einstellen. Diese muß für die jeweilige Meßstelle zu den verschiedenen Jahreszeiten bzw. für verschieden warme Abwässer bestimmt werden.

Die Abb. 67 zeigt ein solches Gerät, bestehend aus Schreibgerät, Meßgerät und 2 Fühlern, von denen der eine z.B. für einen Meßbereich von 10–100 mg/l und der andere auf 100–500 mg/l NaCl oder andere Bereiche und andere Salze geeicht werden kann. Bei stark wechselnden Salzgehalten schalten sich die Fühler automatisch auf den entsprechenden Meßbereich um.

Die neuere Bauart der Fa. Krone, Duisburg, (Abb. 68) ist viel leichter und handlicher geworden.

Bei der Überwachung der Gewässer und Abwässer hat es sich als praktisch erwiesen, nicht die Leitfähigkeit, ausgedrückt in Mikrosiemens

(μS), als Meßwerte zu benutzen. Es ist zweckmäßig, die Leitfähigkeitswerte auf das an der entsprechenden Meßstelle vorwiegend vorhandene Salz, z. B. Kochsalz (NaCl) zu beziehen. Dabei muß man sich aber im klaren sein, daß nur die Leitfähigkeitswerte absolut richtig sind. Bei der

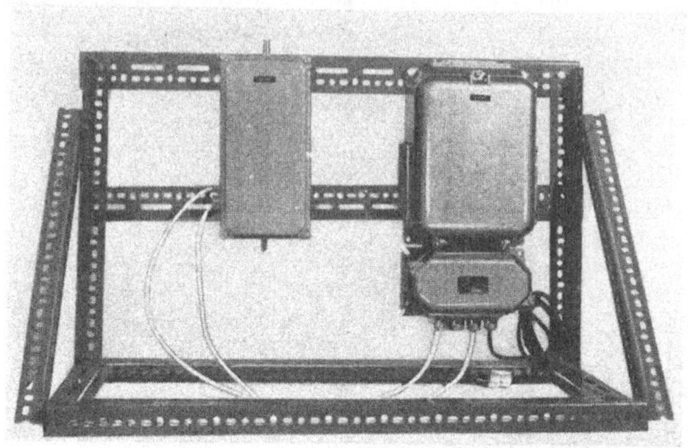

Abb. 68. Dephimeter
neuerer Bauart.

Umrechnung der Leitfähigkeitswerte auf z. B. NaCl (Kochsalz) kann je nach der Zusammensetzung des Wassers ein Fehler auftreten, da bei einer solchen Berechnung z. B. kleinere Mengen von Magnesiumchlorid ($MgCl_2$) und Calciumchlorid ($CaCl_2$) sowie vorhandene Sulfate und andere Salze nicht mit erfaßt werden. Bei der Kontrolle salzhaltiger Wässer kann dieser Fehler in den meisten Fällen in Kauf genommen werden, wenn nur ein ganz bestimmtes Salz den größten Teil der Versalzung ausmacht.

Für die Praxis der Abwasser- und Gewässerüberwachung ist im Falle der Salzgehaltskontrolle die Messung absoluter Werte nur selten erforderlich, da die Aufgabe des Meßgerätes meistens in der Anzeige von Schwankungen und stoßweisen Belastungen liegt. In speziellen Fällen kann jedoch auch der absolute Kochsalzgehalt aus der Leitfähigkeit mit Hilfe eines Umrechnungsfaktors in mg/l angegebenen werden, wenn ausschließlich Kochsalz vorliegt und der entsprechende Faktor durch Vergleich der Geräteanzeige mit den chemisch ermittelten Konzentrationen errechnet wird. Der Umrechnungsfaktor kann ebensogut für andere Salze, z. B. Chlorcalcium, Magnesiumchlorid, Natriumsulfat, Calciumsulfat usw., ermittelt werden.

Im Emscher- und Lippegebiet wird die mineralische Verschmutzung der Abwässer und Gewässer z. B. durch die aus den Bergwerken gepumpten Grubenwässer stark beeinflußt. Die Versalzung besteht im wesentlichen aus Kochsalz. Die Abb. 69 zeigt den Kochsalzgehalt der Emscher an der Mündung in den Rhein im Verlauf von 24 Stunden. Die dick ausgezogene untere Kurve gibt den Kochsalzgehalt (NaCl) wieder, wie er in den einzelnen Stunden analytisch ermittelt worden ist. Die gestrichelte obere Linie zeigt die Kochsalzwerte, die mit dem Dephimeter gemessen wurden. Man erkennt, daß beide Kurven gut parallel verlaufen.

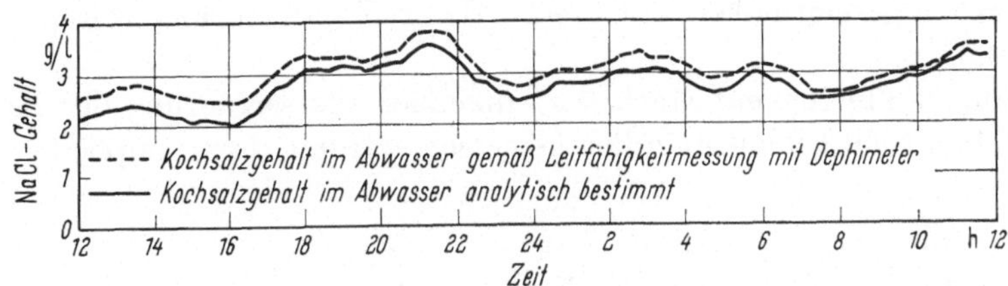

Abb. 69. Vergleich zwischen dem analytisch bestimmten Gehalt an NaCl in einem Gewässer mit den NaCl-Werten aus der Dephimetermessung.

Der Faktor, mit dem die in der Emscher und der Lippe an der Mündung in den Rhein durchgeführten Dephimetermessungen multipliziert werden müssen, um die Meßergebnisse in mg NaCl/l auf dem Schreibgerät auszudrücken, liegt nach den Untersuchungen von HUSMANN,

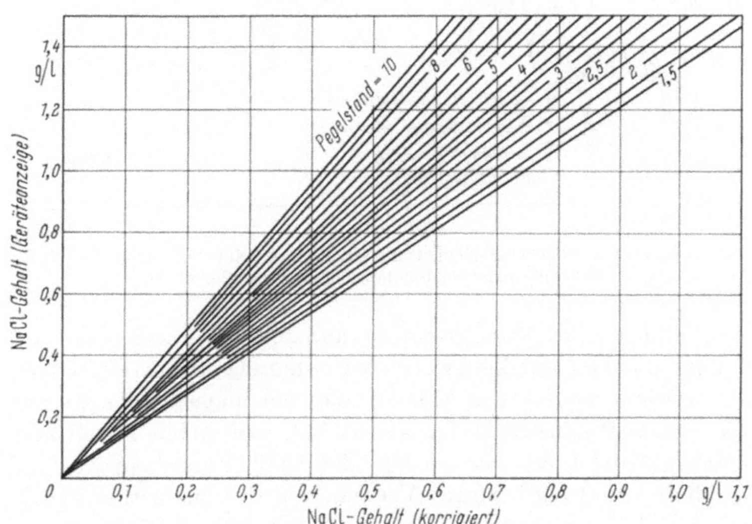

Abb. 70. Nomogramm zur Umrechnung der Leitfähigkeit in NaCl-Gehalt unter Berücksichtigung der Wasserführung eines Gewässers.

SCHOCH und KRONE zwischen 0,7 und 0,9. Diese Werte sind für Einzugsgebiete mit gleichbleibender mineralischer Abwasserbelastung, wie sie im Emscher- und Lippegebiet vorhanden ist, relativ konstant. Sie können sich aber in der jahreszeitlichen Abhängigkeit der Wasserführung eines Gewässers ganz erheblich verschieben. Dies ist vor allem bei großen Flüssen, z. B. für den Rhein, der Fall, der ja neben Kochsalz noch viele andere mineralische Stoffe schwankender Konzentration enthält. Der Kochsalzumrechnungsfaktor schwankt hier, wie eingehende Untersuchungen gezeigt haben, entsprechend der Wasserführung zwischen 0,4 und 0,8.

Soll in Flüssen mit stark schwankender Wasserführung der Kochsalzgehalt (NaCl) kontinuierlich gemessen werden, dann empfiehlt sich

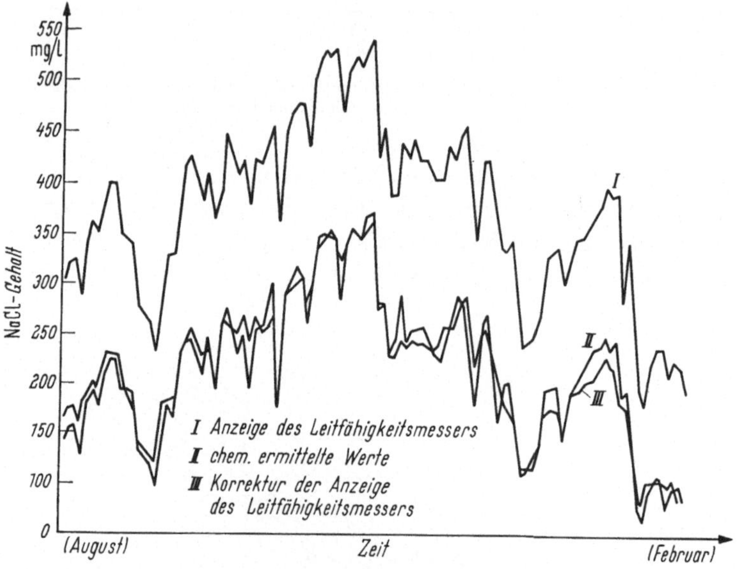

Abb. 71. Auswertung der Leitfähigkeitsmessung mit Hilfe des Nomogramms (Abb. 47) und Vergleich mit den chemisch bestimmten NaCl-Gehalten.

die Aufstellung eines Nomogrammes, aus dem dann z. B. die NaCl-Gehalte über die Leitfähigkeitswerte bei entsprechendem Pegelstand abgelesen werden können. Die Abb. 70 zeigt ein solches Nomogramm, das für die untere Rheinstrecke Gültigkeit hat. Bei einem Pegelstand von z. B. 10 ergäbe sich aus der Anzeige des Dephimeters ein NaCl-(Kochsalz-)Gehalt von 1,5 g/l. Unter Verwendung des zu diesem Pegelstand gehörenden Faktors beträgt der tatsächliche NaCl-(Kochsalz-)Gehalt aber nur etwa 0,65 g/l. Die Mehranzeige aus dem Dephimeter von etwa 0,95 g/l ist nicht auf Kochsalz (NaCl), sondern andere mineralische Stoffe zurückzuführen. In der Abb. 71 ist die Auswertung einer kontinuierlichen Leitfähigkeitsmessung im Rhein in der Zeit von August 1957 bis Februar 1958 mit Hilfe des Nomogrammes der Abb. 70 aufgetragen. Die Kurve II zeigt die tatsächlich analytisch festgestellten Chloridwerte des Rheins, umgerechnet auf Kochsalz (NaCl). Bei einer Umrechnung der im Dephimeter laufend registrierten Mikrosiemenswerte auf Kochsalz (NaCl) würden sich die Werte der Kurve *I* ergeben, d.h. viel zu hohe Werte. Unter Benutzung des Nomogramms bei den einzelnen Pegelständen bzw. der Wasserführungen im Rhein (s. Abb. 70) ließen sich dann die Werte der Kurve *III* errechnen, die praktisch mit den analytish bestimmten Kochsalzwerten übereinstimmen. Die Genauigkeit der Meßmethode unter Anwendung derartiger Umrechnungsfaktoren liegt bei etwa 10%, reicht aber damit für die Praxis der Abwasser- und Gewässerüberwachung aus.

Auf die Bedeutung, die der im Wasser und Abwasser gelöste Sauerstoff für die chemischen und biologischen Vorgänge hat, wurde schon an anderer Stelle hingewiesen.

In vielen Fällen der Gewässerüberwachung und der Abwassertechnologie ist es wünschenswert, den im Vorflutwasser bzw. im Abwasser *gelösten Sauerstoff* laufend zu messen. Die Mehrzahl aller in Flüssen und Seen auftretenden Fischsterben sind auf Sauerstoffmangel zurückzuführen. Oft sind es die mit dem Abwasser eingeleiteten Schmutzstoffe, die direkt zum Sauerstoffschwund im Gewässer führen, bisweilen tritt ein Sauerstoffmangel aber erst auf, wenn sich die Abwasserschmutzstoffe in der Vorflut chemisch und biologisch umsetzen.

Auch bei der Kontrolle und der Steuerung der Belüftung von Schlammbelebungsanlagen kommt schon aus energiewirtschaftlichen Gründen den kontinuierlichen Sauerstoffmessungen eine große Bedeutung zu.

Die Abbauleistung einer Schlammbelebungsanlage ist energiewirtschaftlich entsprechend der jeweiligen Abwasserkonzentration und dem zu erzielenden Reinigungseffekt im wesentlichen durch zwei Faktoren zu beeinflussen:

1. durch die Steuerung und Einhaltung des Belebtschlammgehaltes im Belüftungsbecken, angepaßt an die Konzentration des Abwassers,

2. durch die automatische Einstellung und Einhaltung des notwendigen Sauerstoffgehaltes im Belüftungsbecken, der wiederum durch den Schlammgehalt, die Schlammaktivität und die Abwasserkonzentration bedingt ist.

Die kontinuierliche Einstellung und Steuerung des Schlammgehaltes in einem Belüftungsbecken kann unter Verwendung der schon beschriebenen automatischen Schlammgehaltsbestimmungsgeräte in zweckentsprechender Abänderung leicht durchgeführt werden. Die Abb. 72 stellt im Schema ein solches Gerät nach SCHNIEWIND dar. Die Meßküvette wird mit dem zu prüfenden Schlammwassergemisch aus dem Belebungsbecken automatisch gefüllt. Nach einer festgesetzten Absetzzeit tastet eine Photozelle den Schlammstand ab und registriert diesen auf ein Schreibgerät. Nach abgeschlossener Messung wird durch das unten an der Meßküvette befindliche Ventil die neu zu messende Probe zugeführt.

Die Abb. 73 zeigt ein betriebsfertiges Gerät.

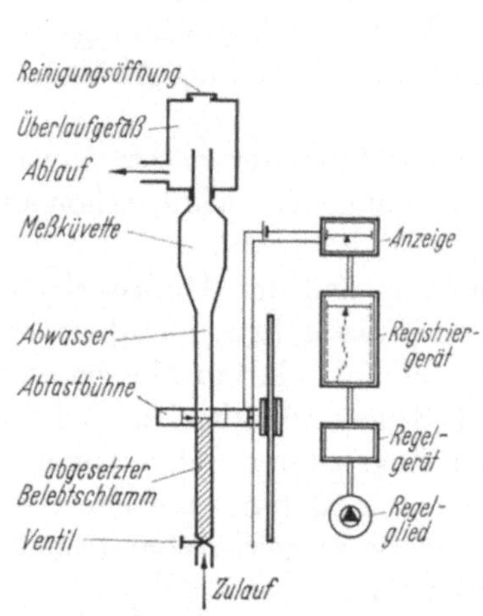

Abb. 72. Kontinuierliches Schlammmeßgerät im Schema (nach SCHNIEWIND).

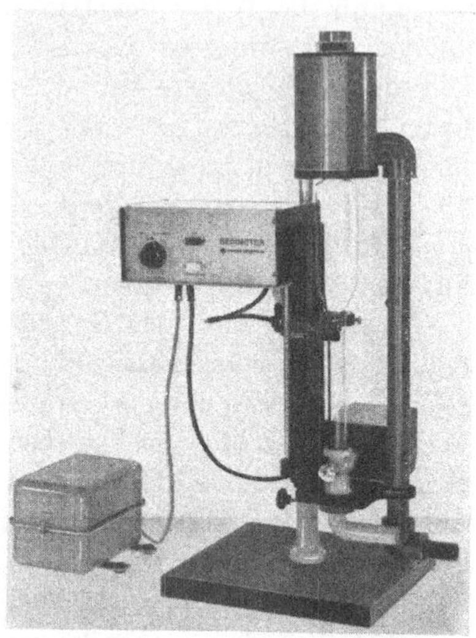

Abb. 73. Gerät zur kontinuierlichen Messung des Schlammgehaltes im Belebungsbecken (nach SCHNIEWIND).

Seit einer Reihe von Jahren wird den Problemen der *kontinuierlichen Sauerstoffmessung* große Aufmerksamkeit gewidmet. Die bekannten Methoden zur Bestimmung des im Gewässer und im Abwasser gelösten Sauerstoffs beruhen auf drei meßtechnischen Grundprinzipien:

1. der Photometrie,

2. dem Phasenaustausch mit anschließender Bestimmung des Sauerstoffgehalts,

3. der Elektrochemie.

Die *photometrischen Methoden* sind nur für reines, sauberes Wasser geeignet. Sie scheiden für die Messung im Abwasser bzw. Abwasser-Belebtschlamm-Gemisch aus, da der eigentlichen Messung eine Aufbereitung des Wassers vorhergehen muß, um Fest- und Trübstoffe zu entfernen, d. h. das Wasser „photometerrein" zu machen. Fällungs- und Filtrationsstufen auf dem Weg zwischen Entnahmestelle und Meßstelle bzw. Meßgerät vergrößern die sog. Todzeit, während der beim Abwasser und vor allem bei aktiven Belebtschlämmen unkontrollierbare Sauerstoffzehrungen auftreten können. Es ergeben sich dann falsche Meßwerte. Photometrische Meßmethoden sind vielleicht für vollkommen saubere und klare Gewässer anwendbar.

Bei den *Verfahren des Phasenaustausches* wird der im Wasser gelöste Sauerstoff mit einem Inertgas ausgetrieben und anschließend der Sauerstoffgehalt im Inertgas paramagnetisch bestimmt. Als Inertgas werden z.B. Stickstoff oder Propan verwendet. Für die paramagnetische Messung hat das Magnos-Gerät der Fa. Hartmann & Braun gute Dienste geleistet. Die paramagnetische Sauerstoffmessung beruht auf dem Prinzip, daß in einem Nebenschluß des zu messenden Gas-Luft-Stromes

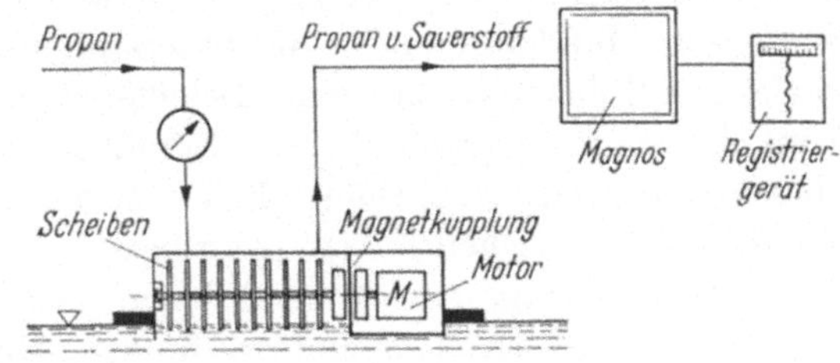

Abb. 74. Sauerstoffmessung im Phasenaustausch mit dem Chlorator-Gerät.

durch Anlegung eines Magnetfeldes eine vom Sauerstoffgehalt abhängige Strömung hervorgerufen wird. Die durch diese Strömung bewirkte Abkühlung eines beheizten Widerstandes kann in Relation zum Sauerstoffgehalt des Gas-Luft-Gemisches gesetzt werden.

Bei den Phasenaustauschverfahren muß auf die Arbeiten von EBBINGHAUS und AXT hingewiesen werden. Beide lieferten wesentliche Grundlagen für die Weiterentwicklung des Verfahrens und der einzusetzenden Geräte.

Bei der praktischen Messung des Sauerstoffgehalts im Belebtschlamm-Abwasser-Gemisch wurden bisher gute Erfahrungen mit einem Gerät der Fa. Chlorator GmbH. gemacht, das in der Abb. 74 im Schema dargestellt ist. Kennzeichnend für dieses Gerät ist eine spezielle Konstruktion des Phasenaustauschers. Dieser besteht aus einem auf der Wasseroberfläche schwimmenden rotierenden Scheibenwascher. Eine Anzahl von Scheiben ist in kurzen Abständen auf einer langsam rotierenden Welle angeordnet. Diese Scheiben tauchen etwa zur Hälfte in das Wasser bzw. Abwasser ein, eine Haube schließt die Scheiben gegen die Luftatmosphäre ab. Unter der Haube wird Propan als Inertgas durchgeleitet. An den rotierenden Scheiben haftet ein Wasserfilm mit dem Sauerstoffgehalt, wie er im Abwasser bzw. Abwasser-Belebtschlamm-Gemisch vorhanden ist. Bei konstantem Durchleiten des Inertgases diffundiert der im Wasserfilm gelöste Sauerstoff entsprechend eines konzentrationsabhängigen Gleichgewichtes in die Inertgasphase. Diese sauerstoffbeladene Inertgasphase wird in einen Sauerstoffanalysator (Magnos-Gerät) geleitet und der Sauerstoffgehalt auf Grund des paramagnetischen Verhaltens des Sauerstoffs gemessen.

Nachteile der genannten Meßanordnung sind eigentlich nur in dem Umstand zu sehen, daß nicht im Belüftungsbecken einer Schlammbelebungsanlage selbst gemessen werden kann, sondern im Nebenschluß oder in der Ablaufrinne des Belüftungsbeckens, da aus dem unter dem Phasenaustauscher hindurchfließenden Wasser, das auf seinen Gehalt an gelösten Sauerstoff geprüft werden soll, keine Luftblasen mehr aufsteigen dürfen, die sich aus leicht verständlichen Gründen ergeben.

Die praktische Anwendung der kontinuierlichen paramagnetischen Sauerstoffmessungen mit dem Magnos-Gerät kann in der Klärtechnik vielseitig sein. Man kann mit ihr die Sauerstoffausnutzung der in ein Gewässer oder Belüftungsbecken einer Belebtschlammanlage eingeblasenen Luft messen. Es ist möglich, die Sauerstoffausnutzung der Luft in einer Belebtschlammanlage in Abhängigkeit von der organischen, biologisch abbaufähigen organischen Substanz zu bestimmen und schließlich auch den Sauerstoffeintrag von verschiedenen Belüftungssystemen (z.B. Druckluft- oder Oberflächenbelüfter) in das Abwasser zu überprüfen (s. Abschn. IV.).

Die Betriebskosten von Schlammbelebungsanlagen werden im wesentlichen durch den Energieverbrauch für die notwendige Belüftung des Abwassers bestimmt. Es besteht daher ein großes wirtschaftliches Interesse, durch Verbesserung der Technik des Sauerstoffeintrags in einer Schlammbelebungsanlage den Energiebedarf der Kläranlage herabzusetzen. Der Vergleich der verschiedenen Belüftungssysteme, z.B. grob-, mittel- oder feinblasige Druckbelüftung oder auch Oberflächenbelüftung durch Kreisel oder Paddel wird jedoch dadurch, daß die bisher übliche Methode der Messung des Sauerstoffeintrags nicht unter den normalen Betriebsbedingungen einer Schlammbelebungsanlage durchgeführt werden konnte, erschwert. Die Menge des in den Belebtschlammanlagen beanspruchten Sauerstoffs ist für bestimmte Abbauleistungen von vielen Faktoren abhängig, z.B. von der Art des Abwassers, der Höhe der Belastung der Anlage, der Belüftungszeit, der im Belebungsbecken vorhandenen Schlammenge, vom Schlammalter und noch manchen anderen Faktoren.

Die z.Z. übliche Messung des auf die Kilowattstunde bezogenen Sauerstoffeintragsvermögens geht im allgemeinen von einem weitgehend sauerstofffrei gemachten Reinwasser aus, wobei die Sauerstoffanreicherung nach einer bestimmten Belüftungszeit festgestellt wird. Als Funktion des Sauerstoffdefizits zu Beginn und am Ende des Versuchs ergibt sich dann nach einer von PASVEER entwickelten Formel der sog. OC-Wert (Oxygen-Capacity-Sauerstoffeintragungsvermögen). Die einwandfreie Feststellung dieses Wertes ist nur möglich, wenn während des Meßvorgangs keine chemische oder biochemische Sauerstoffzehrung stattfindet oder aber zumindest die während des Meßvorgangs erfolgte Zehrung bekannt ist. Diese Voraussetzungen zur Messung waren jedoch beim laufenden Betrieb einer Schlammbelebungsanlage nicht gegeben. Es ist fraglich, inwieweit die in einem zehrungsfreien Wasser gemessenen Werte auf die praktischen Betriebsverhältnisse übertragen werden können. Bekanntlich werden der Sättigungswert und das Sauerstoffeintragungsvermögen durch die im Abwasser gelösten Stoffe, die während des Klärvorgangs zum Teil abgebaut werden, stark beeinflußt. In diesem Zusammenhang sei auch darauf hingewiesen, daß die Detergentien (synthetische Waschmittel) den Sauerstoffeintrag in hohem Maße beeinflussen können. Bei der Emschergenossenschaft und dem Lippeverband wird der Sauerstoffeintrag in die Belüftungsbecken der Schlammbelebungsanlagen durch paramagnetische Messung des Sauerstoffgehaltes der durchgesetzten Luft im praktischen Betrieb festgestellt, ein Verfahren, das auch in England schon zur Anwendung gekommen ist.

Die Sauerstoffausnutzung der eingeblasenen Luft kann mit dem Magnos-Gerät natürlich nur dort bestimmt werden, wo der Sauerstoffeintrag durch Einblasen von Luft in das Abwasser erfolgt.

Wie die Abb. 75 zeigt, kann beispielsweise in einer Schlammbelebungsanlage die entweichende Luft mit einer kleinen, im Vordergrund des Bildes zu erkennenden Glocke, die über die ganze Oberfläche zu be-

Abb. 75. Luftauffangglocken
in Belebungsanlagen.

wegen ist, an einzelnen Stellen der Beckenoberfläche aufgefangen und paramagnetisch der Sauerstoffgehalt mit dem Magnos-Gerät bestimmt werden. Es besteht aber auch die Möglichkeit, die austretende Luft durch eine Abdeckung über die ganze Breite des Belüftungsbeckens aufzufangen und zu messen, wie es im Hintergrund des Bildes zu erkennen ist. Bei der Verwendung der beweglichen Glocke kann festgestellt werden, ob die Ausnutzung des Luftsauerstoffs über die ganze Beckenbreite der Belebungsanlage gleichmäßig ist, oder ob Unterschiede bestehen. Die Abb. 76 zeigt im Beispiel das Ergebnis einer solchen Messung und Untersuchung. Es ist zu erkennen, daß an den sieben eingetragenen Meßstellen

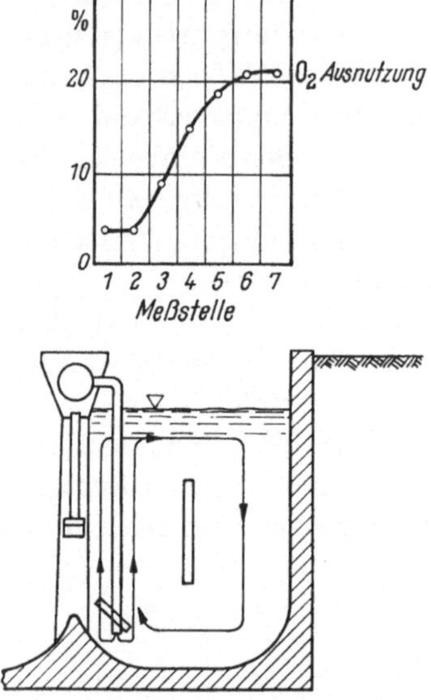

Abb. 76. Sauerstoffausnutzung im Querschnitt eines Belüftungsbeckens.

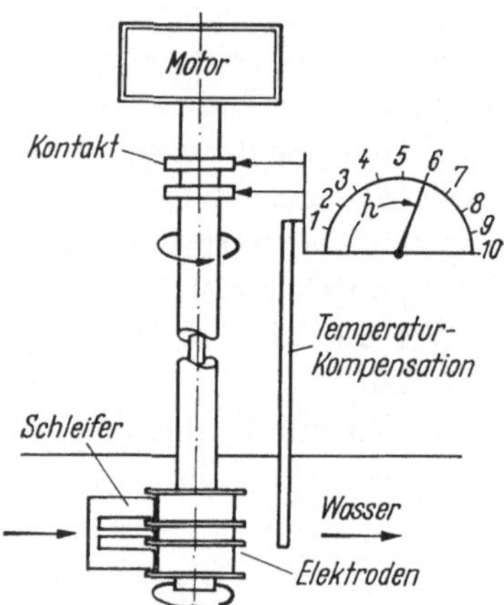

Abb. 77. Schematische Darstellung der kontinuierlichen Sauerstoffmessung (nach STRACKE).

im Belüftungsbecken sehr unterschiedliche Zahlenwerte auftreten. Die Sauerstoffausnutzung der eingeblasenen Luft steigt von der Belüftungsseite bis zur gegenüberliegenden Beckenwand von 4% auf 21% an.

Nach den bisher vorliegenden Erfahrungen steht fest, daß die paramagnetische Messung des Sauerstoffgehalts der austretenden Luft mit von Druckluft betriebenen Schlammbelebungsanlagen bei hoher Meßgenauigkeit die Möglichkeit bietet, die verschiedenen Methoden der Druckluftbelüftung in einer Kläranlage praktisch unter Betriebsbedingungen nebeneinander zu prüfen. In den Fällen, in denen wegen der chemischen Zusammensetzung des Abwassers einer Kläranlage die für die direkte kontinuierliche Messung des Sauerstoffgehalts im Abwasser entwickelten Geräte nicht zuverlässig arbeiten, besteht die Möglichkeit, die einer Belebtschlammanlage zuzuführende Luftmenge über die paramagnetische Messung des Sauerstoffgehalts der durchgesetzten Luft zu steuern. Ferner können paramagnetische Sauerstoffmessungen der aus einer Schlammbelebungsanlage austretenden Luft wertvolle Einblicke in die biologische Arbeitsweise der betreffenden Anlage geben, deren Kenntnis eine gute Hilfe dafür bietet, die betreffende Schlammbelebungsanlage durch Steuerung des Belebtschlammes nach Menge und Art der Rücknahme des Schlammes auf ein wirtschaftliches Optimum einzustellen.

Das dritte meßtechnische Grundprinzip für die Sauerstoffmessung im Gewässer und im Abwasser ist das *elektrochemische Meßverfahren*. Hier muß besonders auf die Arbeiten von Tödt und seinen Mitarbeitern hingewiesen werden.

Zwischen zwei in das zu untersuchende Wasser eintauchenden, verschieden edlen Elektroden fließt ein Strom, dessen Stärke dem Sauerstoffgehalt im Wasser proportional ist. Die Schwierigkeiten bei dem elektrochemischen Verfahren liegen in der Konstanz der freien effektiven Elektrodenoberflächen, die den Meßstrom entscheidend beeinflussen. Man unterscheidet Verfahren mit festen Elektroden oder eine Elektrodenpaarung von fest und flüssig.

Bei den festen Elektroden für Dauermessungen werden die Elektrodenflächen entweder durch Kunststoffmembranen vor Verschmutzungen und Abscheidungen geschützt oder chemisch und mechanisch gereinigt. Die mechanische Reinigung der Elektroden, wie sie in dem Meßgerät von Stracke erfolgt, ist betrieblich leicht und einfach durchzuführen. Mit diesem Gerät, das in der Abb. 77 im Schema dargestellt ist, kann z. B. das auf seinen Sauerstoffgehalt zu prüfende Abwasser-Belebtschlamm-Gemisch eines Belüftungsbeckens direkt gemessen werden. Das Gemisch wird mit einer Pumpe mit einer Geschwindigkeit von über 1 m/s an den rotierenden Elektroden vorbeigeleitet. Ablagerungen und Ausscheidungen auf den Elektroden werden von Schleifern laufend entfernt.

Abb. 78. Sauerstoffmeßgerät nach Stracke im Einsatz bei einer Schlammbelebungsanlage.

Die Abb. 78 zeigt dieses Gerät im betriebsfertigen Zustand für die Messung des Sauerstoffgehalts in einer Schlammbelebungsanlage.

Die Messung des Sauerstoffgehaltes im Wasser mit einer Paarung aus fester und flüssiger Elektrode wird mit dem von BRIGGS bzw. mit dem

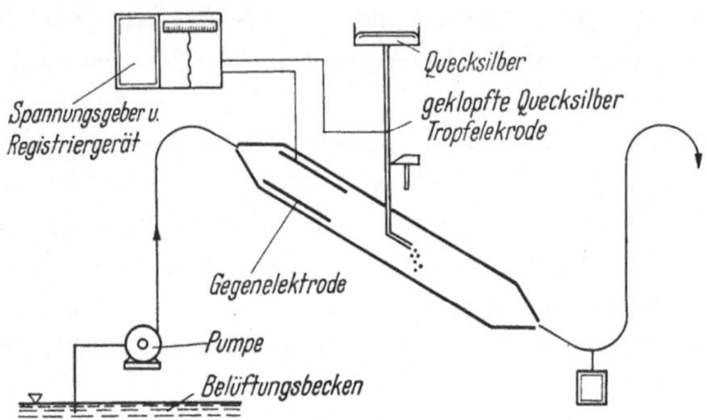

Abb. 79. Polarographische Sauerstoffmessung (nach HUSMANN, MALZ u. BORTLISS).

von HUSMANN, MALZ und BORTLISS entwickelten Gerät durchgeführt. Es handelt sich dabei um eine elektrolytische Messung zwischen Quecksilber als flüssige Elektrode und Zink oder Silber als feste Elektrode.

Für die direkte Messung des Sauerstoffgehaltes im Belebtschlamm-Abwasser-Gemisch eines Belüftungsbeckens ist diese Methode weiterentwickelt und ausgebaut worden. Ein wesentliches Merkmal ist die dauernd geklopfte feinporige Quecksilbertropfelektrode. Mit dem stetigen Ausbilden eines neuen Quecksilbertropfens wird eine gleichbleibend große effektive Elektrodenoberfläche erzeugt. Die Gegenelektrode ist ein Silberblech, das mit Silberchlorid überzogen ist. Das Funktionsschema der Meßanordnung ist einfach und aus der Abb. 79 zu erkennen.

Das auf seinen Sauerstoffgehalt zu prüfende Wasser, Abwasser oder Belebtschlamm-Abwasser-Gemisch wird mit konstanter Geschwindigkeit durch die Meßzelle gepumpt. Die Gegenelektrode dient gleichzeitig als Leitblech zur Erzeugung einer laminaren Durchströmung der Meßzelle. Der Quecksilbertropfen fließt im Gleichstrom mit dem zu untersuchenden Wasser in die Zelle ein, um eine Verschmutzung der Kapillaröffnung zu vermeiden. Das Quecksilber wird über die Klopf- und Tropfeinrichtung dosiert. Der zwischen dem Quecksilbertropfen und der Gegenelektrode fließende Strom wird bei konstanter Spannung gemessen. Er ist der Sauerstoffkonzentration im Wasser-, Abwasser- oder Abwasser-Schlamm-Gemisch proportional. Das verbrauchte Quecksilber wird wieder aufgefangen. Voraussetzung für alle elektrochemischen Messungen ist eine Temperaturkompensation, deren Einbau aber keine Schwierigkeit bereitet. Die Abb. 80 zeigt ein betriebsfertiges Gerät.

Die polarographische Messung des im Wasser oder Abwasser gelösten Sauerstoffs mit einer kontrollierten Quecksilber-Tropfelektrode ermög-

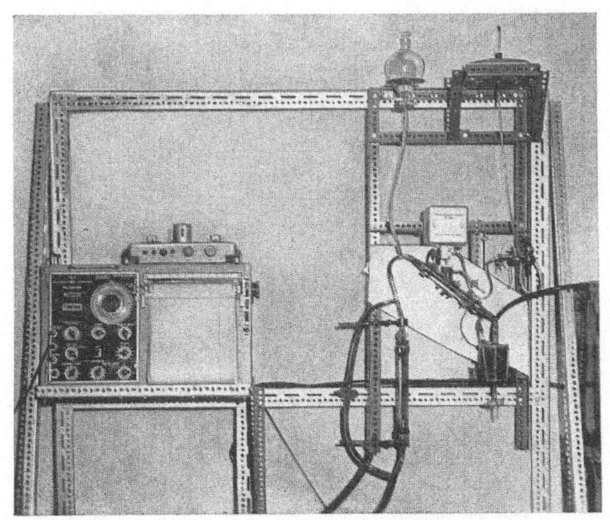

Abb. 80. Polarographisches Sauerstoffmeßgerät (nach HUSMANN, MALZ u. BORTLISS); links Schreibgerät, rechts Sauerstoffmeßgerät.

licht u.a. eine kontinuierliche Verfolgung der Sauerstoffzehrung durch Belebtschlamm.

Bringt man z.B. ein mit Sauerstoff gesättigtes Gemisch aus Abwasser und Belebtschlamm unter die Elektrodenanordnung des Polarographen, wie es in Abb. 81 schematisch dargestellt ist, schließt das System gegen die Atmosphäre ab und rührt das Gemisch mit konstanter Geschwindigkeit, so stellt man eine stetige Abnahme des gelösten Sauerstoffs entsprechend der Veratmungsgeschwindigkeit durch die Bakterien fest. In Abb. 82 ist solch eine Zehrungskurve wiedergegeben.

Je nach der Aktivität des Schlammes, der Menge des Belebtschlammes und der Konzentration bzw. der Abbaubarkeit der Abwasserinhaltsstoffe, wird diese Zehrungskurve steiler oder flacher verlaufen. Die

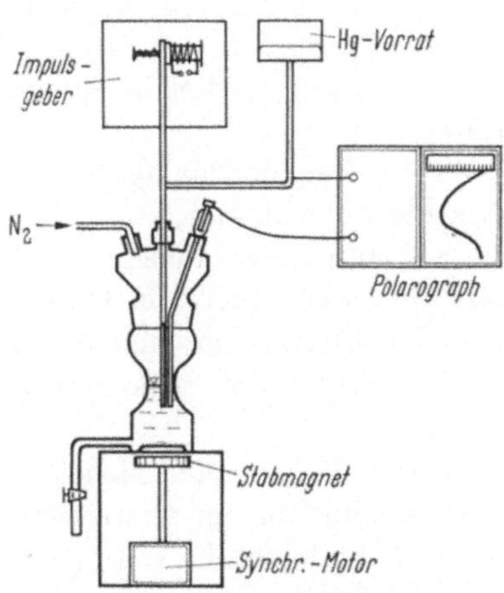

Abb. 81. Schematische Darstellung der Meßanordnung.

Bestimmungen von derartigen Zehrungskurven ist an sich nicht neu, es sei z. B. an die Warburg-Technik oder an BSB_5-Reihen erinnert.

Diese Verfahren haben aber insofern Nachteile, da sie sowohl zeitraubend als auch durch die Anwendung von zu geringen Mengen bio-

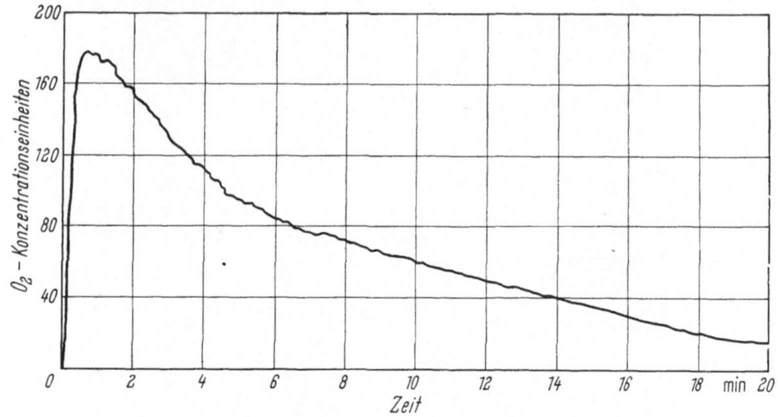

Abb. 82. Sauerstoffzehrungskurve an belebtem Schlamm.

logisch aktiver Substanz (Belebtschlamm) zu mitunter nicht reproduzierbaren Ergebnissen führen. Wie aus der Abb. 82 hervorgeht, können nach der polarographischen Methode Meßzeiten von wenigen Minuten ausgewertet werden. Durch die Verwendung größerer Volumina, bis zu 500 ml, sind auch größere Mengen biologisch aktiven Materials, d.h. Belebtschlamm, sorgfältig und reproduzierbar zu definieren.

Für die Praxis ergeben sich aus solchen polarographischen Messungen eine Reihe von praktischen Möglichkeiten, nämlich

1. Messung der Belebtschlammaktivität bei Verwendung eines Normabwassers,

2. Prüfung der biologischen Abbaubarkeit eines Abwassers mit einem Normbelebtschlamm,

3. Prüfung der biologischen Abbauhemmung von verschiedenen Industrieabwässern oder von Giftstoffen mit Normbelebtschlamm bzw. mit dem Belebtschlamm einer Anlage, die u. U. diese Stoffe aufnehmen soll,

4. Prüfung der biologischen Abbauleistung einer Belebtschlammanlage.

Durch die kontinuierliche Herstellung von Filterbildern läßt sich ein Abwasserfluß in ein Gewässer und auch eine Gewässerverschmutzung durch Schlammstoffe sehr gut darstellen und auch für den Nichtfachmann sichtbar machen. In der Abb. 83 ist das Schemabild eines solchen Gerätes dargestellt, während die Abb. 84 das betriebsfertige Gerät, das von der Fa. B. Braun, Melsungen, unter dem Namen „Purimeter" hergestellt wird, zeigt.

Mit diesem Gerät ist es möglich, in gewünschten Zeitabständen kontinuierlich Filterbilder sowohl vom Zulauf oder Ablauf einer Kläranlage,

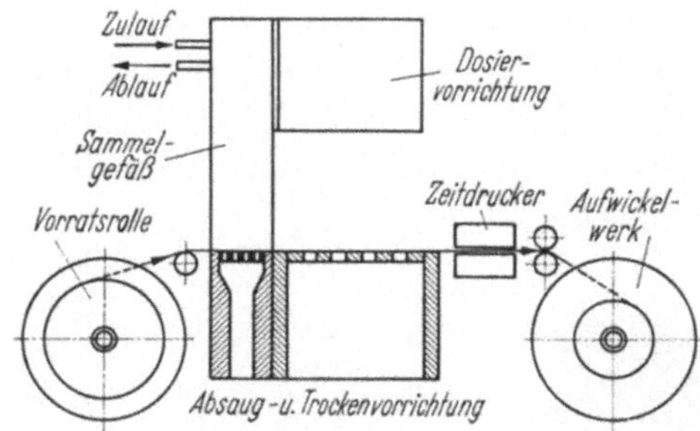

Abb. 83. Schema des Filter-
bildergerätes.

eines Abwassereinlaufs in ein Gewässer oder im Gewässer selbst herzustellen. In das Purimeter wird automatisch immer die gleiche Menge des zu untersuchenden Wassers durch ein Filter bestimmter Größe filtriert. Nach der Filtration wird der Filterstreifen getrocknet und anschließend aufgewickelt, um für spätere Auswertungen zur Verfügung zu stehen.

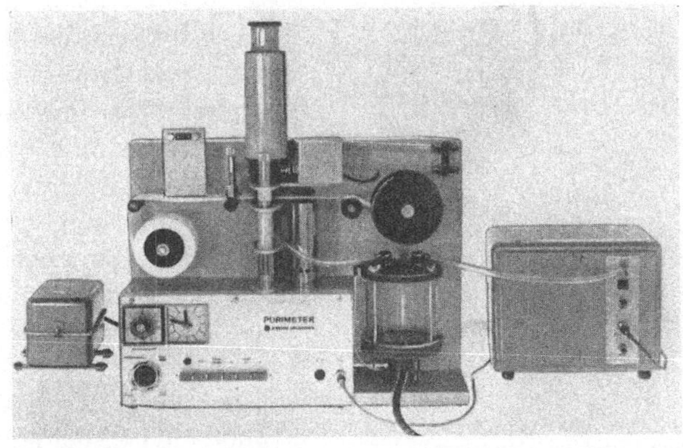

Abb. 84. Betriebsfertiges Filterbildgerät „Purimeter" der Fa. B. Braun, Melsungen.

Mit diesem Gerät kann man z. B. von einem Kahn oder Schiff sehr schnell Längs- und Querprofile in einem Fluß oder See aufnehmen, um eindeutig vorhandene Belastungen durch Schlammstoffe festzustellen. An der Farbe der einzelnen Filterbilder kann man oft die Herkunft der Schlammstoffe erkennen. Mehr oder weniger schwarze Filterbilder deuten auf einen gewissen Gehalt an feinsten Kohleteilchen hin, während rotbraune Filterbilder die Einleitung von Abwässern mit Eisengehalten vermuten lassen.

Die Abb. 85 zeigt die Filterbilder eines Flusses im Längsprofil, die die Verschmutzung gut erkennen lassen.

An der Probenahmestelle *1* sind auf der linken und rechten Flußseite keine Abwasserbelastungen durch Schlammstoffe vorhanden. Die auf beiden Filterbildern erkennbaren wenigen feinen Schlammstoffe stellen den normalen Gehalt des betreffenden Gewässers an Plankton und Sand dar, der fast in jedem Flußwasser vorhanden ist. Die Probenahmestelle *2* zeigt deutlich eine erhebliche einseitige Verschmutzung durch Schlammstoffe, die bis zur Probenahmestelle *3* durch Ablagerung der Schlammstoffe im Flußbett weitestgehend abgeklungen ist. An der Probenahmestelle *4* ist dann das Gewässer im ganzen Profil stark mit Schlammstoffen belastet, die aber bis zur Probenahmestelle *5* nicht mehr zu erkennen ist. Die Filterbilder der Abb. 85 zeigen, daß der untersuchte Fluß bezüglich der Schlammführung an der Quelle und an seiner Mündung in einen größeren Vorfluter die gleiche Qualität hat.

Die Abb. 86 zeigt ein Filterbild einer Abwassereinleitung in einen Vorfluter über den Zeitraum von 48 Stunden. Bei diesem Bild wurde mit dem Purimeter jede Stunde eine Probe untersucht.

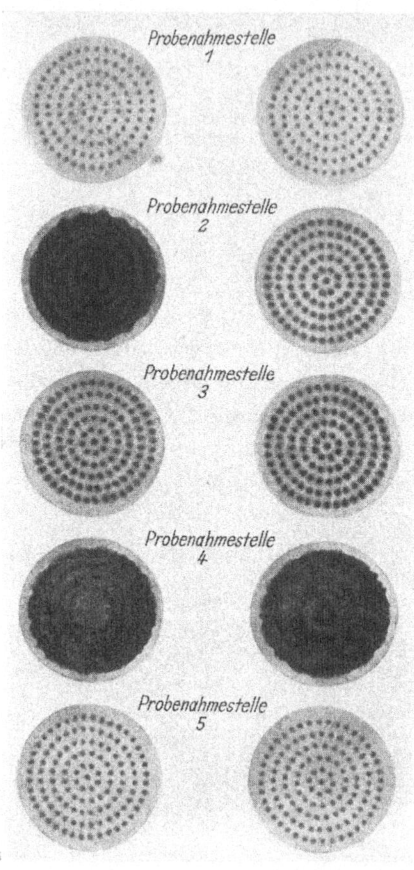

Abb. 85. Filterbild aus dem Längsprofil eines mit Abwasser belasteten Gewässers.

Man erkennt, daß das dem Gewässer zugeleitete Abwasser im Verlauf von 2 Tagen sehr unterschiedliche Schlammgehalte hatte. Das Purimeter liefert natürlich nur qualitative Werte einer Schlammbelastung im Abwasser oder Gewässer. Die Weiterentwicklung dieses Meßgerätes wird aber in Zukunft auch zu quantitativen Ergebnissen kommen können.

Der Verölung unserer Kläranlagen und Gewässer ist besondere Beachtung zu schenken. Bisher war es nicht möglich, Öleinleitungen in die Kanalisation oder in die Gewässer kontinuierlich zu messen und zu re-

Abb. 86. Filterbild eines Abwasserablaufs während 48 Stunden.

gistrieren. Entwicklungsarbeiten beim Ruhrverband haben zu einem Ölmeß- und Registriergerät nach GRABBE geführt, das in der Abb. 87 zu erkennen ist. Der Ölgehalt in einem Abwasser oder Gewässer wird durch die Abnahme der elektrolyten Leitfähigkeit bestimmt. An einer

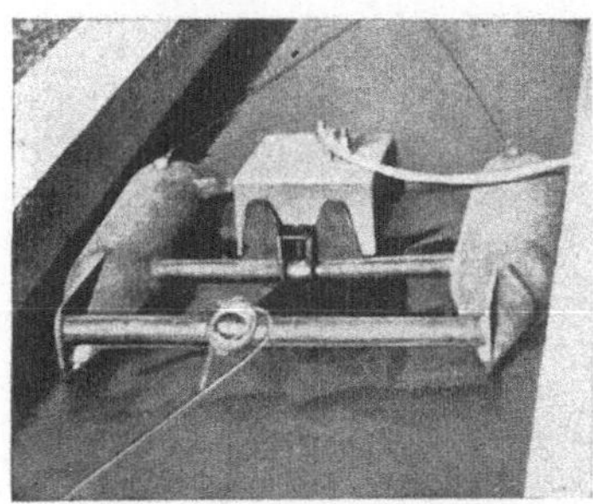

Abb. 87. Ölmeßeinrichtung und Registriergerät nach GRABBE (Archiv Ruhrverband).

Abb. 88. Ölmeß- und Registriergerät nach GRABBE (Archiv Ruhrverband).

in die Wasseroberfläche gerade eintauchende rotierende Scheibe befinden sich die Elektroden, die laufend die Leitfähigkeit des Wassers messen. Tritt Öl auf der Oberfläche des Abwasserkanals oder im Gewässer auf, dann fließt dieses auch zwischen die an der rotierenden Scheibe befindlichen Elektroden und die Leitfähigkeit nimmt proportional der Ölmenge

ab. In der Abb. 88 erkennt man auf dem Zulaufkanal einer Kläranlage
die Meßeinrichtung und rechts im Vordergrund die Registriereinrichtung.
Die Abb. 89 zeigt das Diagramm einer im Betrieb aufgenommenen Ölverschmutzung im Zulauf einer Kläranlage durch Altöle. Der Ölstoß er-

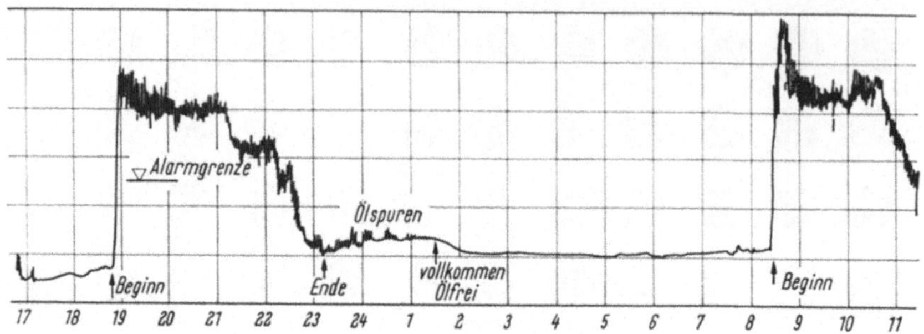

Abb. 89. Diagramm einer Ölverschmutzung (Archiv Ruhrverband).

folgte plötzlich und ging im Verlauf von 4 Stunden langsam wieder zurück. Nach Ablauf von $9^{1}/_{2}$ Stunden zeigte das Gerät dann einen weiteren
Ölstoß im Zulauf der Kläranlage an.

Im augenblicklichen Stadium der Entwicklung zeigt das Ölmeßgerät
von GRABBE den Ölzufluß nur qualitativ an. Es wird aber in der Weiterentwicklung des Gerätes nicht schwierig sein, auch zu einer quantitativen Anzeige zu kommen.

Das Gerät ist z. Z. mit einer entsprechenden Einrichtung versehen,
die es erlaubt, die Öl-Alarmgrenze, die durch eine Sirene angezeigt wird,
auf jeden Ölgehalt im Wasser einzustellen. Außerdem ist es möglich,
durch automatische Schaltung beim Erreichen der Alarmgrenze Öl-
abfanggeräte einzuschalten oder Schieber zu schließen, so daß der Abfluß des Öles in die biologische Reinigungsanlage oder in das Gewässer
verhindert werden kann.

XVII. Kontrollstationen

Der Verunreinigung eines Gewässers durch häusliche und industrielle Abwässer ist eine besondere Beachtung zu schenken, wenn die Fragen der Abwasserbeseitigung und -reinigung behandelt werden sollen. Eine der wichtigsten Voraussetzungen für die Sanierung der Wasserläufe ist die Überwachung der verschiedenen Abwassereinleitungen. Während die Zusammensetzung der städtischen Abwässer im allgemeinen ziemlich gleich ist und nur in den Tages- und Nachtstunden größere Unterschiede in der Konzentration auftreten, kann bei den Einleitungen industrieller Abwässer die Zusammensetzung in kurzen Zeitabständen stark wechseln. Normalerweise wird man die wichtigsten Abwassereinleitungen in

Abb. 90. Außenansicht einer Kontrollstation am Zusammenfluß von zwei Bachläufen.

ein Gewässer möglichst häufig kontrollieren und auf die spezifischen Abwasserschmutzstoffe hin untersuchen. Diese Untersuchungen erfordern aber ein großes Maß an Arbeit und sie geben auch keine kontinuierliche Kontrolle. Außerdem schließen sie nicht die Möglichkeit aus, daß zwischen den einzelnen Probenahmen erhebliche Abwasserstöße dem Gewässer zugeleitet werden. Aus diesem Grunde ist der Einsatz von kontinuierlich messenden Geräten der verschiedensten Art, wie sie im Abschn. XVI. besprochen worden sind, besonders wichtig.

Der Idealfall einer Flußüberwachung läßt sich durch den Bau und Betrieb von Kontrollstationen (Abb. 90) erreichen, wie sie von KNOP vorgeschlagen wurden. Die Abb. 91 zeigt die Einrichtung einer solchen Kontrollstation im Schema. Das zu prüfende Wasser wird mit einer selbstansaugenden Pumpe aus dem Wasserlauf unter der Wasseroberfläche entnommen und in einen Vorteilerbehälter gepumpt. Der Ansaugstutzen wird zweckmäßig mit einem grobmaschigen Filter versehen, um sperrige Teile, wie kleine Aststückchen, Laub, Gras, zurückzuhalten. Die Wasserverteilung zu den einzelnen Meßgeräten und Überwachungsein-

richtungen erfolgt von einem Verteilerkasten. Im vorliegenden Falle
können in der Kontrollstation beispielsweise folgende Werte kontinuierlich bestimmt werden: die Temperatur des Wassers und der Luft, der
pH-Wert, die Leitfähigkeit, die Trübung, die Menge der absetzbaren
Stoffe im Wasser und der Sauerstoffgehalt. Außerdem kann in Aquarien

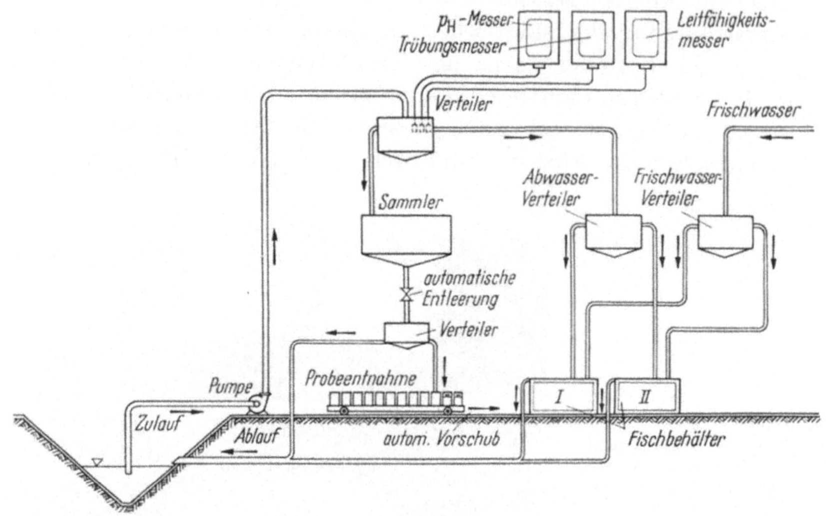

Abb. 91. Schematische Darstellung einer Kontrollstation für die Flußüberwachung.

die Fischschädlichkeit ermittelt werden, und schließlich werden automatisch Proben über 24 Stunden entnommen.

Die einzusetzenden Meßgeräte wurden im Abschn. XVI. schon eingehend beschrieben, so daß jetzt nur noch auf die Vorrichtungen zur kontinuierlichen Probenahme und die Prüfungen hinsichtlich der evtl. toxi-
schen Eigenschaften des Wassers einzugehen ist.

Vom Verteilerkasten in der Kontrollstation läuft ständig eine gleichmäßige Menge Wasser in einen Sammler. Dieser Sammler wird alle
2 Stunden automatisch in einen zweiten Verteiler entleert, aus dem die
2-Stunden-Durchschnittsprobe entnommen werden. Die Gefäße für diese
Wasserproben stehen nebeneinander auf einem Wagen, dessen Fort-
bewegung mit der automatischen Entleerung des Sammlers gekoppelt
ist. Die Wasserproben sind demnach Mischproben über 2 Stunden. Sie
werden von Hand zu einer bestimmten Tageszeit in je zwei 1-l-Flaschen
abgefüllt, von denen eine zur Konservierung, z.B. von Phenolen, mit
einigen Natronlaugeplätzchen versehen ist. Die einzelnen Proben – es
sind zweimal 12 Flaschen je Tag – werden eine bestimmte Zeit – im allgemeinen eine Woche lang – aufbewahrt. Im Bedarfsfalle, z.B. bei Ab-

weichungen von den geforderten Normwerten in einem Gewässer oder Abwasser oder bei etwa aufgetretenen Schäden im Vorfluter, stehen die Proben dann für evtl. notwendige Untersuchungen zur Verfügung.

Da es im allgemeinen nicht möglich ist, alle in einer solchen Kontrollstation anfallenden Wasserproben ständig zu analysieren, und auch noch nicht, alle Abwasserinhaltsstoffe kontinuierlich zu messen, ist es zweckmäßig, zusätzlich eine Kontroll- und Prüfeinrichtung zu schaffen, die den Einfluß des zu prüfenden Wassers auf die biologischen Vorgänge im Vorfluter zuverlässig anzeigt. Hierfür eignen sich Fischbecken, die stän-

Abb. 92. Blick in das Innere einer Kontrollstation mit den einzelnen Verteilerkästen; links unten ein Aquarium für die Fischteste.

dig von dem Vorflutwasser allein und von einem genau bestimmten Gemisch des Vorflutwassers oder Abwassers mit Frischwasser bzw. Verdünnungswasser durchflossen werden. Die Verteilung des Wassers und die Zumischung von Vorflut- bzw. Frischwasser ist auf der Abb. 92 zu erkennen. Die Fischbecken werden, wie schon ausgeführt, mit verschiedenen Verdünnungen beschickt, so daß bei evtl. auftretenden Giftstößen auch der Grad der Belastung festgestellt werden kann. Die Kombination von kontinuierlichen Messungen verschiedener Wasser- und Abwasserinhaltsstoffe, der Betrieb von Fischbecken und die kontinuierliche Probenahme mit einer jederzeit möglichst eingehenden Analyse des Wassers bietet die Gewähr, daß in solchen Kontrollstationen stärkere Belastungen eines Gewässers mit Sicherheit erkannt und die Ursachen auch nachträglich zuverlässig festgestellt werden können.

Die Ohio River Valley Water Sanitation Commission betreibt in den USA am Ohio Kontrollgeräte, die in kompakter Bauweise auf verhältnismäßig kleinem Raum eine Überwachung der Flußwasserqualität hinsichtlich pH-Wert, Redoxpotential, Chloridgehalt, Leitfähigkeit, Temperatur, Gehalt an gelöstem Sauerstoff zulassen. In den Monitoren befinden sich neben den eigentlichen Meßstellen und den Verstärkern bzw.

Anzeigeinstrumenten elektrische Übertragungseinrichtungen, die mit dem Telefonnetz in Verbindung stehen. Alle Monitore sind auf dieser Telefonleitung mit der Überwachungszentrale in Cincinnati verbunden. Von dort aus werden automatisch stündlich die Meßergebnisse der bisher 8 Monitore abgefragt, auf eine elektrische Schreibmaschine übertragen sowie auf ein Band gedruckt, das in einen Computer eingespeist werden kann.

XVIII. Kontinuierlich arbeitende Probenahmegeräte

Eine laufende Probenahme von kurz- oder langzeitigen Durchschnittsproben ist für die Überwachung eines Abwassers oder der Gewässer ebenso wichtig, wie die kontinuierliche Messung.

Der Hauptausschuß für Meß- und Kontrolleinrichtungen der Wassergütewirtschaft stellt für die Probenahme in Heft 10 A der Schriftenreihe des Deutschen Arbeitskreises Wasserforschung e. V. (1966) folgende Forderungen auf:

1. Die Zusammensetzung des Wassers am Entnahmeort muß dem zu beurteilenden Wasserkörper bzw. Fließquerschnitt entsprechen.

2. Die Zusammensetzung der entnommenen Probe muß für einen bestimmten Entnahmezeitraum einen repräsentativen Durchschnitt darstellen.

3. Das Entnahmeverfahren muß gewährleisten, daß das entnommene Probewasser durch den Vorgang der Probenahme nicht verändert wird.

4. Die entnommene Probe darf sich bis zur Untersuchung der zu bestimmenden Inhaltsstoffe und Eigenschaften nicht verändern.

Sind bei fließendem Wasser zeitliche Konzentrationsunterschiede und Schwankungen der Wassermenge vorhanden, so ergibt die kontinuierliche Entnahme einer konstanten Probemenge eine zeitliche Mischprobe mit der durchschnittlichen Konzentration der im Wasser während der Entnahmezeit enthaltenen Stoffe (einfaches arithmetisches Mittel der Konzentrationen). Bei Entnahme einer wassermengenproportionalen Probemenge (die entnommene Wassermenge ist unmittelbar proportional der gleichzeitig abfließenden Wassermenge) wird eine zeitliche Mischprobe mit der mittleren Konzentration der Inhaltsstoffe des gesamten im Entnahmezeitraum abgeflossenen Wassers gewonnen (gewogenes arithmetisches Mittel der Konzentration). Die wassermengenproportionale Probenahme ist für die Ermittlung der Fracht, d. i. die im fließenden Wasser transportierte Stoffmenge, erforderlich. Werte aus einer diskontinuierlich entnommenen zeitlichen Mischprobe sind um so repräsentativer, je häufiger Teilproben entnommen werden und je langsamer die auftretenden

Veränderungen des Wassers und die Schwankungen der Wassermenge sind. Die entnommenen Proben müssen durch geeignete Maßnahmen vor Veränderungen der zu bestimmenden Inhaltsstoffe und Eigenschaften bewahrt werden. So müssen während des Entnahmevorganges Ablagerungen von Stoffen, der Abbau organischer Substanz durch Algen und Bakterienbewuchs in den Schlauchleitungen und Aufnahme oder Abgabe von Substanzen aus den Werkstoffen der Probenahmeeinrichtungen, soweit sie die Meßergebnisse verfälschen, nach Möglichkeit unterbunden werden.

Für die kontinuierliche oder diskontinuierliche Probenahme sind in den letzten Jahren eine Reihe von Geräten entwickelt worden. Die Schwierigkeiten bei allen Geräten liegt darin, daß nicht nur bei Probenahmen im Abwasser, sondern auch im Gewässer Magnetventile, Steuerventile und Leitungen leicht verstopfen, vor allem dann, wenn das Abwasser, aus dem die Proben entnommen werden, grobe Feststoffe und ölige und schleimige Stoffe oder Flocken enthält.

In den Kontrollstationen der Emschergenossenschaft und des Lippeverbandes ist die Entnahmeeinrichtung für das Wasser bzw. Abwasser unter Ausnutzung der hydraulischen Strömungsverhältnisse so gestaltet, daß für die kontinuierliche Probenahme nur noch ein Magnetventil notwendig ist. Das gepumpte Wasser fließt über einen Verteiler in den

Abb. 93. Abwasserverteiler mit den Probenahmegefäßen.

Sammler (s. Abb. 91). Die Entnahme der Wasserprobe aus dem Sammler wird automatisch durch eine Schaltuhr so gesteuert, daß alle 2 Stunden eine Probe genommen wird. Nach dem Öffnen des Magnetventils läuft eine bestimmte Wassermenge in den zweiten Verteiler, der so einreguliert ist, daß 5 l Wasser in das unter dem freien Abfluß stehende Probenahmegefäß fließen. Die Abb. 93 zeigt diese Probenahmegefäße mit dem Verteiler.

Nach vollständiger Entleerung des Sammelbehälters wird das Magnetventil mit Hilfe einer Schwimmerschaltung geschlossen. Die Probegefäße stehen nebeneinander auf einem Wagen, der über einen Seilzug bewegt wird. Der Wagen wird durch einen Riegel festgehalten. Nach Schließen des Magnetventils öffnet ein Hubmagnet den Riegel so lange, bis der Wagen mit den Probengefäßen um eine Gefäßbreite weitergefahren ist.

Eine andere Ausführung ist z. B. der Wasserdauerprobenehmer nach SANDER (Abb. 94). Die Vorteile bei diesem Gerät liegen darin, daß es

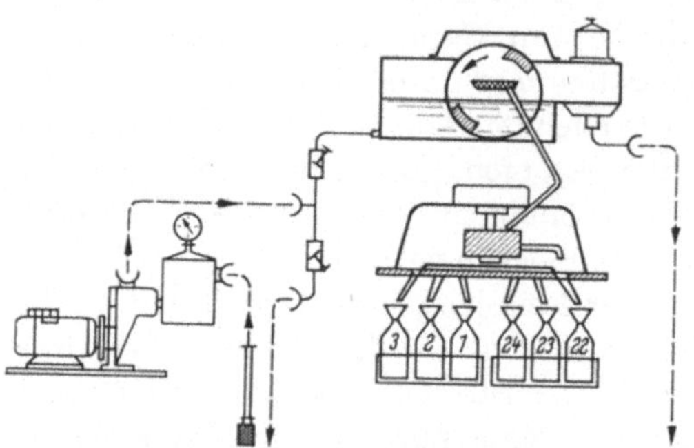

Abb. 94. Wasserdauerprobenehmer (nach SANDER).

transportabel ist und sowohl stationär als beweglich eingesetzt werden kann. Die dem Gerät angeschlossene Förderpumpe ist selbstansaugend bis 8 m Saughöhe. Das Gerät arbeitet in der Weise, daß die von der Förderpumpe laufend angesaugte Wassermenge in eine Schlauchleitung durch den Probenehmer gedrückt wird. Durch Einstellung der Reduzierventile wird ein Teilstrom über das Schöpfwerk in den zweiten Abflußschlauch geleitet. Aus dem ständigen Wasserdurchfluß wird eine gleichbleibenden Probemenge laufend durch die Schöpfeinrichtung entnommen und über einen Verteiler in die einzelnen Flaschen geleitet. Je nach Einstellung, ob Dauerprobe oder Stichprobe, erfolgt die Aus- und Einschaltung der gesamten Anlage. Ebenso sind Probeentnahmezeiten und Probemengen variabel einstellbar. Der Wahlschalter hat Einstellbereiche von 60, 30 und 15 Minuten. Die Probemenge wird durch das Aufsetzen von Schöpfbechern auf eine Scheibe geregelt. Diese Schöpfbecher nehmen aus dem ständigen Wasserdurchfluß, der durch ein Regelventil eingestellt wird, pro Minute eine bestimmte Wassermenge und geben diese in die Verteilereinrichtung. Es können bis zu 4 Becher aufgesetzt werden. Dies entspricht einer Wassermenge zwischen 20 und 80 ml pro Minute. Das Gerät eignet sich zur vollautomatischen Entnahme von Wasser- und Abwasserproben mit Feststoffen bis maximal 2–3 mm Korngröße. Die wasserführenden Teile sind aus PVC und somit gegen Säuren und Laugen beständig.

Neben die vielen kompliziert aufgebauten und raffiniert funktionierenden Probenahmegeräten hat sich eine altbekannte Vorrichtung recht gut bewährt. Der Aufbau dieses Probenahmegerätes geht aus der Abb. 95 hervor.

Das wesentliche Merkmal dieser Vorrichtung ist ein besonders konstruiertes T-Stück, das im senkrechten Schenkel ein Schwimmkugel-

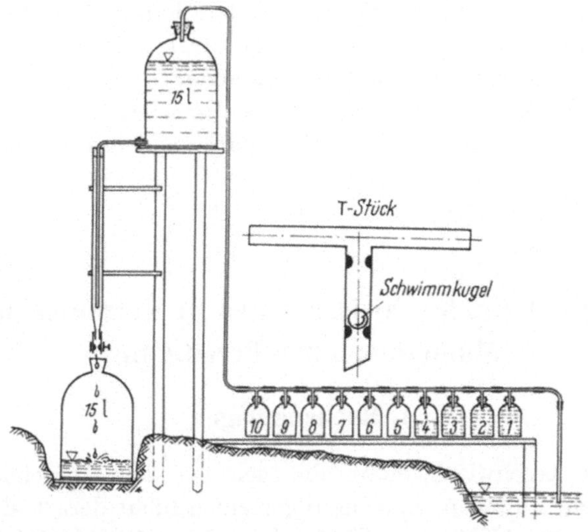

Abb. 95. Probenahmeapparatur zur mehrstündigen Entnahme von kurzzeitigen Mischproben.

ventil enthält. Die T-Stücke werden auf eine entsprechende Anzahl Flaschen aufgesetzt und untereinander verbunden. Die Entnahme der Proben erfolgt durch ein Glasrohr, welches in das Gewässer oder Abwasser eintaucht. Mittels der Heberapparatur wird in den Flaschen ein Vakuum erzeugt und das Wasser nacheinander in die Flaschen gesaugt. Je nach der Ausflußgeschwindigkeit in der Heberapparatur werden die Flaschen in einer bestimmten Zeit gefüllt. Wenn die einzelne Flasche voll ist, hebt sich die Schwimmerkugel und legt sich gegen einen Glaswulst an der Innenseite des senkrechten Rohrschenkels im T-Stück. Die Probe ist dadurch gegen einen weiteren Zufluß von Wasser abgeschlossen. Durch Änderung der Flaschengröße oder auch der Durchflußgeschwindigkeit hat man es in der Hand, die Zeitabstände, in denen die einzelnen Flaschen gefüllt werden sollen, genau zu regulieren. Mit einer solchen Vorrichtung wurden z. B. auch Proben aus den Belebtschlammbecken kontinuierlich genommen.

Für die kontinuierliche Probenahme in Abhängigkeit der Wasserführung (Wassermengenproportionale Probenahme) stellt die Firma Micro in Arnheim (Holland) ein sog. Fleebalt-Probenahmegerät her. Der Einsatz dieses Gerätes ist aber insofern begrenzt, als es nur da brauchbar ist, wo entweder ein genau definiertes Profil des fließenden Gewässers oder Kanals gegeben ist oder ein entsprechendes Meßwehr (Cipoletti- oder Thomson-Wehr), oder aber ein Venturi-Kanal, immer in Verbindung mit einer für das entsprechende Wehr bestehenden Abflußkurve, vorhanden ist.

Das Thomson-Wehr ist geeignet für Wassermengen bis etwa 20 l/s, das Cipoletti-Wehr etwa bis 500 l/s. In jedem Fall muß hinter dem Meß-wehr ein freier Absturz des Wassers gewährleistet sein, um die Meß-bedingungen des Wehres einhalten zu können.

Für größere Flüsse, wie Rhein, Ruhr, Emscher usw., oder stehende Gewässer und Seen sind die Fleebalt-Geräte nicht brauchbar.

XIX. Betriebsschwierigkeiten in Kläranlagen, Maßnahmen zur Beseitigung

1. Rechenanlagen

Die Betriebsschwierigkeiten, die sich bei den einfachen Rechen-anlagen ergeben können, sind im allgemeinen nicht derart, daß der Be-trieb der gesamten Kläranlage dadurch stark in Mitleidenschaft gezogen wird. Ist die Zuleitung der Kläranlage nur kurz, dann besteht das Re-chengut je nach Stabweite bei geschlossenen Kanälen in der Hauptsache aus Lumpen und groben Papierfetzen, d.h. aus Stoffen, die den Rechen häufig verstopfen. In solchen Fällen muß der Rechen am Tage mehrere Male gesäubert werden. Man sollte es auf alle Fälle vermeiden, daß sich der Rechen durch Kot oder grobe Fettstoffe, z.B. aus Schlachtereien, so weit zusetzt, daß schon bei Trockenwetter der Umlauf oder Überlauf in Tätigkeit tritt, weil dann leicht gröbere Stoffe in die Vorflut gelangen, die hier zu erheblichen Schwierigkeiten führen können. Außerdem wird dann die Wassergeschwindigkeit vor dem Rechen durch Rückstau so weit herabgesetzt, daß sich u.U. Sand und grobe Schlammstoffe in den Kanälen ablagern. Ist als Zulaufkanal zur Kläranlage ein offenes Gerinne vorhanden, dann wird gern von den Anliegern aller Unrat in den Ab-wassergraben geworfen und die Rechenrückstände können recht sperriger Natur sein. Besonders unangenehm ist es, wenn im Rechengut alte Blech-büchsen usw. vorhanden sind.

Ist der Rechen mit einer maschinellen Abstreifvorrichtung versehen, dann ergeben sich im Betrieb oft dadurch Schwierigkeiten, daß die Ab-streifvorrichtung das auf den Rechenstäben liegende Gut nicht mehr

vollständig entfernt oder z.T. zwischen die Rechenstäbe quetscht, wo
es nur schwer wieder zu entfernen ist. Dadurch kann es zu unangenehmen Verklemmungen der Abstreifvorrichtungen und Überlastungen der
Antriebsmotore kommen, die bei unzureichendem Schutz durchbrennen
können. Man muß in solchen Fällen dafür Sorge tragen, daß die Ab-
streifvorrichtung durch besondere Federn usw. fest genug gegen oder
zwischen die Rechenstäbe gedrückt wird, um das Rechengut vollständig
auszutragen. Rechenanlagen, die sich bei Wasserkraftanlagen für die
Zurückhaltung von Laub, Holzteilchen oder Gras bewährt haben, sind
bei der Verwendung im Abwasser nicht ohne weiteres brauchbar und
bedürfen entsprechender Konstruktionsänderungen.

Die Unterbringung und Beseitigung des Rechengutes geschieht am
besten durch die Kompostierung oder durch einfaches Vergraben, nach-
dem die sperrigen Stoffe, wie Holz usw. ausgesucht sind und auch Blech-
büchsen oder ähnliches aussortiert wurde. Um die auftretende saure
Gärung des Rechengutes, die immer mit einer ziemlichen Geruchsbelästigung verbunden ist, möglichst zu vermeiden, empfiehlt es sich, dem
Rechengut bei der Kompostierung etwas Kalk beizufügen. Nach 1–2
Jahren ist das Gut im allgemeinen so weit vererdet, daß es einen guten
Dünger darstellt, der von den Landwirten und vor allen Dingen von den
Kleingärtnern gern abgeholt wird, wenn man es nicht vorzieht, den
Dünger in städtischen Gartenanlagen oder im Bereich der Kläranlage
selbst zu verwenden. Um durch Vögel, in der Hauptsache durch Krähen,
ein Auseinandertragen des an sich wenig appetitlichen Rechengutes zu
verhindern, tut man gut daran, es während der Kompostierung mit einer
dünnen Erdschicht zu bedecken. Auch gegen Fliegen- und Geruchsbelästigungen bietet die Erdschicht einen guten Schutz.

Ist aus irgendwelchen Gründen auf der Kläranlage selbst oder in
deren Nähe eine Ablagerung und Kompostierung des Rechengutes nicht
möglich, wenn z.B. die Kläranlage mitten in einem Wohngebiet liegt,
dann verbrennt man zweckmäßig das Gut in besonders gebauten Öfen
(Abb. 96).

Die erforderliche Wärmemenge, um das Rechengut zunächst zu
trocknen und zur Entzündung zu bringen, kann zum Teil aus dem Faulgas der Kläranlage gedeckt werden. Nach Imhoff benötigt man für die
Verbrennung von 1000 kg Rechengut etwa 100 m³ Gas. Die Verbren-
nungstemperaturen sollen über 800 °C liegen, damit kein Gestank entsteht.

Um auf einer Kläranlage jegliche Gerüche oder Fliegenplagen zu vermeiden, ist es notwendig, das Rechengut sofort oder mindestens einmal
täglich zum Kompostieren abzufahren oder zu verbrennen. Falsch und
hygienisch bedenklich ist es, das Wochenquantum erst aufzusammeln
und dann mit der Beseitigung zu beginnen.

Die Zusammensetzung des Rechengutes ist selbstverständlich erheblichen Schwankungen unterworfen. Vor allen Dingen richtet sich der Wassergehalt stark nach den jeweiligen Stoffen, die auf den Rechen zurückgehalten werden. Auch die Stabweite des Rechens hat einen erheb-

Abb. 96. Verbrennungsofen für Rechengut.

lichen Einfluß auf die Zusammensetzung des Gutes. Die Trockenmasse des Rechengutes enthält im Mittel etwa 10–15% mineralische und 90 bis 85% organische Anteile.

In den letzten Jahren haben sich auf vielen Kläranlagen Maschinen der verschiedensten Konstruktion eingebürgert, mit denen man das Rechengut zerkleinert und dann dem Abwasser wieder zusetzt. Diese Art der Rechengutbehandlung ist aus betrieblichen Gründen nicht zu empfehlen. Es scheint nicht sinnvoll, Stoffe, die in der Rechenanlage schon aus dem Abwasser entfernt wurden, dem Abwasser wieder zuzusetzen, um sie dann ein zweites Mal in der Absetzanlage aus dem Abwasser zu entfernen. Es ist richtiger, das zerkleinerte Rechengut mit einem Abwasserteilstrom direkt in die Faulbehälter zu bringen und sie hier mit den übrigen Schlammstoffen auszufaulen.

Dort, wo das Rechengut gar nicht erst aus dem Abwasser herausgeholt wird, sondern das gesamte Abwasser durch eine Zerkleinerungsmaschine läuft, muß man diese Stoffe dann in der mechanischen Reinigungsanlage ausscheiden. Bei dieser Art der Behandlung kann sich aber die Konzentration des Abwassers erhöhen, da aus dem zerkleinerten Rechengut gewisse Stoffe in Lösung gehen. Solche Behandlungsmaßnahmen wirken sich dann u. U. in der biologischen Reinigung des Abwassers in erhöhten Kosten aus.

2. Sandfanganlagen

In den horizontal durchflossenen Sandfängen (s. Abb. 2) treten häufig Betriebsschwierigkeiten auf, da sich in ihnen nicht nur Sand, sondern auch größere Mengen an Fäkalien oder sonstigen organischen Stoffen mit ablagern, die eine zweckentsprechende Verwendung des ausgeschiedenen Sandes unmöglich machen.

Erfahrungswerte aus der Praxis haben gezeigt, daß die Wassergeschwindigkeit in einem horizontal durchflossenen Sandfang etwa 0,3 m/s betragen muß, um nur den Sand und keine organischen Stoffe zur Ausscheidung zu bringen. Ist der Abwasserzufluß zur Kläranlage einigermaßen gleichmäßig, dann ist es leicht, den richtigen Querschnitt für den horizontal durchflossenen Sandfang zu wählen, um die gewünschte Geschwindigkeit von 0,3 m/s einhalten zu können. Im allgemeinen ergeben sich aber im Zulauf zur Kläranlage im Laufe des Tages ziemlich große Schwankungen und damit selbstverständlich bei einem gleichbleibenden Querschnitt im Sandfang auch stark schwankende Wassergeschwindigkeiten, bei denen das Abwasser u. U. nicht vollkommen entsandet wird, was besonders bei leichten Regenfällen der Fall sein kann, oder es lagern sich organische Stoffe im Sandfang mit ab. Dieser Zustand kann besonders in den Abend- und Nachtstunden auftreten, wenn weniger Abwasser anfällt. Wenn auch die Möglichkeit besteht, bei Regenwetter und Mehranfall an Abwasser durch entsprechend eingebaute Überfälle eine 2. oder 3. Sandfangkammer automatisch in Betrieb zu setzen oder durch Einbau eines Staubleches die Geschwindigkeit im Sandfang bei wechselnden Abwassermengen zu regeln, so hat sich aber in der Praxis gezeigt, daß trotzdem in horizontal durchflossenen Sandfängen häufig sehr viel organische Schlammstoffe mit zur Ausscheidung kommen. Um dieses Sandfangmaterial von dem organischen Anteil zu befreien, kann auf der Sohle des Sandfanges Luft eingeblasen werden, wodurch das Material aufgewirbelt und von dem durchfließenden Abwasser ausgewaschen wird. Auch ein Waschen des Sandfangmaterials in einer besonderen Sandwäsche ist möglich, wobei das Spülwasser in den Zulauf der Kläranlage wieder abgeleitet wird.

In einem tangential oder vertikal durchflossenen Sandfang (s. Abb. 3 u. 4) ergeben sich auf Grund der Zusammensetzung des gewonnenen Materials im allgemeinen keine besonderen Schwierigkeiten, da der hier zurückgehaltene Sand bei richtiger Berechnung frei von organischen Stoffen ist. Sind aus irgendwelchen betrieblichen Gründen trotzdem organische Stoffe mit zur Ausscheidung gekommen, so kann man diese durch Einblasen von Luft in der unteren Spitze des Sandfanges ebenfalls leicht auswaschen.

Das in einem einwandfrei arbeitenden, tangential oder vertikal durchflossenen Sandfang zurückgehaltene Material soll in der Trockensubstanz etwa 2–5 % organische Anteile aufweisen.

Bei schlecht wirkenden Sandfängen, in denen auch organische Schlammstoffe in mehr oder weniger starkem Maße mit zur Ausscheidung kommen, kann der organische Anteil in der Trockensubstanz bis auf 50% und höher ansteigen. Einwandfreies Sandfangmaterial benutzt man zum Streuen der Wege und Straßen, als Filterdecke der Schlammtrockenplätze oder zum Aufhöhen von Gelände, ohne daß sich irgendwelche Schwierigkeiten oder Geruchsbelästigungen ergeben. Sandfangmaterial mit einem hohen Gehalt an organischen Stoffen wird zweckmäßig bei gleichmäßiger Vermischung mit dem Rechengut unter Kalkzugabe abgelagert, außerdem deckt man es zur Vermeidung von Geruchsbelästigungen mit Erde ab.

3. Öl- und Fettfängeranlagen

Beim Betrieb der Öl- und Fettfängeranlagen ist darauf zu achten, daß die ausgeschiedenen Fettstoffe rechtzeitig aus der Anlage entfernt werden. Die gewonnenen Fettstoffe werden, wenn es sich um tierische oder pflanzliche Fette handelt, die der anaeroben Zersetzung unter Gasentwicklung zugänglich sind, zweckmäßig in die vorhandenen Faulräume gebracht und somit auf einwandfreie Weise beseitigt. Handelt es sich um größere Mengen solcher Fette, kann auch an eine Aufarbeitung z.B. auf Seifen usw. gedacht werden. Fallen in dem Fettfang der Kläranlage aber im wesentlichen mineralische Öle und Fette oder ein Gemisch von tierischen bzw. pflanzlichen und mineralischen Ölen an, so ist es ratsam, diese Stoffe zu verbrennen, da sich die Mineralöle in den Faulräumen nicht zersetzen, sondern nur zu unerwünschten Betriebsschwierigkeiten führen können.

4. Mechanische Reinigungsanlagen und Schlammfaulanlagen

Um in den mechanischen Reinigungsanlagen den vorhandenen Klärraum vollkommen auszunutzen, ist es erforderlich, daß das Abwasser auf dem ganzen Querschnitt gleichmäßig in die Klärbecken einfließt und auch in der gleichen Weise zum Abfluß kommt. In dieser Beziehung werden, besonders bei Behelfskläranlagen, die aus einfachen Erdbecken bestehen, noch sehr häufig Fehler gemacht. Das Abwasser wird fälschlicherweise durch ein Rohr dem Klärbecken zugeführt und auf einer Ablaufseite in der gleichen Weise wieder abgenommen. Es bildet sich dann gewöhnlich ein direkter Wasserstrom vom Zulauf zum Ablauf, wodurch ein großer Teil des Klärbeckens überhaupt nicht vom Abwasser durchflossen wird. Der vorhandene Klärraum ist dann nicht ausgenutzt, und die Klärwirkung bleibt, obwohl der berechnete Klärraum an sich vorhanden ist, völlig unzureichend (Abb. 97). Auch wenn man das Abwasser auf der ganzen Breite des Einlaufs in das Klärbecken eintreten läßt, ist

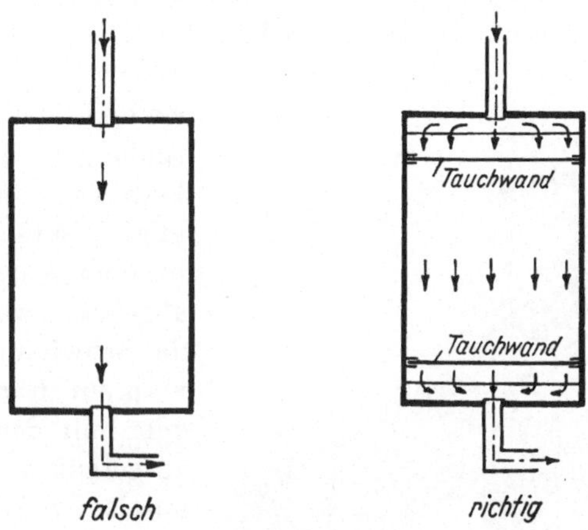

Abb. 97. Falsche und richtige Zuleitung und Ableitung von Abwasser in Klärbecken.

es immer ratsam, zu seiner Beruhigung und guten Verteilung Beruhigungsrechen anzubringen und außerdem Tauchbretter (mit einer Eintauchtiefe von 20–30 cm), um Öle und Fette auf kleinen Raum zusammenzualten. Um Schwimmstoffe, die sich während des eigentlichen Klärvorgangs auf der Oberfläche des Absetzbeckens ansammeln können, nicht in den geklärten Ablauf gelangen zu lassen ist es ratsam, auch an der Ablaufseite der Becken eine Tauchwand anzubringen. An der Einlaufseite der Kläranlage soll man es möglichst vermeiden, eingekerbte oder durchlochte Einlaufrinnen anzubringen, da sich die Kerbe und Löcher durch Kotballen, Lumpen oder Papierfetzen leicht zusetzen und dann eine gleichmäßige Abwasserverteilung im Zulauf unterbunden wird. Hier sind glatte Überfallrinnen ohne weiteres gut brauchbar, bei denen die Gefahr der Verstopfung nicht besteht. In Bergbaugebieten, wo die Abflußverhältnisse einer Kläranlage durch Bodensenkungen leicht gestört werden können, haben sich bei den Abläufen auch höhenverstellbare Rohre bewährt, um einen gleichmäßigen Abfluß sicherzustellen. Diese Rohre, die mit einer Überwurfmutter versehen sind, müssen dann von Zeit zu Zeit nachgestellt werden.

Neben den feststehenden Überfällen, die den Nachteil haben, daß sie sich einem veränderten Wasserspiegel im Kanal nicht anpassen und dadurch die gleichmäßige Belastung eines Klärbeckens u. U. in Frage stellen können, baut man in die Abläufe der Kläranlagen auch höhenbewegliche Überfälle ein, z. B. schwimmende Teleskoprohre (Abb. 98), die sich der veränderlichen Zuflußmenge zur Kläranlage und den veränderlichen Wasserspiegelhöhen des Vorfluters anpassen. Besonders für die Behandlung von Regenwasser haben solche höhenbeweglichen Überfälle große Bedeutung, wenn das Klärbecken für den Trockenwetterzufluß erhebliche Regenwassermengen mit behandeln soll.

Die Schwimmstoffe der mechanischen Reinigungsanlage müssen entweder von Hand ausgeräumt werden oder durch Wasserspülung mit einer besonderen Leitung, deren trichterförmige Ausmündung direkt unter dem Wasserspiegel liegt, abgelassen werden. Man kann die Schwimmstoffe entweder verbrennen oder vergraben oder mit dem abgelassenen ausgefaulten Schlamm vermischen und sie dann zusammen mit diesem trocknen oder zur Ablagerung bringen. Bisweilen setzen sich an den Wänden der Kläranlage, besonders an der Einlaufseite, Fett- und Ölpolster an. Diese Ansätze sollen mittels Blechschaber laufend entfernt werden, da sie keinen erfreulichen Anblick bieten.

Sehr häufig schwimmen auf der Oberfläche der zweistöckigen Absetzanlagen und auch der Flachklärbecken

Abb. 98. Teleskoprohr nach BLUNK (höhenbewegliche Überfälle). Im Vordergrund ein vollkommen ausgezogenes Teleskoprohr.

kleinere oder größere Schlammfladen herum, die u. U. den Kläreffekt einer sonst ausgezeichnet wirkenden Absetzanlage sehr ungünstig beeinflussen können, wenn sie mit in den Ablauf gelangen. Die Ursachen dieses Schlammfladentreibens sind in verschiedenen Umständen zu suchen.

Auf den schrägen Wänden der zweistöckigen Kläranlagen bildet sich sehr schnell eine schleimige Schicht, auf der täglich kleine Mengen des sich absetzenden und in den Faulraum abrutschenden Schlammes hängen bleiben. Diese auf den Schrägflächen liegenden Schlammstoffe gehen in gasende Zersetzung über, lösen sich von den Flächen und treiben dann zur Oberfläche auf. Man vermeidet dieses Auftreiben, wenn möglichst täglich, mindestens aber 1–2mal in der Woche, die schrägen Wände mit einem Blechschaber oder Besen gesäubert werden.

Wenn in Flachklärbecken Schlammfladen zur Oberfläche auftreiben, so ist das fast immer ein Zeichen dafür, daß auf der Sohle des Beckens Schlamm liegengeblieben ist. Man muß dann entweder die Räumung der Becken in kürzeren Zeitabständen vornehmen oder die Kratzereinrichtungen so einstellen, daß sie den Schlamm vom Boden mit Sicherheit fortbewegen. Sind Unebenheiten auf der Sohle des Klärbeckens vorhanden, kann auch hier die Ursache des Schlammauftreibens liegen, weil

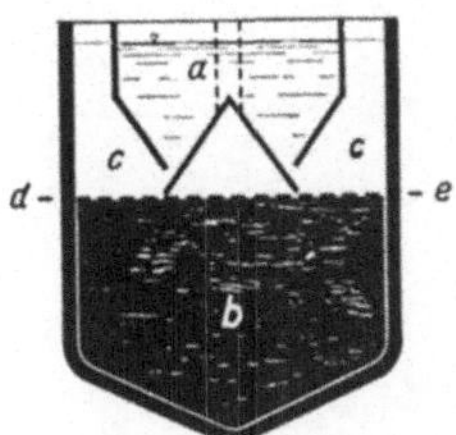
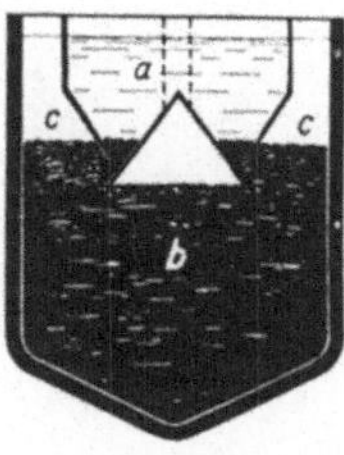

Abb. 99. Normaler (links) und zu hoher Schlammstand (rechts) in einer zweistöckigen Kläranlage.

die Kratzer einfach über den in Unebenheiten liegenden Schlamm hinwegstreichen, ohne ihn mitzunehmen. Um das Auftreiben des Schlammes zu vermeiden, muß dann die Sohle des Beckens vollkommen eingeebnet werden. Dies kann u. U. in einfachster Weise dadurch geschehen, daß man die Vertiefungen mit Sand ausfüllt. Auch bei zweistöckigen Kläranlagen kann es trotz der Überschneidungen an den Schlitzverbindungen zum Auftreiben von Schlammstoffen kommen, wenn der Schlammfaulraum zu hoch mit Schlamm angefüllt ist. Der Schlamm tritt dann durch die Schlitzverbinden zwischen Absetzraum und Faulraum aus (Abb. 99). Dieses Austreten des Schlammes kann schon beobachtet werden, wenn sich in Schlitzhöhe ein sehr dünnflüssiger Schlamm befindet. Besonders bei neu in Betrieb genommenen zweistöckigen Kläranlagen, in denen im Faulraum noch eine mehr oder weniger stark saure Gärung vorhanden ist, die im allgemeinen einen wasserhaltigen voluminösen Schlamm erzeugt, kann dieser Schlamm leicht durch den Verbindungsschlitz in den Absetzraum treten. In solchen Fällen muß man dafür Sorge tragen, daß die saure Gärung schnell überwunden und beseitigt wird. Auf die notwendigen Maßnahmen wird später noch einzugehen sein (s. Schlammfaulanlage). Das Auftreten des Schlammes kündigt sich bei zweistöckigen Absetzanlagen häufig dadurch an, daß über den Schlitzen auf der Oberfläche des Absetzraumes eine mehr oder weniger starke Blasenreihe zu erkennen ist. Man läßt in den eben beschriebenen Fällen zweckmäßig aus dem Faulraum eine ausreichende Menge an Faulschlamm ab und prüft den Schlammstand, indem ein leichtes Blech durch den Gasschacht in den Faulraum herabgelassen wird. Sobald das Blech auf den dickeren Schlamm trifft, sinkt es nicht weiter ab. Auf diese Weise läßt sich der Schlammstand im Faulraum mit einiger Genauigkeit ermitteln. Um einwandfreie Meßergebnisse zu bekommen, ist es aber notwendig, ein sehr leichtes Blech zu verwenden. Das in der Abb. 100 gezeigte Meßblech

Abb. 100. Meßbleche zur Ermittlung des Schlammstandes in Faulanlagen. Links ein zu schweres, daher ungeeignetes Blech; rechts ein geeignetes leichtes Meßblech.

(links), das zusätzlich noch mit einem schweren eisernen Ring beschwert wurde, ist viel zu schwer, um auf dem Schlamm überhaupt liegen zu bleiben. Es rutscht einfach durch und läßt somit eine Bestimmung des Schlammstandes nicht zu. Bisweilen kann es aber auch vorkommen, daß der Schlamm in einem Faulraum so dünnflüssig ist, daß auch mit den leichten Peilblechen (rechts) keine sicheren Untersuchungsergebnisse erzielt werden können. Um auch in solchen Fällen über den Schlammstand im Faulraum unterrichtet zu sein, können Proben in verschiedenen Tiefen mit geeigneten Apparaten (s. Abb. 105 u. 106) entnommen und im Laboratorium untersucht werden. Derartige Untersuchungen erfordern eine gewisse Zeit, und der praktische Betrieb kann häufig mit seinen notwendigen Maßnahmen nicht bis zum Abschluß derartiger Untersuchungen warten. Man kann den Schlammspiegel auch in der Weise messen, daß mit einer Pumpe, deren Saugschlauch maßstäblich eingeteilt ist, beim vorsichtigen Hinablassen des Schlauches in den Faulraum so lange gepumpt wird, bis Schlamm gefördert wird. BLUNK schlägt vor, unter Berücksichtigung des spezifischen Gewichtes des Schlammes und der Schlammtrockenmasse den Wassergehalt zu bestimmen. Bei ein- und derselben Faulanlage schwankt das spezifische Gewicht der Schlammtrockenmasse zwischen 1,3–1,4. Hierbei handelt es sich um Schlamm aus gewöhnlichen Faulräumen. Fest abgelagerter Schlamm und solcher aus Anlagen mit Straßenabschwemmungen ohne Sandfang kann gelegentlich auch ein spezifisch höheres Gewicht haben. Nachdem man bei einer Faulkammeranlage durch einige Untersuchungen das spezifische Gewicht der Trockenmasse ermittelt und aus den Ergebnissen das Mittel gezogen hat, genügt es für die Zukunft, die Messungen zur Bestimmung der Schlammhöhe in folgender Weise durchzuführen: Mit Hilfe eines Schlammhebers (Abb. 105 u. 106) werden Proben in der Schlitzhöhe und darunter entnommen. Ein Kolben von 1 l Inhalt, dessen Gewicht bekannt ist, wird bis zum Eichstrich gefüllt und gewogen. Nach Abzug des Eigengewichtes des Kolbens hat man das angenäherte spezifische Gewicht der Masse. In der Abb. 101 sind die Verhältnisse

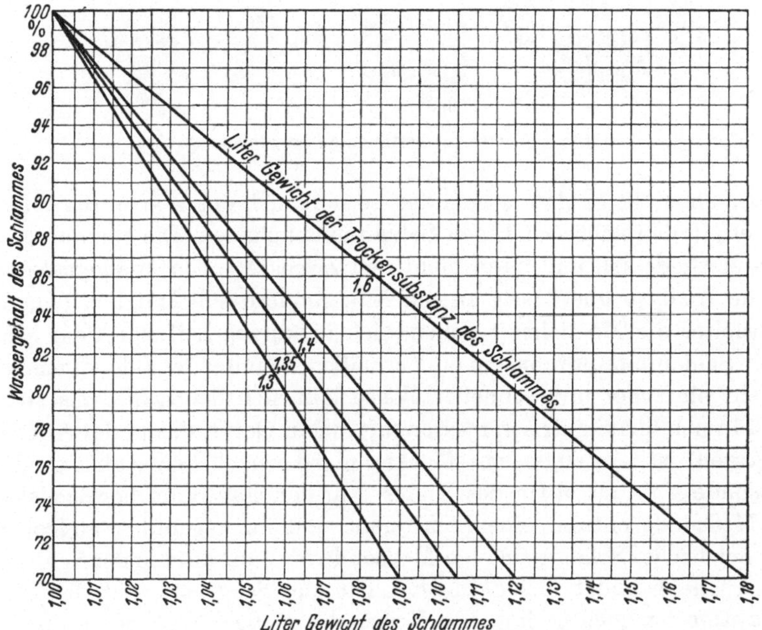

Abb. 101. Verhältnis des Wassergehaltes zum spezifischen Gewicht des Schlammes.

des spezifischen Gewichtes des Schlammes zum Wassergehalt des Schlammes unter Berücksichtigung des spezifischen Gewichtes der Trockenmasse aufgetragen. In der Waagerechten ist das spezifische Gewicht des Schlammes, in der Senkrechten der Wassergehalt des Schlammes abzulesen. Hat man z. B. festgestellt, daß die Trockensubstanz des Schlammes ein spezifisches Gewicht von 1,35 hat, ist ferner bei der Probenahme ein Gewicht des Schlammes von 1,03 kg/l ermittelt, so kann ohne weiteres abgelesen werden, daß der Wassergehalt der betreffenden Probe zwischen 91 und 92 % liegt. Ist in Schlitzhöhe z. B. ein Gewicht von 1,005 entsprechend einem Wassergehalt von 99 % und 1 m tiefer ein Gewicht von 1,025 entsprechend einem Wassergehalt von etwa 93 % festgestellt worden, so ist es notwendig, in der Mitte der beiden Messungen noch eine weitere Probe zu entnehmen, da sich bei der ersten Messung ergeben hat, daß zwar in Schlitzhöhe noch kein Schlamm vorhanden war, daß aber 1 m unter dem Schlitz Schlamm von etwa 93 % Wassergehalt angetroffen wurde. Ergibt die weitere Untersuchung, daß sich auch 50 cm unter dem

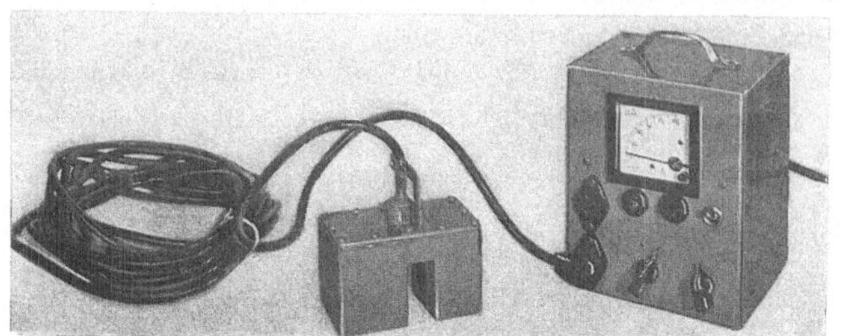

Abb. 102. Prüfgerät zur Bestimmung des Schlammstandes.

Schlitz ebenfalls Schlamm befindet, so muß sich der Wärter darauf einrichten, in den nächsten Tagen Schlamm abzulassen. Die eben beschriebene Methode soll und kann nicht den Zweck erfüllen, die genaue chemische Analyse überflüssig zu machen, sondern soll lediglich dem Betriebsleiter die Möglichkeit geben, sich in kurzer Zeit von dem Stand seiner Schlammfaulräume ein einigermaßen zutreffendes Bild zu machen. In sehr einfacher und schneller Weise läßt sich der Schlammstand in Faulräumen lichtelektrisch messen mit einem Gerät, das in der Abb. 102 dargestellt ist. An einem mit Markierungen versehenen Kabel wird die Meßsonde – in der Mitte des Bildes – in den Faulraum herabgelassen. Die Meßsonde enthält eine Lichtquelle und ihr gegenüber angeordnet eine Selenzelle. Solange sich die Meßsonde im Faulraum in der Schlammwasserzone befindet, dringt noch Licht zur Selenzelle und die Lichtabsorption ist noch gering. Der Zeiger des Meßgerätes, rechts im Bild, schlägt nur wenig aus. Dringt die Meßsonde aber in den Schlamm des Faulraumes ein, dann wird das gesamte ausgestrahlte Licht vom Schlamm absorbiert und der Zeiger des Meßgerätes schlägt auf der gegenüberliegenden Seite der Skala an. An dem durch Marken eingeteilten Kabel kann dann der Schlammstand im Faulraum abgelesen werden.

Das Gerät ist auch geeignet, in flachen Klärbecken festzustellen, ob auf der Sohle nennenswerte Mengen an Schlamm abgelagert sind.

Ist bei dem Verbindungsschlitz zweistöckiger Kläranlagen zwischen Absetzraum und Faulraum keine ausreichende Überschneidung der Schrägflächen vorhanden, dann kann ebenfalls Schlamm aus dem Faulraum in den Absetzraum übertreten. Man muß sich nämlich vor Augen halten, daß in dem eigentlichen Faulraum infolge der aufsteigenden Gase immer eine gewisse Bewegung vorhanden ist. Diese kann unter den eben geschilderten Umständen leicht Schlammstoffe in den Absetzraum hineintragen.

Bisweilen kann man bei zweistöckigen Absetzanlagen auch die Beobachtung machen, daß das einfließende, vollkommen frische Wasser die Kläranlage in einem mehr oder weniger stark angefaulten Zustand verläßt, trotzdem die Aufenthaltszeit des Abwassers in dem Klärbecken so ist, daß ein Anfaulen praktisch unmöglich ist. In den meisten Fällen haben wir es bei solchen Beobachtungen mit einer Beeinflussung des Abwassers aus dem Faulraum heraus zu tun.

Bei zweistöckigen Kläranlagen wird normalerweise eine dem täglich anfallenden Frischschlamm entsprechende Menge an fauligem Wasser aus dem Faulraum verdrängt, das sich mit dem durch die Absetzanlage fließenden Abwasser vermischt. Diese Menge ist aber im Verhältnis zum gesamtdurchfließenden Abwasser nicht groß, und da außerdem der Schlamm im Laufe eines Tages normalerweise ziemlich gleichmäßig verteilt anfällt, kann der Einfluß des fauligen Abwassers auf das Gesamtabwasser infolge zu starker Verdünnung mit frischem Abwasser rein äußerlich nicht festgestellt werden und das mechanisch geklärte Abwasser verläßt die zweistöckige Absetzanlage praktisch in dem gleichen frischen Zustand, in dem es eingeflossen ist. Wesentlich andere Verhältnisse können sich ergeben, wenn z. B. mit einem industriellen Abwasser, welches in die Kanalisation aufgenommen wird, plötzlich größere Mengen an Schlamm anfallen. Es kann dann dazu kommen, daß in kurzer Zeit verhältnismäßig große Mengen an fauligem Wasser aus dem Faulraum verdrängt werden und dadurch der Ablauf der Kläranlage nicht mehr frisch, sondern angefault ist. Die gleichen Verhältnisse ergeben sich auch, wenn auf einer Kläranlage plötzlich größere Mengen kalten Wassers, z. B. bei Schneeschmelzen, oder schwerere Abwässer, z. B. stark salzhaltige Abwässer, auftreten. Diese Abwässer fließen nicht einfach durch das Absetzbecken hindurch, sondern sinken infolge ihres hohen spezifischen Gewichtes durch die Schlitze in den Faulraum und verdrängen dort ebenfalls eine entsprechende Menge an fauligem Schlammwasser. Gleichzeitig können sie aber auch noch die Plasmolyse der anaeroben Bakterien auslösen und dadurch die Schlammzersetzung lahmlegen (s. Abschn. VI.).

Bei Flachklärbecken können sich starke Salzwellen im Abwasser besonders unangenehm in der Klärwirkung bemerkbar machen. Abwässer mit hohen Salzgehalten sind spezifisch schwer und bleiben in den Absetzbecken oft längere Zeit als Polster liegen. Folgt einer starken Salzwelle ein normales Abwasser, dann fließt dieses spezifisch leichtere Abwasser in den Flachbecken über das am Beckenboden liegende spezifisch schwerere Abwasser hinweg. Die Größe des Klärraumes ist durch das Vorhandensein des spezifisch schwereren Wassers erheblich vermindert und als Folge ergibt sich dann eine schlechte mechanische Reinigung des Abwassers. Es dauert oft Stunden, bis ein solches Salzpolster aus den Flachklärbecken durch Verdünnung und Auswaschung wieder verschwindet. In diesen Zeiten muß mit einem verschlechterten Kläreffekt in der Anlage gerechnet werden.

Den außergewöhnlichen Zuflüssen zur Kläranlage, sei es nun Abwasser oder Schlamm, ist von der Betriebsleitung immer besondere Aufmerksamkeit zu schenken. Vor allen Dingen muß vermieden werden, daß giftige Stoffe in den Faulraum gelangen, die die Schlammfaulung u. U. vollkommen zum Erliegen bringen. Bei zweistöckigen Kläranlagen ist die Fernhaltung solcher Stoffe natürlich nicht einfach, da man das Eindringen von Giftstoffen meist erst merkt, wenn die Gasentwicklung im Faulraum nachläßt. Wird das Abwasser aber in Flachbecken gereinigt, kann es bei genügender Sorgfalt in der Bedienung der Anlage leicht vermieden werden, giftige Schlämme in den getrennt liegenden Faulraum zu pumpen. Von den Gaswerken der Städte werden häufig teerige Schlammstoffe oder aus galvanischen Betrieben giftig wirkender Schlamm in die Kanäle abgelassen und gelangen dann auch zur Kläranlage. Die Abgänge sind im allgemeinen infolge ihres Gehaltes an Phenolen, Schwermetallen usw. für Bakterien sehr giftig. Ist also im Zulauf ein derartiger Schlamm festgestellt, und wird das Abwasser in einem Flachbecken gereinigt, dann ist es ratsam, den Tagesanfall an Schlamm nicht in den Faulraum zu pumpen, sondern sofort auf die Schlammstapelplätze. Hier muß er dann, um Geruchsbelästigung zu vermeiden, mit Kalk bestreut werden. Falls der giftige Schlamm aber doch in den Faulraum gebracht ist und ein Nachlassen der Gasentwicklung bemerkbar wird, muß man sich bemühen, diesen Schlamm möglichst schnell und weitgehend wieder aus dem Faulbehälter herauszubringen. Falsch wäre es, in solchen Fällen eine innige Durchmischung des Gesamtfaulrauminhaltes vorzunehmen, da auf diese Weise der gesamte Schlamm vergiftet wird und man u. U. die Faulanlage nach vollständiger Entleerung wieder neu einarbeiten muß. Ist daher in einer zweistöckigen Kläranlage in gewissen Zeitabständen mit besonders schlammhaltigen oder stark salzhaltigen Abwässern zu rechnen, dann ist es ratsam, dafür zu sorgen, daß derartige Abwässer durch Einschaltung von Ausgleichbecken an den Anfallstellen über einen möglichst langen Zeitraum zum Abfluß kommen, um auf diese Weise auf den Gesamttageszufluß zur Kläranlage gleichmäßig verteilt zu werden. Sind diese Verhältnisse aber schon vor dem Bau der Kläranlage bekannt und besteht keine Möglichkeit, die genannten Abwässer gleichmäßig zum Abfluß zu bringen, wählt man zweckmäßig zur mechanischen Reinigung der Abwässer der betreffenden Gemeinde keine zweistöckige Anlage, sondern eine Flachbeckenanlage mit getrennter Schlammfaulanlage, bei der die oben geschilderten Mißstände bei entsprechender Bedienung nicht auftreten können.

Sowohl in den Faulräumen der zweistöckigen Anlagen als auch bei den getrennten Schlammfaulbehältern kann bisweilen an Stelle der normalen Methangärung die sog. „saure Gärung" auftreten, die immer von einem starken Abfall des pH-Wertes der Schlammasse zur saure Seite hin begleitet ist. Rein äußerlich kennzeichnet sich diese saure Gärung darin, daß der Faulrauminhalt stark schäumt und eine Trennung von Schlamm und Schlammwasser nicht mehr eintritt, so daß z. B. bei getrennten Schlammfaulbehältern das beim Einbringen der täglichen Frischschlammenge abfließende Faulraumwasser, das im Normalbetrieb nur wenige Milliliter an Schlammstoffen enthält, außerordentlich schlammhaltig ist. In einem in saurer Gärung befindlichen Schlammfaulraum ergibt sich häufig ein erhöhter Anfall an lästigem Schwimmschlamm, und auch der übrige Schlamm wird nur unzureichend zersetzt, so daß er beim Ausbringen aus dem Behälter nur schwer auftrocknet und zu Geruchsbelästigungen führt. Selbständige, getrennte Schlammfaulbehälter sind vor ihrer Inbetriebnahme mit Wasser bzw. Abwasser zu füllen, um dem eingebrachten Schlamm sofort möglichst günstige Zersetzungsbedingungen zu geben. Aus den gärenden und gasenden Schlammfäden, die mehr oder weniger weit zur Oberfläche aufsteigen, können beim Durchtritt durch das Wasser die giftigen und die Zersetzung hindernden Ausscheidungsstoffe der Bakterien ausgewaschen werden, so daß sich der Faulbehälter wesentlich schneller einarbeitet. Bei neu in Betrieb genommenen Schlammfaulbehältern kann die saure Gärung dann auftreten und sehr lange anhalten, wenn zum vorhandenen ausgefaulten Schlamm laufend zu viel Frischschlamm eingebracht wird. Ausreichende Temperaturen von 25–30 °C im Faulbehälter helfen mit, die saure Gärung schnell zu überwinden. Wenn es sich eben einrichten läßt, ist es zweckmäßig, falls eine künstliche Erwärmung des Faulrauminhaltes nicht durchzuführen ist, mit der Inbetriebnahme der Anlage bis zum Frühjahr zu warten, weil dann die an sich höhere Temperatur des Abwassers und des Schlammes die Einarbeitung eines Faulraumes begünstigt. Muß aber aus zwingenden Gründen eine Kläranlage im Herbst in Betrieb genommen werden, ist es empfehlenswert, die Faulanlage nur sehr langsam einzuarbeiten, oder sich aus einer benachbarten Anlage eine ausreichende Menge an ausgefaultem Schlamm zu besorgen und in die eigene Anlage einzubringen, bevor Frischschlamm zugegeben wird. Man mischt in solchen Fällen zweckmäßig 1 Teil Frischschlamm mit 1 Teil Faulschlamm. Nach etwa 8–10 Tagen kann dann schon eine größere Menge Frischschlamm unter laufender Kontrolle des pH-Wertes zugefügt werden. Auf diese Weise steigert man langsam die Menge des Frischschlammes, bis es möglich ist, unter Aufrechterhaltung eines pH-Wertes von 7,0–7,5 den Tagesanfall an frischem Schlamm unterzubringen. In der Einarbeitungszeit, wenn der Gesamtanfall an frischem

Schlamm noch nicht in den Faulraum eingebracht werden kann, muß man vorübergehend für eine andere Beseitigungsmöglichkeit sorgen. Bei zweistöckigen Kläranlagen gestaltet sich die Einarbeitung des Faulraumes oft schwieriger, weil keine Möglichkeit gegeben ist, nur einen Teil des täglich anfallenden Frischschlammes dem Faulraum zuzuführen, es

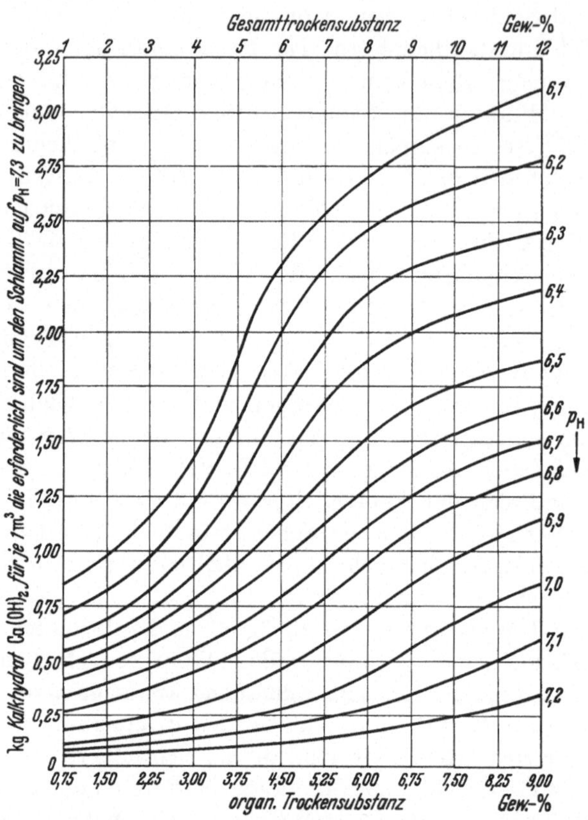

Abb. 103. Tafel zur Feststellung der Kalkzugabe zum Abwasserschlamm zwecks Regelung des pH-Wertes.

sei denn, daß man die Absetzanlage zunächst nur einige Stunden am Tage in Betrieb hält, um auf diese Weise eine geringere Belastung des Faulraumes zu erreichen.

Nach den Untersuchungen von REICHLE und SANDER kann man die saure Gärung eines Faulraumes überwinden und die Einarbeitungszeit abkürzen, wenn man zu dem Schlamm etwa 1–2% Laub in verrottetem Zustand gibt.

Ein sehr gutes Mittel, die saure Gärung eines Schlammfaulraumes zu überwinden, ist die Zugabe von Kalkmilch. Mit Rücksicht darauf, daß Kalk an sich ein Desinfektionsmittel ist und in zu starker Konzentration die Schlammbakterien abtötet, ist es notwendig, die Menge des zuzugebenden Kalkes genau zu bestimmen. Ist von dem zu behandelnden Schlamm der Gehalt an Trockensubstanz und sein pH-Wert bekannt, so kann aus der vorstehenden Kurventafel von RUDOLFS (Abb. 103) abgelesen werden, wieviel Kalk $(Ca[OH]_2)$ zugegeben werden muß, um den pH-Wert von 7,3 zu erhalten. Ist z.B. in einem Schlammfaulraum im Mittel ein Trockensubstanzgehalt von 6,0%, der Gehalt an organischer Substanz wird dann etwa 4,5% betragen, und hat der Gesamtinhalt des Faulbehälters einen pH-Wert von 6,6, so muß je Kubikmeter Schlamm etwa 0,1 kg Kalk zugegeben werden, um den gewünschten pH-Wert von 7,3 zu erreichen.

In einem Schlammfaulraum ist bekanntlich die Zusammensetzung des Inhaltes in den einzelnen Tiefen sehr verschieden. Auf der Oberfläche befindet sich meistens eine mehr oder weniger dicke Schwimmschlammschicht, dann folgt eine Schlammwasserschicht und anschließend der eigentliche Faulschlamm. Um nun den mittleren Gehalt an Trockensubstanz für eine Kalkzugabe zu ermitteln, ist es notwendig, Schlamm- bzw. Schlammwasserproben aus den verschiedenen Tiefen in Abständen von 1 m oder mehr zu entnehmen, wie es in Abb. 104 beispielsweise aufgezeichnet ist. Selbstverständlich muß auch die Stärke der Schwimmschicht festgestellt und eine Probe gesondert entnommen werden. Zur Entnahme der einzelnen Proben benutzt man zweckmäßig die Schlammheber von BLUNK oder FRIES.

Der von BLUNK konstruierte Apparat (s. Abb. 105) zur Entnahme von Schlammproben besteht aus einem in einem Gestänge angebrachten Metallzylinder, dessen beide Böden als doppelte Stempel ausgebildet sind. Der Stempel wird vor dem Hinablassen des unten mit Blei beschwerten Schöpfers nach unten geschoben, so daß der obere Zylinderboden die Lage des unteren einnimmt. Das Herablassen geschieht an einem markierten Seil. Sobald die gewünschte Tiefe erreicht ist, wird durch ein zweites Seil der Stempel nach oben gezogen und die Probe dann in dem völlig geschlossenen Zylinder aus dem Faulbehälter gefördert. Ein eingebautes Thermometer läßt auch gleichzeitig die Ablesung der Schlammtemperatur in der jeweiligen Tiefe des Faulbehälters zu.

Der Probenehmer von FRIES besteht ebenfalls aus einem beschwerten Metallzylinder, der mit Hilfe eines zweiten Zylinders, in den durch ein besonders angeordnetes Rohrsystem Druckluft eingeblasen werden kann, geöffnet oder geschlossen wird. Die Steuerung erfolgt durch einen Mehrwegehahn. Statt der Druckluft kann auch Wasser aus der Leitung als Druckmittel benutzt werden (Abb. 106).

Ist in den einzelnen Schlamm- bzw. Schlammwasserproben der Trockensubstanzgehalt und der pH-Wert bestimmt, dann kann aus der Kur-

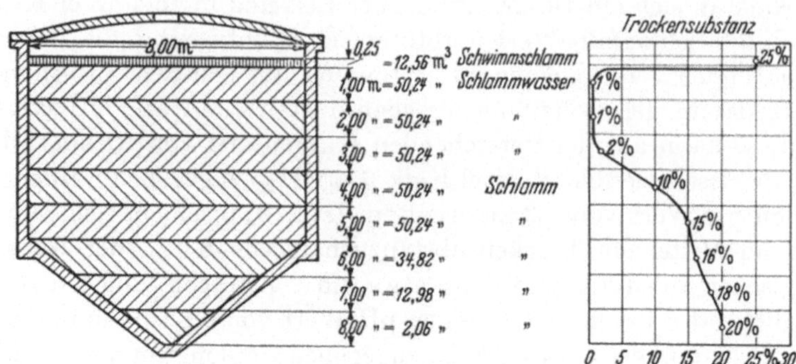

Abb. 104. Darstellung der Ermittlung der Trockensubstanz in einem Faulbehälter zwecks Einstellung des richtigen pH-Wertes.

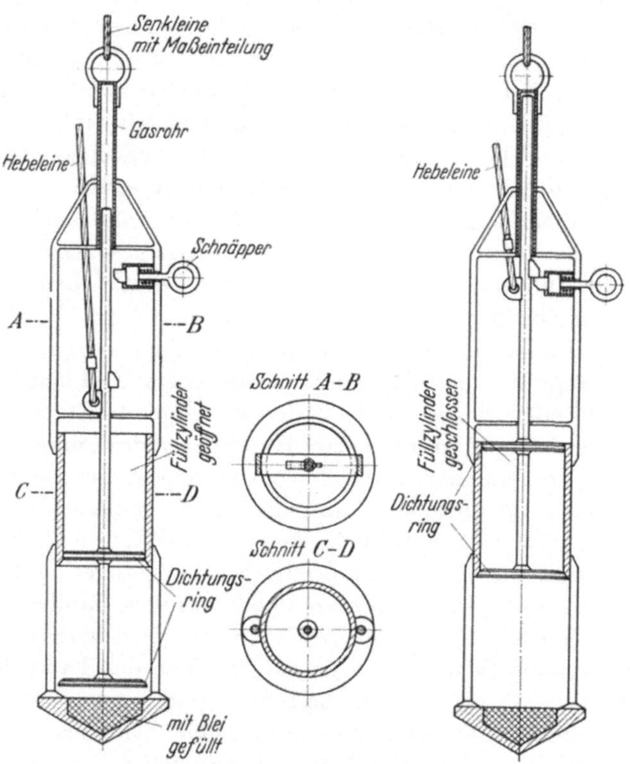

Abb. 105. Schlammprobenehmer (nach BLUNK).

ventafel von RUDOLFS (Abb. 103) die Kalkmenge ermittelt werden, die einem Faulraum zugefügt werden muß, um den gewünschten pH-Wert von 7,3 zu erhalten. Für den Faulraum von etwa 314 m³ Inhalt, der in der Abb. 76 dargestellt ist, errechnet sich bei einem mittleren Gehalt an

Schlammtrockensubstanz von 12% und einem angenommenen pH-Wert von 6,7 nach der Kurventafel der Abb. 103 eine zuzugebende Kalkmenge von $314 \cdot 1,5 = 471$ kg. Da der Handelskalk zu einem gewissen Grade verunreinigt ist, könnten dem Faulraum ohne weiteres 500 kg zugegeben werden. Liegt der pH-Wert so weit zur sauren Seite hin, daß die Tafel von RUDOLFS nicht ausreicht, um die notwendige Menge an Kalk zu ermitteln, gibt man zunächst einmal oder in Abständen von 1–2 Tagen eine kleine Menge an Kalkmilch zu, mischt den Schlamm gut durch und bestimmt dann in den einzelnen Tiefen den pH-Wert, der nicht unter 6,1 liegen soll.

Den erforderlichen Kalk gibt man am besten als dünne, etwa 10- bis 20%ige Lösung zu. Die Durchführung der Neutralisation erfordert allerdings eine gleichmäßige Vermischung des Kalkes mit dem Schlamm, die bei getrennten Schlammfaulbehältern nicht schwierig ist, da diese normalerweise ja mit Pumpen oder Rührwerken versehen sind. Bei zweistöckigen Kläranlagen kann die Mischmöglichkeit durch Aufstellung von Pumpen, am besten Membranpumpen, geschaffen werden.

Es kann vorkommen, daß nach der Kalkung der zunächst erreichte pH-Wert leicht wieder absinkt. In solchen

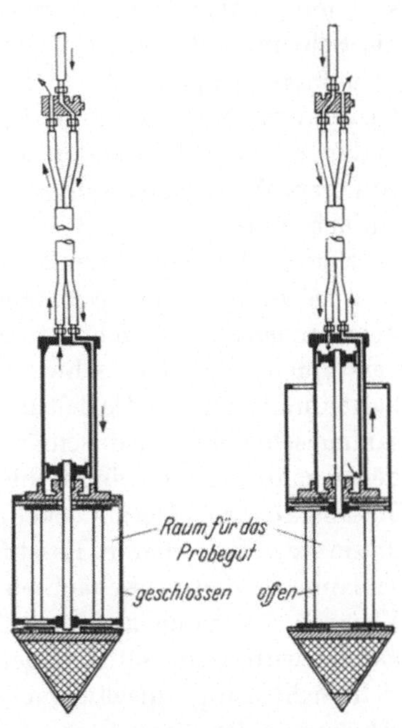

Abb. 106. Schlammprobenehmer (nach FRIES).

Fällen wird noch etwas Kalk nachgegeben, und zwar etwa 10% der ursprünglich zugeführten Menge, und dann erneut der pH-Wert ermittelt.

Schwimmschlamm, bestehend aus den leichten öligen und fetten Stoffen, ferner aus Strohteilchen, Korken usw., bildet sich in jeder Schlammfaulanlage, besondern dann, wenn z. B. die Abwässer aus den Schlachthöfen mit zur Kläranlage abfließen, da aus dem Mageninhalt der Tiere sehr viel leichte Stoffe (Heu, Stroh) in das Abwasser gelangen. Er kann oft sehr fest und kompakt sein. Auch die saure Gärung des Schlammes führt, wie schon erwähnt wurde, zu erhöhter Schwimmschlammbildung. In den zweistöckigen Kläranlagen sammelt sich der Schwimmschlamm in den Seiten- und Mittelschächten an. Wird das entstehende Methangas in solcher Anlage nicht gewonnen, ist es möglich, die Schwimmdecke von Zeit zu Zeit durch Stoffen zu zerstören, sie aufzuweichen und zum Absinken zu bringen. Leider gelingt eine derartige

Beseitigung nicht immer, so daß es ratsamer ist, die Schwimmschicht einfach zu entfernen und sie beim Ablassen des ausgefaulten Schlammes mit auf die Schlammstapelplätze zu pumpen. Infolge seiner sperrigen Eigenschaften und seines geringen Wassergehaltes fließt der Schwimmschlamm in den Schlammrinnen gar nicht oder nur schlecht ab. Wenn daher bei der Schwimmschlammbeseitigung nicht gleichzeitig Faulschlamm in ausreichender Menge abgelassen werden kann, dann müssen die Schwimmschlammstoffe mit Wasser zur Pumpstation oder auf die Schlammstapelplätze bzw. Trockenplätze abgeschwemmt werden. Soll ausgefaulter Schlamm in flüssiger Form abgegeben werden, ist es zweckmäßig, einen hochliegenden Zwischenbehälter (s. Abb. 47) einzuschalten. Auf diese Weise lassen sich die Schlammwagen der Landwirte schnell und einfach füllen.

Sind in den Schächten der zweistöckigen Kläranlagen Vorrichtungen zum Auffangen der Schlammgase vorhanden, dann kann sich der Schwimmschlamm leicht vor und in die Gasleitungen setzen und diese verstopfen. Um den Schwimmschlamm weitgehend unter Wasser zu halten und von den Gasleitungen fernzuhalten, bringt man in den Gassammelschächten gasdurchlässige Holzdeckel oder Holzstäbe an, unter denen man den Schwimmschlamm ebenfalls von Zeit zu Zeit entfernt. Metallstäbe oder Metalldeckel haben sich im allgemeinen nicht bewährt, da sie stark korrodieren. Es ist ferner versucht worden, auf den Schwimmschlamm in den Gasschächten Abwasser zu pumpen, um ihn auf diese Weise zu zerstören und zum Ausfaulen zu bringen. Durch diese Maßnahme wird wohl ein Teil des Schwimmschlammes, und zwar der an sich nicht zum Aufschwimmen neigende Schlamm, der mit den aufschwimmenden Stoffen zur Oberfläche gerissen ist, ausgewaschen und wieder zum Absinken gebracht, aber die eigentlich leichten Schwimmstoffe lassen sich auf diese Weise nicht beseitigen. Die Maßnahmen, den Schwimmschlamm unter den Gashauben selbsttätig durch Öffnen eines eingebauten Schiebers zu entfernen, führen im allgemeinen nicht zu dem gewünschten Erfolg. Beim Öffnen der entsprechenden Schieber stellt man meistens eine völlige Verstopfung durch die trockenen Schwimmschlammstoffe fest. Das Freispülen der Schieber ist nicht einfach und erfordert viel Zeit. Zweckmäßiger ist es, die Gashaube zu öffnen und den Schwimmschlamm mit Hand zu entfernen.

Die Schwierigkeiten in getrennten Schlammfaulräumen sind meist die gleichen wie bei den zweistöckigen Anlagen und auch die Ursachen sind häufig dieselben. Man hat es aber bei getrennten Schlammfaulbehältern in der Hand, durch besondere Maßnahmen, wie Beheizung und Umrühren des Behälterinhaltes, gewisse Betriebsschwierigkeiten, vor allem auch die Bildung des lästigen Schwimmschlammes von vornherein zu vermindern, zu unterbinden oder zu vermeiden. Die Beheizung der

Faulräume, für die nur selbst gewonnenes Methangas oder auch billige Brennstoffe in Frage kommen, kann auf die verschiedenste Weise durchgeführt werden, und zwar durch den Einbau von Heizschlangen an der Sohle oder an den Wänden des Faulbehälters. Es ist allerdings schwierig, eine Verkrustung der Heizrohre zu vermeiden, so daß die Wärmeabgabe und damit der Wirkungsgrad der Heizung mit der Zeit abnimmt. Außerdem kann es durch Korrosion zur Zerstörung der Heizrohre kommen. Neuerdings hängt man Bündel von herausnehmbaren Heizrohren in den Faulbehälter. Durch diese Art der Beheizung wird allerdings nur der obere Teil des Behälters erwärmt und zwecks gleichmäßiger Verteilung der eingebrachten Wärme muß der Behälterinhalt innig durchmischt werden. Bei den herausnehmbaren Heizrohren, die man zweckmäßig alle 6 Monate ausbaut, kann eine eingetretene Verkrustung leicht beseitigt werden, während das bei den an die Wände oder auf den Boden eines Faulbehälters verlegten Heizungssystemen nicht möglich ist, es sei denn, daß man den Behälter vollkommen entleert.

Die Heizanlage kann auch außerhalb des Faulbehälters angebracht sein. Entweder wird der Schlamm oder das Schlammwasser aus dem Faulbehälter durch die Heizanlage gepumpt, die aus einem Rohrsystem besteht, das von heißem Wasser umspült ist. Man kann auch den täglich in die Faulanlage eindringenden Frischschlamm aufheizen. Bei einem derartigen Betrieb stellen sich recht häufig Verstopfungen durch sperrige Stoffe des Schlammes ein, so daß es zweckmäßig und notwendig ist, nach jedem Aufheizbetrieb eine Reinigung und Spülung der Heizanlage vorzunehmen.

Die Umwälzung des Schlammrauminhaltes durch Rührwerke, Pumpen oder Schraubenschaufler bringt an sich keine größeren Betriebsschwierigkeiten mit sich, wenn nur eine ausreichende und zuverlässige Wartung der Maschinen vorhanden ist.

Eine Faulanlage für städtischen Abwasserschlamm arbeitet dann gut und zufriedenstellend, wenn sie folgende Bedingungen erfüllt:

1. Der ausgefaulte Schlamm muß grauschwarz bis schwarz aussehen.

2. Er darf nicht mehr stinken, sondern muß einen gummiartigen Geruch haben.

3. Die Reaktion muß neutral bis schwach alkalisch sein, der pH-Wert soll bei 7,0–7,5 liegen.

4. Der Wassergehalt soll niedrig sein und etwa 80–85% betragen.

5. Die organischen Stoffe des Schlammes müssen weitgehend abgebaut sein; die Trockensubstanz soll etwa zu 30% aus organischen und zu 70% aus mineralischen Stoffen bestehen.

6. Der Schlamm muß leicht drainierbar sein, sein Wasser schnell abgeben und auf Trockenbeeten oder in Schlammbecken schnell abtrocknen.

Eine gute Kontrollmöglichkeit, ob die Schlammfaulung in Ordnung ist, ergibt sich durch die Bestimmung der Fettsäuren (berechnet als Essigsäure, CH_3COOH).

Aus Zahlentafel 15 ist zu ersehen, mit welchen Mengen an Fettsäuren in gut und schlecht arbeitenden Schlammfaulräumen zu rechnen ist.

Zahlentafel 15. *Fettsäuregehalte des Schlammes in Faulräumen*

Beurteilung des Schlammes	Fettsäuregehalt (CH_3COOH) mg/l
1. Sehr gut arbeitende Faulräume	70–200
2. Gut arbeitende Faulräume	200–400
3. Befriedigend arbeitende Faulräume	400–600
4. Schlecht arbeitende Faulräume	600–1000
5. Sehr schlecht arbeitende Faulräume	über 1000

Die Veränderung des Frischschlammes beim Ausfaulen ist nach SIERP und IMHOFF durch folgende Zahlenwerte gekennzeichnet (Zahlentafel 16).

Zahlentafel 16

	Frisch-schlamm	Faul-schlamm
Gesamtanfall (Kopf/Tag)	1,08 l	0,26 l
Wassergehalt	95%	80%
Trockensubstanzgehalt	5%	20%
Gesamttrockensubstanz	50 g	40 g
Wassermenge	950 g	160 g
In der Trockensubstanz sind enthalten:		
Mineralische Anteile	35%	45%
Organische Anteile	65%	55%
Stickstoff (N)	3%	1,5%
Fettstoffe (pflanzlicher oder tierischer Art)	10–15%	3–4,5%

Das bei getrennt liegenden selbständigen Schlammfaulbehältern anfallende Faulraumwasser – die Menge entspricht der täglich zugepumpten Frischschlammenge – wird zweckmäßig in den Zulauf der mechanischen Reinigungsanlage geleitet und hier entschlammt. Hat das Faulraumwasser aber einen hohen Gehalt an Schlammstoffen, dann ist es günstiger, die Behandlung in gesonderten Behältern oder auf drainierten Trockenbeeten vorzunehmen, denn der mit dem Faulraumwasser abfließende Schlamm neigt zu starker Gasentwicklung, so daß er in dem Klärbecken der mechanischen Anlage zur Oberfläche aufsteigen und mit in den Ablauf der Kläranlage gelangen kann. Die Belastung der Trockenbeete darf aber nur so groß sein, daß das Faulraumwasser auch tatsächlich durch die Drainagen zum Abfluß kommt. In solchen Fällen ergibt sich ein einwandfreier Ablauf. Werden die Beete so stark belastet, daß das Faulraumwasser durch einen Überfall usw. abfließt, dann ergeben sich in der Klärung der Wässer schnell Unzuträglichkeiten. Die Trockenbeete stellen dann nämlich viel zu flache Absetzbecken dar, aus denen die schon ausgeschiedenen, zur Gasbildung neigenden Schlammstoffe wieder mit ausgeschwemmt werden, so daß keine ausreichende Klärwirkung vorhanden ist. Die direkte biologische Reinigung des Faulraumwassers ist auf Grund seines hohen Gehaltes an gelösten mineralischen und organischen Stoffen und an Schwefelverbindungen nicht anzuraten.

Tritt in dem Faulgas einer Kläranlage eine erhebliche Menge von Schwefelwasserstoff auf, dann kann es zweckmäßig sein, das Abwasser vor Eintritt in die Absetzbecken mit etwa 10–15 g/m³ zu chloren. Es werden dann in den Schlammstoffen die Schwefelbakterien, die aus dem Schwefel des Eiweißes, oder durch Reduktion der Sulfate, Schwefelwasserstoff bilden, abgetötet und die Methangärung kann sich nach dem Einbringen des frischen Schlammes in die Faulbehälter besser durchsetzen.

Das lästige Schäumen und Kochen in Schlammfaulräumen kann nach SIERP folgende Gründe und Ursachen haben:

1. Übermäßige Belastung mit frischem Schlamm im Verhältnis zu dem im Faulraum vorhandenen ausgefaulten Schlamm.

2. Außergewöhnlich stark vermehrte Tätigkeit der gasbildenden Bakterien, die eine zu starke Gasbildung und damit das Kochen bzw. Schäumen des Schlammes verursachen.

3. Gehalt des Frischschlammes bzw. des Abwassers an ungünstigen Organismen.

4. Charakter des Abwassers. Abwässer mit einem hohen Gehalt an Kohlehydraten (Stärkefabrikabwasser, Brauereiabwasser, Konservenfabrikwasser usw.) lassen das Schäumen leicht auftreten.

5. Abweichung vom normalen pH-Wert im Schlamm.

6. Starke Viskosität des Schlammes oder Schlammwassers sowie die mechanische Tätigkeit des Gases beim Versuch, durch die Schlammdecke von hoher Oberflächenspannung zu entweichen.

7. Beschränkte Fläche der Gasschlote.

8. Einfluß der Temperatur. Niedrige Temperaturen sollen das Schäumen begünstigen.

9. Einfluß von schlecht ausgefaultem Impfschlamm.

10. Ungünstiger Einfluß der pflanzlichen und tierischen Fette, die durch die Alkalität des Wassers verseift werden.

Nach SIERP können folgende Maßnahmen zur Vorbeugung bzw. zur Beseitigung des Schäumens und Kochens angewandt werden:

11 Husmann, Abwasserreinigung, 3. Aufl.

1. Sorgfältige Erhaltung des Gleichgewichtes zwischen Frischschlamm und Faulschlamm. Es ist empfehlenswert, den ausgefaulten Schlamm häufig und in kleinen Mengen abzuziehen und z. B. bei Emscherbrunnen den Schlammspiegel stets hoch zu halten.

2. Vollständige Entleerung des Faulraumes.

3. Anwendung von Kalk (s. S. 155), Regelung des pH-Wertes.

4. Chlorung des Abwassers, und zwar mit einer Chlorzugabe von 3–5 mg/l.

5. Aufbrechen der Schwimmdecke durch mechanisches Rühren. Diese Maßnahme hat nur vorübergehenden Erfolg.

6. Entfernung des Schwimmschlammes aus den Gasschächten. Hierdurch wird zwar eine augenblickliche Erleichterung erreicht, aber keine dauernde Beseitigung des Schäumens und Kochens.

7. Heizen des Faulrauminhaltes bei Inbetriebnahme als Vorbeugungsmaßnahme zur Vermeidung späteren Schäumens.

8. Zugabe von pulverförmiger Aktivkohle zusammen mit dem anfallenden Frischschlamm in Mengen von 3–4 g/m³ zum Rohwasser.

Schwierigkeiten in Kläranlagenbetrieben, vor allen Dingen bei der Schlammbewirtschaftung, treten häufig auch dadurch auf, daß nicht die zweckmäßigsten Pumpen zur Beförderung der Schlämme eingebaut sind.

Zur Förderung von Abwasserschlämmen, ganz gleich, ob es sich dabei um Frischschlamm oder Faulschlamm handelt, arbeiten einfache Druckluftanlagen wohl mit einem schlechteren Wirkungsgrad, aber vollkommen betriebssicher. Man verwendet hierbei gewöhnliche Druckkessel, die im Zufluß mit einem Grobrechen ausgestattet sind, um Sperrstoffe, die sich in die Schieber setzen können, zurückhalten. Mammutpumpen, Membranpumpen leisten ebenfalls bei Förderung der verschiedensten Schlämme gute Dienste. Bei Zentrifugalpumpen können dadurch erhebliche Betriebsschwierigkeiten entstehen, daß sich in der Pumpe aus dem in Zersetzung befindlichen Schlamm Gaspolster bilden, wodurch die Förderleistung stark herabgesetzt oder auch ganz unterbunden werden kann. Besonders in den Betriebspausen, wenn noch Reste vom geförderten Schlamm in den Leitungen und in der Pumpe verbleiben, kann sich das Gas ansammeln. Es ist daher empfehlenswert, nach dem Schlammpumpen die Leitungen mit sauberem Wasser zu spülen oder in die Leitungen und Pumpen Wasser einlaufen zu lassen.

In den Zentrifugalpumpen würgen sich vielfach Lumpen und ähnliche Stoffe, die immer, trotz vorgeschalteter Rechenanlagen noch häufig im Abwasserschlamm enthalten sind, fest. Man kann den sich ergebenden Betriebsschwierigkeiten dadurch begegnen, daß die Schaufel der Pumpe mit Schneidemessern versehen werden.

Die Gasleitungen auf den Kläranlagen sind infolge des Gehaltes an Kohlensäure im Faulgas immer sehr starken Zerstörungen durch Korrosionen ausgesetzt. Die Leitungen sind daher so zu verlegen, daß sich keine Wassersäcke bilden können. Außerdem müssen an den Tiefpunkten Ablaßschieber angebracht werden, um das in den Leitungen sich ansammelnde Wasser laufend abzulassen. Der Kontrolle der Gasleitungen ist auf den Kläranlagen besondere Sorgfalt zuzuwenden, am besten verlegt man sie auf die Bodenoberfläche. Sind zum Auffangen der Faulgase eiserne Dome und Kästen vorhanden, dann sind auch diese laufend auf ihre Dichtigkeit zu prüfen, um Gasverluste zu vermeiden. Es ist empfehlenswert, die eisernen Gasauffangvorrichtungen häufig innen und außen mit guten Rostschutzanstrichen zu versehen. Das gleiche gilt auch für die Innenseite der Gasleitungen. Rohrleitungen aus Kunststoffen können mit gutem Erfolg zum Einsatz kommen.

5. Biologische Reinigungsanlagen

a) Rieselfeldanlagen

Beim Betrieb der *Rieselfeldanlagen* ist besonderes Augenmerk darauf zu richten, daß die Haupt- und Nebenzuleiter nicht zuschlammen bzw. durch Unkraut und Abwasserpilze zuwachsen. Andererseits dürfen in ihnen, wenn sie nicht mit Sohlschalen ausgekleidet sind, aber auch keine Zerstörungen durch zu hohe Wassergeschwindigkeit auftreten. In den Hauptzuleitern soll nach Möglichkeit auch beim stärksten Zufluß eine Geschwindigkeit von 1 m/s nicht überschritten werden. In den Verteilergräben ist das Gefälle so zu wählen (1 : 150 bis 1 : 200), daß die Fließgeschwindigkeit nicht mehr als 0,5 m/s beträgt. Für die Einlaufstellen des Abwassers in die Rieselflächen sind u. U. besondere Maßnahmen (Kastenrinnen usw.) vorzusehen, damit keine Ausspülungen eintreten können. Sind die Zuleiter mit Sohlschalen oder Platten ausgelegt, dann ist die Sauberhaltung verhältnismäßig einfach. Handelt es sich aber um einfache Gräben, dann erwächst für deren Instandhaltung oft eine erhebliche Mehrarbeit. Um mit den Zuleitern möglichst wenig Arbeit zu haben, ist es empfehlenswert, weitgehend geschlossene Rohrleitungen zu verwenden. Eine Verschlammung dieser Leitungen ist im allgemeinen nicht zu befürchten, wenn das Abwasser vor der landwirtschaftlichen Verwertung mechanisch gereinigt worden ist.

Öle und Fette, besonders solche mineralischer Natur, dürfen den Rieselflächen in größeren Mengen nicht zugeführt werden, da sie sich im Boden anreichern und den unerwünschten Ortstein bilden, wodurch eine Abtrennung der oberen Bodenschicht vom Grundwasser eintreten kann.

Über die Ausnutzung der im städtischen Abwasser vorhandenen Dungstoffe im Boden und durch die Pflanzen herrschen bisweilen recht unklare Vorstellungen vor. Wie aus der Zahlentafel 17 zu ersehen ist, wird immer nur ein Teil der mit dem Abwasser in den Boden eingebrachten Dungstoffe zurückgehalten, ja, bei gewissen Böden wird sogar ein

Zahlentafel 17

Bodenart	Vom Boden werden bei mäßig verregneten oder verrieselten Abwassermengen zurückgehalten			
	Stickstoff (N)	Phosphorsäure (P_2O_4)	Kali (K_2O)	Kalk (CaO)
Besandetes Moor	85%	96%	71%	
Erde auf Moor	70%	84%	41%	
Anmooriger Boden	65%	80%	26%	
Lehmiger Boden	72%	38%	56%	−17%
Lehmstich	84%	98%	94%	−30%
Mittelschwerer Boden	90%	79%	67%	− 2%
Rieselwiese	90%	50%	13%	−37%

wichtiger Wachstumsfaktor, nämlich Kalk, sehr leicht durch die Zufuhr von Abwasser ausgewaschen.

Aus diesen Zahlen ist leicht zu erkennen, daß ein Boden, ganz gleich, welcher Art er ist, nicht alle ihm mit dem Abwasser zugeführten Pflanzendungstoffe zurückhält. Stickstoff wird im Mittel mit etwa 80% am stärksten adsorbiert, dann folgt die Phosphorsäure mit etwa 70% und die Kaliverbindungen mit 50%. Kalk wird aus dem Abwasser im Boden nicht festgehalten, sondern bei der Zufuhr von Abwasser zum Rieselfeld wird noch ein Teil des Kalkes aus dem Boden auf Grund chemischer Umsetzungen ausgetauscht und ausgewaschen. Es muß deshalb besonders darauf hingewiesen werden, daß ein Rieselgelände häufiger zu kalken ist als ein Boden, der sich in normaler Bewirtschaftung befindet.

Wie sehr sich hinsichtlich der Dungstoffausnutzung z.B. die Hangberieselung von der Stauberieselung unterscheidet, geht aus der folgenden Zahlentafel 18 hervor, die auf Grund eigener Untersuchungen zusammengestellt ist.

Zahlentafel 18

Art des Rieselfeldes	Vom Boden werden absorbiert			
	Stickstoff (N)	Phosphorsäure (P_2O_5)	Kali (K_2O)	Kalk (CaO)
Stauberieselung	65%	85%	65%	−12%
Hangberieselung	26%	35%	10%	−30%

Diese Zahlen lassen ganz klar und eindeutig den Unterschied erkennen, der in der Ausnutzung der Abwasserdungstoffe bei den beiden Verfahren möglich ist.

Um einmal eine weitgehende Ausnutzung der im Abwasser vorhandenen Dungstoffe zu erreichen und zum anderen vor allem auch eine ausreichende biologische Reinigung der Abwässer sicherzustellen, eine

Abb. 107. Einführen der Gummiblase in einen Hauptableiter einer Staufläche.

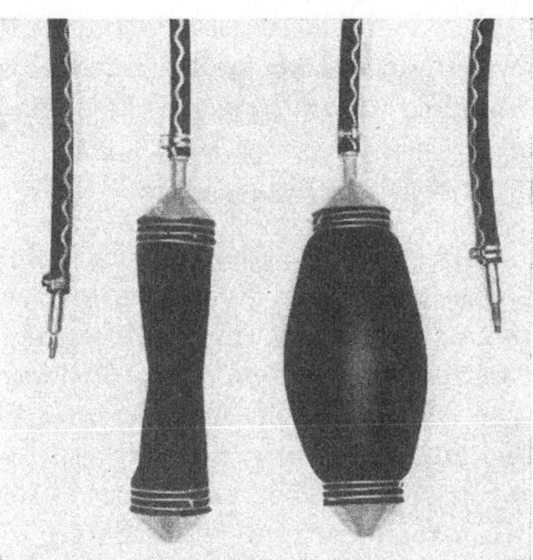

Abb. 108. Gummiblase, links im Normalzustand und rechts aufgeblasen zum Verschluß der Hauptableiter aus den Stauflächen.

Forderung, die bei der landwirtschaftlichen Nutzung der städtischen Abwässer leicht etwas in den Hintergrund tritt, ist es wichtig, das Abwasser vollkommen gleichmäßig auf die genutzten Flächen zu verteilen.

Bei der *Stauberieselung* wird man hinsichtlich der einwandfreien biologischen Abwasserreinigung und der Ausnutzung der Dungstoffe einen vollen Erfolg nur dann haben können, wenn die Drainagen so tief liegen, daß sich das Abwasser lange genug im Boden aufhalten kann. Fließt das in die Stauflächen eingeleitete Abwasser zu schnell durch die Drainagen ab, dann wird es nur teilweise gereinigt und die Dungstoffausnutzung ist schlecht. Zweckmäßig verschließt man während der Abwasserzuleitung die Hauptstränge der Ableiter durch Schieber. Ein einfaches Mittel hierzu ist auch eine Gummiblase, wie sie in Abb. 107 dargestellt ist. Der Wärter schiebt die mit einem längeren Schlauch befestigte Blase in den Ableiter binein (Abb. 108). Sobald die Blase ausreichend aufgepumpt ist, verschließt sie den Ableiter vollkommen. Durch ein einfaches Fahrradventil kann die Luft wieder abgelassen werden, der in der Staufläche vorhandene Wasserdruck befördert die Blase aus dem Drainagerohr wieder heraus und das genutzte und biologisch gereinigte Abwasser kann nach einer kürzeren oder längeren Aufenthaltszeit im Boden frei zum Abfluß kommen.

Die *Hangberieselung* kann nur dann eine befriedigende biologische Reinigung des Abwassers und Nutzung der Dungstoffe gewährleisten, wenn es gelingt, das Abwasser gleichmäßig über die Hänge zu verteilen. Wichtig ist, daß die Hänge lang genug sind. Sehr häufig bilden sich bei derartigen Anlagen, bedingt durch die Bodenverhältnisse, sehr schnell Wasserrinnen heraus, die das zu reinigende oder zu nutzende Abwasser auf dem kürzesten Wege dem Ableiter ungereinigt zuführen. Man sollte daher bei einer Hangberieselung keine Mühe und Kosten scheuen, um die gleichmäßige Abwasserverteilung zu erreichen und dauernd aufrechtzuerhalten.

b) Verregnungsanlagen

Die weiträumige *Verregnung* der Abwässer bietet im allgemeinen eine Gewähr dafür, daß ihre biologische Reinigung in ausreichendem Maße sichergestellt ist und daß auch die im Abwasser vorhandenen Dungstoffe weitgehend ausgenutzt werden. Die zu erwartenden Betriebsschwierikeiten werden im allgemeinen auf der maschinellen Seite bei den Pumpen, Verregnungsdüsen usw. zu erwarten sein. Eine gut gepflegte Verregnungsanlage wird aber immer betriebsbereit sein. Durch eine gelegentliche Kontrolle der unter Beregnung stehenden Flächen muß man sich davon überzeugen, daß das Abwasser auch tatsächlich gleichmäßig in den Boden eindringt und nicht durch Mause- oder Maulwurfslöcher direkt zur Vorflut abfließt.

c) Fischteichanlagen

Beim Betrieb von *Abwasserfischteichen* ist es wesentlich, daß die mechanisch gut gereinigten Abwässer frisch und nicht bereits angefault in die Teiche geleitet werden. Außerdem ist darauf zu achten, daß immer genügend sauerstoffreiches Verdünnungswasser vorhanden ist, damit es auch im Teich selbst nicht zu Reduktionsvorgängen, zur stinkenden Fäulnis und Schwefelwasserstoffbildung kommen kann. Werden in dieser Beziehung Fehler gemacht oder Unachtsamkeiten begangen, so können die schwersten Schäden und Verluste im Fischbestand entstehen. Kommen infolge ungünstiger Kanalisationsverhältnisse die Abwässer schon

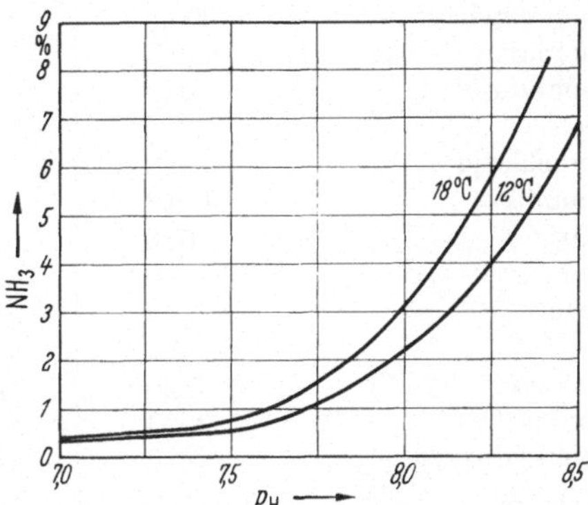

Abb. 109. Prozentuale Dissoziation einer Ammoniumsalzlösung in freies Ammoniak (NH₃) in Abhängigkeit vom pH der Lösung bei 12 und 18 °C.

angefault an, so ist es oft ratsam, die geklärten Abwässer vor der Einleitung in die Fischteiche einer kurzen Belüftung zu unterziehen. Selbstverständlich bedarf es einer genauen und laufenden Kontrolle, ob mit dem Abwasser Giftstoffe anfallen.

Die Giftwirkung vieler Abwasserinhaltsstoffe hängt außer von ihrer eigenen Konzentration auch von anderen Faktoren ab, z. B. von der Temperatur, den sonstigen Begleitstoffen im Abwasser, dem Sauerstoffgehalt, der Härte des Wassers, dem pH-Wert usw. Bei niedrigen pH-Werten liegen die Ammoniumionen fast ausschließlich als ungiftiges Ammonium (NH₄) vor. Verschiebt sich der pH-Wert aber zur alkalischen Seite, dann werden die Ammoniumsalze gespalten und das ungiftige Ammonium wird zum giftigen freien Ammoniak (NH₃). In der Abb. 109 sind diese Zusammenhänge zu erkennen.

In seinem Handbuch der Frischwasser- und Abwasserbiologie, Bd. II, München (1960) hat LIEBMANN die Fischgiftigkeit verschiedener Abwasserinhaltsstoffe zusammengestellt, von denen die wichtigsten in der Zahlentafel 19 zusammengestellt sind.

Das Verdünnungswasser soll mindestens das 2–5fache des zu behandelnden Abwassers ausmachen. Je wärmer das Verdünnungswasser ist, um so ungünstiger ist es, weil es das Bakterienleben und Planktonwachstum fördert. Es muß u. U. durch einen Vorwärmteich geleitet werden. Da bei den Pflanzen die Assimilation, bei der Sauerstoff an das Wasser abgegeben wird, nur am Tage bei Licht vor sich geht, der Dissimilations-

Zahlentafel 19.
Grenzkonzentrationen für die Giftwirkung verschiedener Abwasserinhaltsstoffe

	mg/l		mg/l
Alkylarylsulfonat	3,0	Eisen (Fe gelöst)	0,9
Alkylsulfat	4,0	Essigsäure	1,0
Ammoniak (freies NH_3)	0,2	Formaldehyd	10,0
Ammoniumbicarbonat	120,0	Kaliumaluminiumsulfat	16,0
Ammoniumchlorid	200,0	Kobalt (Co)	1,0
Ammoniumcarbonat	140,0	m-Kresol	0,5
Ammoniumsulfid	60,0	Kupfer (Cu)	0,01
Arsen	0,7	Mangansalze (Mn)	15,0
Bariumchlorid	500,0	Milchsäure	50,0
Bariumnitrat	400,0	Naphthalin	1,0
Benzin	15,0	Nickel (Ni)	0,1
Benzol	5,0	Oxalsäure	20,0
Blausäure	0,03	Phenol	1,0
Blei	0,1	Quecksilber(II)Chlorid (Hg)	0,004
Buttersäure	50,0	Schwefelwasserstoff	0,4
Cadmium (Ca)	0,03	Toluol	10,0
Calciumhydroxyd	50,0	Trinitrophenol	20,0
Carbolineum	3,0	Trinitrotoluol	1,0
Chlor	0,05	Weinsäure	100,0
Chrom	0,1	Xylenol	2,0
Dinitrobenzol	5,0	Xylol	10,0
Dinitrotoluol	10,0	Zinksalze (Zn, besonders	
Dinitrophenol	0,5	$ZnSO_4$)	0,1

vorgang jedoch nachts eintritt und dem Wasser Sauerstoff entzieht, kann es bei starker Pflanzenentwicklung während der Nacht leicht zu Sauerstoffmangel im Teich kommen. Diesem Umstand ist im Betrieb Rechnung zu tragen, so daß u. U. eine erhöhte Zufuhr an Verdünnungswasser stattfinden muß. Ist nicht genügend Verdünnungswasser vorhanden, kann auch das Ablaufwasser der Teiche nach genügender Anreicherung mit Sauerstoff durch Lufteinblasen oder durch Überleiten über Kaskaden benutzt werden. Auch Grundwässer eignen sich unter bestimmten Bedingungen als Verdünnungswasser. Während sie im Sommer u. U. besonders belüftet werden müssen, bieten sie im Winter den Vorteil, daß sie die Vereisung der Teiche weitgehend verhindern. Ein hoher Gehalt an Eisen im Grundwasser bzw. Verdünnungswasser kann zu einer Schädigung der Fische insofern führen, als das flockig ausfallende Eisenhydroxyd sich in den Kiemen der Fische fängt und auf diese Weise die Atmungsfähigkeit hindert. Die Durchflußzeit durch einen Fischteich soll mehrere Tage betragen.

Die Mischung von Abwasser und Frischwasser wird erst kurz vor dem Einlauf der beiden in den Teich vorgenommen, um zu verhüten, daß sich in der Zulaufrinne Abwasserpilze (Sphaerotilus) entwickeln, die zu einer Verschlammung der Teiche an der Einlaufseite führen. Auf Fischschädlinge ist besonders zu achten (Gelbrandkäfer usw.).

Mindestens alle 2 Jahre ist ein Fischteich im Winter für einige Wochen stillzulegen, damit der Boden durchfriert. Undichte Teiche werden durch Verschlickung in verhältnismäßig kurzer Zeit vollkommen dicht. Beachtung ist den Dämmen zu schenken, damit sie nicht durch Maulwürfe und Wühlmäuse zerstört werden.

Die Mischung von Abwasser und Verdünnungswasser darf in den Fischteich nicht in einem geschlossenen Strom einfließen, sondern muß in eine Reihe kleiner Zuflüsse aufgelöst sein. Der Sauerstoffgehalt soll bei Besatz mit Karpfen und Schleien nicht unter 3–4 mg/l und bei Besatz mit Forellen nicht unter 6–7 mg/l absinken.

Die Ufer der Fischteiche sind von Gebüsch und Bäumen freizuhalten, damit die Belichtung und Durchsonnung der Teiche nicht beeinträchtigt wird. Übermäßiger Pflanzen- und Schilfbewuchs ist in den Fischteichen zu vermeiden.

Vor der Inbetriebnahme müssen die Fischteiche zunächst gekalkt werden mit einer Menge von etwa 20 Ztr./ha und dann einige Wochen mit dem sauberen Verdünnungswasser gefüllt sein, damit sich die notwendigen Wasserpflanzen, die man einsetzen muß, ausreichend entwickeln können. Es kann auch ratsam sein, die Abwasserfischteiche vor ihrer Inbetriebsetzung mit Wassertieren, wie Würmern, Kleinkrebsen, Wasserasseln und Schnecken zu besetzen.

Für den einwandfreien Betrieb einer Abwasserfischteichanlage ist es notwendig, den Sauerstoffgehalt im Teichwasser laufend festzustellen, um erforderlichenfalls die Frischwasserzufuhr zu erhöhen oder die Abwasserzufuhr zu drosseln, um drohende Schäden zu verhüten. Besonders an schwülen Sommertagen bedürfen die Fischteiche einer besonders sorgfältigen Kontrolle. Ist in einem Teich Sauerstoffmangel vorhanden, kommen die Fische an die Oberfläche und den Uferrand, so daß sich hier schon rein äußerlich die Gefahr anzeigt.

d) Tropfkörperanlagen

Die biologische Reinigung der Abwässer durch *Tropfkörper* bringt im allgemeinen keine großen Betriebsschwierigkeiten mit sich. Wichtig ist es allerdings, dafür zu sorgen, daß bei den Körpern keine Verstopfung oder übermäßige Verschlammung der Oberfläche eintritt. Wenn sich ein Tropfkörper auch normalerweise vollkommen selbsttätig im Frühjahr und Herbst von seinem Übermaß an Schlammstoffen befreit – wobei im Ablauf des Körpers ein erhöhter Schlammgehalt festzustellen ist –, kann es vorkommen, daß eine größere oder einseitige Verschlammung oder Verstopfung eintritt, wenn die Verteilung des zu behandelnden Abwassers auf der Körperoberfläche schlecht und ungleichmäßig ist. Die Abwasserverteilungseinrichtungen der Tropfkörper, seien es nun Drehsprenger, Wandersprenger, Kipprinnen oder Verteilerscheiben, sind daher besonders sorgfältig zu überwachen und in kurzen Zeitabständen zu säubern und zu reinigen, da sich an ihnen sehr schnell eine schleimige Schicht von Abwasserpilzen ansetzt, die zudem noch feinste Schlammstoffe festhält. Es ist selbstverständlich, daß man die von den Verteilungseinrichtungen entfernten Schlammstoffe nicht auf die Oberfläche der Tropfkörper werfen darf, sondern in geeigneten Be-

Abb. 110. Luftbewegungen in gewöhnlichen Tropfkörpern.

hältern in die Faulkammern der Kläranlage bringen muß. Werden aus der mechanischen Vorreinigung mit dem Abwasser noch beträchtliche Mengen an feinsten Schlammstoffen auf den Tropfkörper gebracht, so bedeutet das für diesen eine erhebliche zusätzliche Belastung, die u.U. den biologischen Reinigungserfolg ganz oder teilweise in Frage stellen kann. Der in dem mechanisch gereinigten Abwasser befindliche feine Schlamm befindet sich nämlich zum Teil schon in einer anaeroben Zersetzung, d.h. in einem Abbau der organischen Stoffe, die unter Abwesenheit von Sauerstoff vor sich geht. Die biologische Reinigung der Abwässer ist aber ein aerober Vorgang, der zur Umwandlung und zum Abbau der organischen Stoffe Sauerstoff (Luft) benötigt. Die in einen Tropfkörper laufend eindringende Luft reicht normalerweise aus, um den aeroben Bakterien die günstigsten Lebensbedingungen zu schaffen, damit sie die in einem mechanisch gut gereinigten Abwasser noch vorhandenen kolloidalen und gelösten Schmutzstoffe abbauen können. Die Abb. 110 zeigt die je nach den äußeren Bedingungen mögliche Luftbewegung in einem Tropfkörper.

Ist zusätzlich noch viel feiner Schlamm in dem Abwasser vorhanden, der ebenfalls begierig Sauerstoff an sich zieht, dann kann die zur Verfügung stehende Luft u.U. nicht ausreichen, um sowohl die festen Schlammstoffe als auch die gelösten und kolloidalen Schmutzstoffe des Abwassers aufzuarbeiten und der Gesamtreinigungserfolg der Tropfkörperanlage läßt erheblich nach. In solchen Fällen ist der Sauerstoffhaushalt der Körper vollkommen gestört. Es ist daher bei Tropfkörperanlagen unbedingt darauf zu achten, daß die mechanische Vorreinigung in Ordnung ist und einen einwandfrei geklärten Ablauf liefert.

Bisweilen bilden sich auf der Oberfläche der Tropfkörper Wasserlachen. Diese sind durch einfaches Aufhacken der Tropfkörperoberfläche zu beseitigen. Nach IMHOFF läßt sich die Verstopfung der Oberfläche, falls es sich um eine Abwasserpilzschicht handelt, durch Zugabe von Chlor (50 g/m³ Abwasser) für kurze Zeit beseitigen.

Eine weitere Folge der Zuleitung zu stark schlammhaltiger Abwässer auf Tropfkörper ist seine innere Verschlammung, die leicht bei schwach belasteten Anlagen, bei denen die Spülwirkung nur gering ist, auftreten kann. Während des biologischen Reinigungsvorganges werden die kolloidalen und ein Teil der gelösten Schmutzstoffe des Abwassers als feine Schlammstoffe zur Ausscheidung gebracht und teilweise biologisch aufgearbeitet. Dabei wandern sie durch den Tropfkörper hindurch, um schließlich mit dem gereinigten Abwasser aus einem richtig gebauten und betriebenen Körper laufend ausgespült zu werden.

Kommt aber zusätzlich zu diesem sich bildenden Schlamm noch feiner Schlamm mit dem Abwasser direkt auf die Körper, dann ist die Gefahr der Verschlammung gegeben, weil die Spülkraft des Abwassers u. U. nicht mehr ausreicht, um alle Schlammstoffe laufend zu entfernen. Neben der verminderten Reinigungsleistung neigen ganz oder teilweise verschlammte Tropfkörper zu Geruchsbelästigungen und zu Fliegenplagen (Psychoda-Fliegen). Um diese beiden unangenehmen Eigenschaften von Tropfkörperanlagen zu vermeiden, umhüllt man meistens die Körper vollkommen mit einem Betonbauwerk. Die Abb. 111 zeigt einen solchen geschlossenen Tropfkörper.

Die für die biologische Reinigung notwendige Luft wird im Gleichstrom mit dem Abwasser in den Tropfkörper eingeblasen. Der Gleichstrom ist zu empfehlen, weil es dabei möglich ist, evtl. vorhandene oder auftretende Gerüche im Abwasser noch im Körper selbst abzubauen oder zu binden und um die auf der Oberfläche ausgeschwärmten Fliegen im Körpermaterial abzufangen und zu vernichten. Eine seitliche Umhüllung der Tropfkörper durch Mauerwerk, Beton oder Schilfmatten kann ebenfalls zu einer Beseitigung oder Milderung der Fliegenplagen führen, wenn gleichzeitig dem Tropfkörper soviel Abwasser zugeführt wird, daß eine ausreichende Spülwirkung in seinem Innern vorhanden ist, um Verschlammungen mit Sicherheit zu vermeiden. Kommt das Abwasser aber schon angefault auf den Tropfkörper, was bei schlechten Kanalisationsverhältnissen oder falschem Betrieb der Vorreinigung der Fall ist, dann lassen sich allein durch seitliche Umhüllung und starke Belastung mit Abwasser Geruchsbelästigungen und Fliegenplagen nicht vermeiden. Die

vielfach in Vorschlag gebrachte Chlorung des Abwassers, um die Fliegen
bzw. deren Eier und Larven abzutöten, ist nach den praktischen Erfahrungen nur mit größter Vorsicht anzuwenden, da durch Chlor nicht
nur die Fliegen abgetötet, sondern auch die Bakterien und Protozoen
stark geschädigt werden. Selbstverständlich ist es für den einwand-

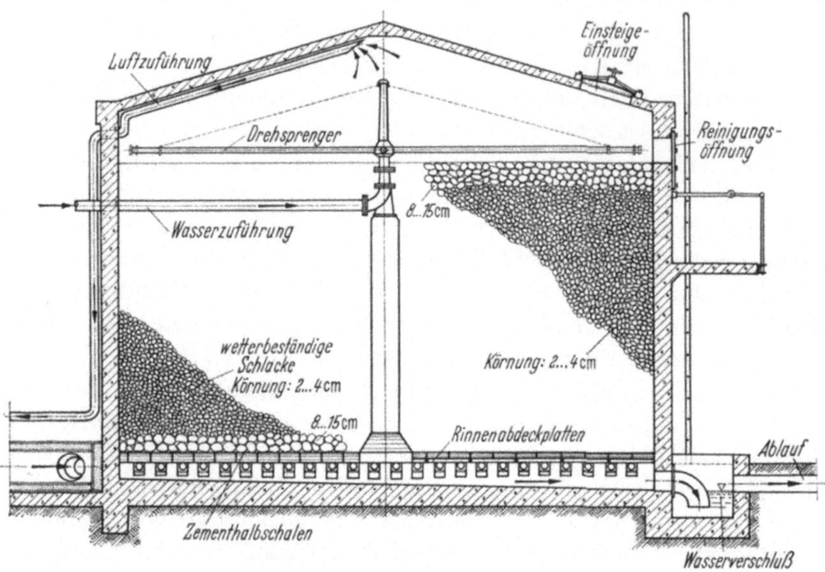

Abb. 111. Geschlossener Tropfkörper.

freien Betrieb einer Tropfkörperanlage wichtig, daß das zu behandelnde
Abwasser frei von Giftstoffen ist, die die Bakterien oder sonstigen Glieder der biologischen Lebensgemeinschaft eines Tropfkörpers schädigen
oder auch vollkommen abtöten können. In welchem Umfange Giftstoffe,
die mineralischer oder organischer Natur sein können, sich auf die biologische Reinigung ungünstig auswirken, kann generell kaum gesagt
werden. Immerhin ist auf Grund eingehender Untersuchungen bekannt,
daß besonders Metallverbindungen den biologischen Abbau sowohl in
einer Tropfkörperanlage als auch in einer Schlammbelebungsanlage erheblich beeinflussen können. In der Zahlentafel 20 ist die hemmende
Wirkung verschiedener Metalle auf den BSB_5-Abbau zusammengestellt.

Werden Giftwellen früh genug erkannt, schaltet man den Körper
für die Zeit des Durchflusses dieser Welle durch die Kläranlage ab. Freie
Säuren vor allen Dingen Mineralsäure (z. B. Salzsäure, Schwefelsäure
usw.), dürfen in dem zu behandelnden Abwasser ebenfalls nicht vorhanden sein. Beim Anfall derartiger Stoffe ist das Abwasser am besten
vor der mechanischen Reinigung zu kalken, dann können die durch die

Kalkzugabe sich ausscheidenden Schlammstoffe in der mechanischen Absetzanlage zurückgehalten werden. Eine über das erforderliche Maß hinausgehende Kalkung der Abwässer ist aber bei anschließender biologischer Reinigung auf Tropfkörpern zu vermeiden, da sonst eine erhöhte Verschlammungsgefahr infolge des Ausscheidens von kohlensaurem Kalk

Zahlentafel 20. *Wirkung von Metallsalzen auf biologische Abbauvorgänge*

Metall	Konzentration mg/l	Wirkung
Al	10	Verzögerung der Abbauvorgänge
Pb	0,1	Verzögerung der Abbauvorgänge
Cr^6	100	Reduktion des BSB_5 um 33%
Cr^3	75	Reduktion des BSB_5 um 82%
Cu	25	Reduktion des BSB_5 um 34%
Ni	10	Reduktion des BSB_5 um 32%
Ni	25	Kein BSB_5 Abbau mehr meßbar
Zn	50	Reduktion des BSB_5 um 18%

im Tropfkörper vorhanden ist. Die Neutralisierung saurer Abwässer kann unter Einschaltung eines laufend aufzeichnenden pH-Meßgerätes durch geeignete Maschinen in vollkommener Abhängigkeit vom Säuregrad durchgeführt werden. Nickel-, Kupfer-, Chrom- und Zinkverbindungen können sich im biologischen Rasen eines Tropfkörpers leicht ansammeln und Werte erreichen, die die Reinigungswirkung einer Tropfkörperanlage ungünstig beeinflussen. Besonders die Nitrifikation, d.h. die biologische Umsetzung der organischen Stickstoffverbindungen in einfache Stickstoffverbindungen wie Nitrite und Nitrate, kann durch die genannten Schwermetalle ungünstig beeinflußt werden. Es kann also notwendig sein, diese Schwermetalle durch Zugabe von Kalk von der biologischen Behandlung aus dem Abwasser zu entfernen.

Städtische Abwässer, die größere Mengen eisenhaltiger Abwässer aus Beizereien enthalten, sollten nach Möglichkeit nicht auf Tropfkörpern biologisch behandelt werden. Erfahrungen an vielen Stellen haben gezeigt, daß die nach der mechanischen Reinigung im Abwasser noch vorhandenen kolloidalen oder gelösten Eisenverbindungen sich im Tropfkörper infolge Bildung von Eisenkarbonaten ausscheiden und zu einer schnellen Verstopfung der Tropfkörperoberfläche, aber auch des eigentlichen Tropfkörpers führen.

Beim Begehen und Saubermachen von geschlossenen Tropfkörpern darf die Luftzufuhr nicht abgestellt werden, da sonst Gefahren für die Beschäftigten auftreten, z. B. Bildung von großen Mengen Kohlensäure oder Schwefelwasserstoff.

Dem Aufbau und dem Material eines Tropfkörpers ist besondere Aufmerksamkeit zu schenken. Vor allen Dingen ist darauf zu achten, daß ein Material verwendet wird, das nicht verwittert. Am besten hat sich Lavaschlacke bewährt, diese besitzt neben vollkommener Beständigkeit auch eine große Oberfläche, die für die Leistung einer Tropfkörperanlage von großer Bedeutung ist. Selbstverständlich sind auch andere wetterbeständige Materialien brauchbar, nur muß darauf geachtet werden, daß keine Auslaugungen stattfinden können, die dem darüberfließenden Abwasser eine mehr oder weniger stark saure oder alkalische Reaktion verleihen. Schwefelhaltige Materialien sind für

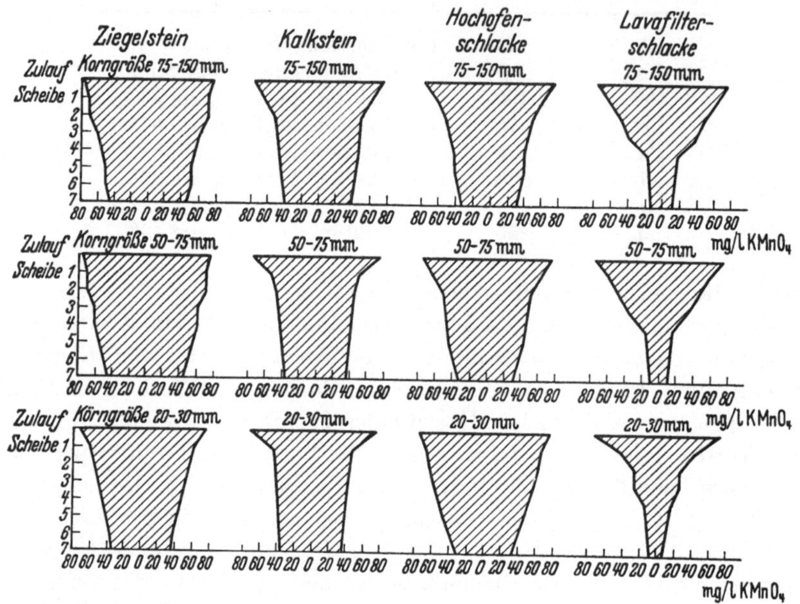

Abb. 112. Reinigungswirkung verschiedener Tropfkörpermaterialien bei verschiedenen Korngrößen (nach Demoll und Liebmann).

Tropfkörper ungeeignet, da der Schwefel leicht zu Schwefelsäure oxydiert werden kann und somit das Abwasser eine saure Reaktion bekommt.

Wie stark die Art und Größe des Materials eines Tropfkörpers die Reinigungswirkung beeinflussen, haben Demoll und Liebmann gezeigt. Sie haben Ziegelsteine, Kalksteine, Hochofenschlacke und Lavafilterschlacke verschiedener Korngröße zum Aufbau ihrer Tropfkörper benutzt und dabei die in der Abb. 112 aufgetragenen Ergebnisse erhalten. Bei einer Korngröße von 50–75 mm hatte der Ablauf der Tropfkörper aus Ziegelsteinen noch einen Permanganatverbrauch von etwa 90 mg/l, während der Ablauf aus dem Körper mit Lavafilterschlacke nur noch einen Permanganatverbrauch von etwa 20 mg/l aufwies. Bei den übrigen Korngrößen liegen die Verhältnisse ganz ähnlich, wie die Abb. 112 zeigt.

Nach RINKE (Gewässerschutz-Wasser-Abwasser, H. 1, Mondorf b. Bonn: Druck Krupinski 1966) spielen bei geschlossenen Tropfkörpern die Baukosten für die Wände eine wesentliche Rolle. Die meisten Umhüllungen sind bisher in Stahlbeton von 20–30 cm Dicke ausgeführt. Aber auch Mauerwerk aus vorgefertigten Betonsteinen, Klinker oder Hartbrandsteinen mit eingelegter Ringbewehrung und zunächst wasserdichtem Innenputz kommt zur Anwendung. Aus der Praxis ist bekannt, daß zahlreiche Tropfkörperumhüllungen gerissen sind und manche weitgehend zerstört wurden, obwohl der aktive Erddruck der Füllung und die ungleiche Temperatur der Innen- und Außenseite statisch berücksichtigt waren. Nach RINKE kann für die Zerstörungen und Schäden die temperaturabhängige Verformung der zylindrischen Außenwand angenommen werden. Ein Durchmesser der Tropfkörperumhüllung von 20 m verändert sich unter Temperatureinfluß z. B. um etwa 1 cm. Füllgutbrocken des Tropfkörpers rutschen dann nach und setzen bei der Abkühlung der Rückkehr in die Ausgangslage Widerstand, d. h. passiven Erddruck, entgegen, der den statisch berücksichtigten Ruhedruck wesentlich übertrifft. Die dadurch entstehenden Ringspannungen werden noch verstärkt, wenn eine Sohlenspannung das Zusammenziehen zusätzlich behindert. Wird dabei die Bewehrung über die Streckgrenze hinaus beansprucht, dann kann der geschilderte Vorgang zur Zerstörung der Tropfkörperumhüllung führen. Aber auch schon wesentliche Risse im Innenputz gefährden die Bewehrung durch Korrosion. Diese kritische Rißbildung ist dagegen nicht bei vorgespannten Wänden oder bei schlaffen Bewehrungen festzustellen, die gegenüber dem Ruhedruck der Schüttung des Tropfkörpermaterials eine etwa 3–5fache Sicherheit besitzen. Auch ein Außenschutz gegen die Sonneneinstrahlung, z. B. durch Wellasbestzement, verringert die Gefährdung wesentlich.

Da nach RINKE zuverlässige Massivwände bei Tropfkörpern verhältnismäßig teuer werden, hat der Ruhrverband in den letzten Jahren verschiedene Systeme von Leichtbauwänden entwickelt und praktisch angewendet. Der Kostenvergleich zwischen Massivwänden, bestehend aus Stahlbeton, leicht bewehrt, vorgefertigten Betonteilen mit Winkel Vorspannung oder Ortbeton in Gleitbauweise und Winkel Vorspannung und Aluprofilplatten, Polyester, glasfaserverstärkt, Wellblech und Bitumenasbestbeschichtung, Profilplatten, verzinkt und beschichtet, fällt nach den Untersuchungen des Ruhrverbandes je Quadratmeter Wandfläche im Verhältnis von 1 : 0,5 zugunsten der Leichtbauwände aus.

Nach RINKE sind der Zulaufkonzentration bei Tropfkörpern durch die Verstopfungsgefahr Grenzen gesetzt. Vielfach wird dickeres Abwasser durch Rückpumpen des schon biologisch gereinigten Abwassers auf eine Konzentration von 150–200 mg BSB_5/l verdünnt. Eine Erhöhung der Spülkraft oder die Verwendung gröberer Körnungen des Tropfkörpermaterials kann zwar auch in gewissen Grenzen die Verstopfung verhindern, geht aber auf Kosten der Reinigungsleistung.

Aus diesen Gründen sind in den letzten Jahrzehnten die verschiedensten Füllmaterialien erprobt, bei denen zum Hohlraumvolumen und zur spezifischen Oberfläche günstigere Verhältnisse vorhanden sind. Zur Entlastung von Boden und Wänden wurde auch eine Gewichtsersparnis angestrebt. Von allen untersuchten Materialien haben in den USA und in England besonders geformte Kunststoffplatten und Röhrenkörper aus Polystyren, PVC, Polyurethan und Polyäthylen Anwendung gefunden. Die Kunststoffplatten sind in kompakter Form leicht zu transportieren und werden an der Verwendungsstelle zu Paketen von 60 × 60 × 120 cm zusammengefügt. Die synthetischen Füllmaterialien wiegen im eingebauten Zustand 40–75 kg/m³. Sie sind bei einem Hohlraumvolumen von 94–97 % und Mindestlichtweiten von 2–10 cm weitgehend verstopfungssicher. Die spezifische Oberfläche ist

Abb. 113. Versuchstropfkörper mit Kunststoffüllmaterial (Archiv Ruhrverband).

gleichgroß bis mehrfach größer als bei Lavabrocken von 40–80 mm Korngröße. Die Durchlaufzeit des Abwassers durch das synthetische Tropfkörpermaterial ist im Vergleich zu brockengefüllten Tropfkörpern kürzer, auf der anderen Seite sind aber die Voraussetzungen für eine gleichmäßige und gleichbleibende Verteilung des Abwassers in dünnem Film günstiger. Die Abb. 113 zeigt einen Versuchstropfkörper mit Kunststoffüllmaterial in Röhren und Wabenformen.

Die Abläufe von Tropfkörpern haben im allgemeinen einen sehr hohen Sauerstoffgehalt von 5–8 mg/l, sie sind bei hohen Nitratgehalten weitgehend biologisch gereinigt und können nach der Entfernung der in ihnen noch vorhandenen Schlammstoffe in Absetzanlagen auch dem kleinsten und wasserärmsten Vorfluter zugeführt werden, ja, es ist sogar möglich, die im Abwasser noch vorhandenen Nährstoffe in Abwasserfischteichen zu nutzen, ohne daß man Verdünnungswasser benötigt. Einen Schönheitsfehler haben die Tropfkörperabläufe aber bisweilen, sie sind nämlich nicht vollkommen klar oder blank, sondern haben einen mehr oder weniger starken opaleszierenden Schimmer. Von dieser Opaleszenz kann man das Abwasser befreien, wenn man es für kurze Zeit belüftet.

Die Nachbehandlung läßt sich z. B. in einem zweistöckigen Klärbecken, wie es Abb. 114 zeigt, leicht durchführen. Das aus dem Tropfkörper abfließende biologisch voll gereinigte Wasser wird zunächst dem

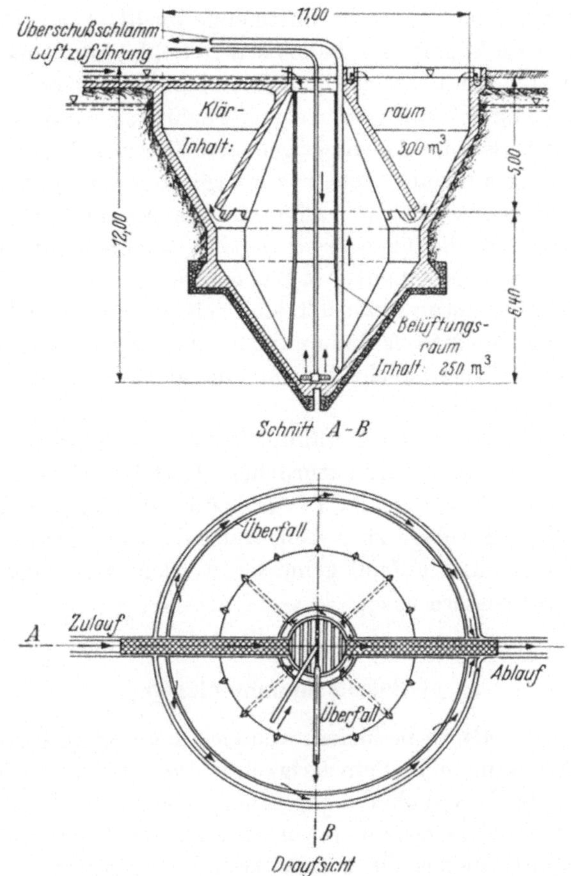

Abb. 114. Nachklärbecken für Tropfkörperabläufe mit Belüftungsraum.

mittleren Belüftungsraum zugeführt und hier etwa 10–20 Minuten belüftet. In diesem Belüftungsraum muß die im Abwasser vorhandene Menge an Tropfkörperschlamm auf 10–15 % gehalten werden, um einen guten Erfolg zu haben. Den Gehalt an Schlammstoffen stellt man mit den schon beschriebenen Absetzgläsern nach IMHOFF nach 2stündiger Absetzzeit fest. Das belüftete und vollkommen klare Abwasser fließt durch einen Schlitz in den Absetzraum, in dem es sich in 1–1,5stündiger Klärzeit vom Schlamm trennt.

12 Husmann, Abwasserreinigung, 3. Aufl.

Während der Schlamm selbsttätig in den Belüftungsraum zurückfließt, kommt das klare Wasser zum Abfluß. Der sich bildende Überschußschlamm wird zweckmäßig täglich in den Schlammfaulraum der Anlage mit abgepumpt und der anaeroben Ausfaulung unterworfen.

Um die Kosten dieser Nachbehandlung möglichst niedrig zu halten, bläst man in den Belüftungsraum nur soviel Luft ein, um den Schlamm in der Schwebe zu halten. Diese Luftmenge reicht aber u.U. nicht aus, um den Sauerstoffbedarf des biologischen Schlammes zu decken. Da dann für die Schlammbakterien und Kleinlebewesen Sauerstoff aus der Luft nicht in ausreichender Menge zur Verfügung steht, decken diese ihren Bedarf aus dem im Abwasser gelösten Sauerstoff. Es wurde schon erwähnt, daß Abläufe aus richtig konstruierten und gut betriebenen Tropfkörperanlagen verhältnismäßig viel Sauerstoff enthalten. Diese Menge kann durch die eben beschriebene Nachbehandlung, die der Schönung des Abwassers dient, auf 2–3 mg/l absinken.

In den Tropfkörpern entwickeln sich zeitweilig sehr viel Regenwürmer. Durch feinen kleinen Schlammfang mit herausziehbaren Sinkkästen lassen sich die Würmer leicht fangen und als Futter für Enten oder Hühner usw. verwerten.

Es bedarf an sich keiner Erwähnung, daß die Pumpen und Motore, falls das Abwasser nicht mit natürlichem Gefälle auf die Tropfkörper fließt, besonderer Wartung und Pflege bedürfen. Um eine sichere Leistungskontrolle der Anlage zu haben, sollte die dem Tropfkörper zugeführte Abwassermenge laufend gemessen werden (z.B. durch den Einbau von Venturimessern usw.).

e) Belebtschlammanlagen

Belebtschlammanlagen bedürfen, wenn sie dauernd voll leistungsfähig sein sollen und wenn man Schwierigkeiten im Betrieb vermeiden will, einer sorgfältigen Überwachung. Die Einarbeitung einer Belebtschlammanlage nimmt man am besten so vor, daß zunächst mehrere Tage eine geringere Abwassermenge als normalerweise vorgesehen ist, durch die Belüftungsbecken geleitet wird. Hat sich der erste belebte Schlamm gebildet, dann kann die zufließende Abwassermenge langsam gesteigert werden. Es ist darauf zu achten, daß aus dem Nachklärbecken der zunächst sich schwer absetzende feine Belebtschlamm nicht mit abfließt, da sich sonst die Bildung einer ausreichenden Schlammenge im Belüftungsbecken oft längere Zeit hinauszögert. Um die Flockenbildung im Abwasser zu begünstigen, kann auch Eisenchlorid ($FeCl_3$) in einer Menge von etwa 1 mg/l hinzugefügt werden. Bisweilen kann es auch ratsam sein, eine geringere Menge an Kalk zusätzlich beizumischen, um die Bildung des belebten Schlammes zu beschleunigen.

Wichtig ist zunächst, daß bei Druckluftbecken die in das Abwasser eingeblasene Luft in Ölabscheidern einwandfrei entölt wird, da sich sonst die Filtersteine oder Filterplatten von innen zusetzen und auch der belebte Schlamm in seiner Reinigungsleistung stark herabgesetzt, ja sogar vollkommen wertlos werden kann, da er sich mit einer feinen Haut von mineralischen Ölen oder Fetten überzieht. Bei solchen Belebtschlammanlagen, die mit Druckluft arbeiten, ist es ferner wichtig, daß die in das Abwasser eingebrachte Luft möglichst fein verteilt wird. Je kleiner die einzelne Luftblase ist, um so größer ist die vorhandene Oberfläche in der Einheit und um so günstiger ist der Sauerstoffeintrag ins Abwasser. Es sollten daher bei Belebtschlammanlagen mit Druckluft keine Kosten und Mühen gespart werden, um die weitestgehende Verteilung der eingeblasenen Luft im Abwasser zu erreichen. Gelochte Rohre sind im allgemeinen für die Abwasserbelüftung bei Belebtschlammanlagen geeignet. Vor dem Einbau der Filterplatten und Filterrohre in die Belüftungsbecken sind die einzelnen Platten und Rohre auf gleiche Poreneinheit und Porengleichheit zu prüfen. Die bei längerem Betrieb auftretenden Verstopfungen der Platten durch Öl, Staub, Eisenoxyd aus den Rohrleitungen von innen heraus und durch Verschlammung und Pilzbewuchs von außen her können entweder durch chemische Mittel (wie schwache Laugen, Säure oder Fettlösungsmittel) oder durch Sandstrahlgebläse und Abbrennen beseitigt werden. Abwasser mit höheren Kalk- oder Eisengehalten können Filterplatten und Belüftungsrohre auch von außen her durch die Bildung von Eisencarbonat an den Austrittsöffnungen schnell zuwachsen lassen. Es ist daher empfehlenswert, die Belüftungseinrichtungen so zu konstruieren, daß sie jederzeit in größeren oder kleineren Einheiten aus den Belüftungsanlagen herausgenommen oder herausgeschwenkt werden können, um sie schnellstens von derartigen Verstopfungen zu befreien.

Wird eine Schlammbelebungsanlage mit Oberflächenbelüftern, wie es heute in vielen Fällen geschieht, betrieben, ist eine gute Überwachung der Belüftungsmaschinen, besonders der verschiedenen Schmierstellen, notwendig.

Die Menge der in die Belebungsbecken einzublasenden Luft ist der Konzentration des Abwassers und der Menge des im Belüftungsbecken vorhandenen Schlammes anzupassen. Der Sauerstoffgehalt soll in Abwasser bei mindestens 2 mg/l liegen. Bei zu wenig Luft vermindert sich die Reinigungswirkung des Schlammes und ein Teil des Schlammes kann infolge zu geringer Wassergeschwindigkeit auf der Sohle der Becken liegenbleiben, wo er schnell in gasende anaerobe Zersetzung übergeht und dann in Form von stinkenden Schaumflocken zur Oberfläche aufsteigt. Wird zuviel Luft eingeblasen, kann der belebte Schlamm u. U. so fein zerschlagen werden, daß er sich im Nachklärbecken nur schwer vom gereinigten Abwasser trennt und dann mit in den Ablauf der Kläranlage und in die Vorflut gelangt. Der Einbau von langsam laufenden Rührwerken kann die Flockungsbereitschaft des Schlammes wieder erhöhen. Zur Messung von Luftmenge sind die verschiedensten Meßgeräte mit gutem Erfolg verwendet worden.

Starke Reaktionsschwankungen in dem zu behandelnden Abwasser sind nach Möglichkeit auszugleichen, denn sowohl im sauren, wie auch im alkalischen pH-Bereich wird die Reinigungswirkung des Schlammes schnell herabgesetzt und bisweilen kann es dann zu dem unerwünschten Blähschlamm kommen. Diese Blähschlammbildung, die sich darin äußert, daß der Schlamm im Nachklärbecken nicht zum Boden absinkt, sondern zur Oberfläche auftreibt, kann auch durch die Beimengung gewisser industrieller Abwässer, wie z.B. Abwässer der Stärkefabriken und Brauereien, Sauerkrautfabriken usw., also solcher Abwässer, die sehr viel organische Stoffe und organische Säuren enthalten oder durch Überlastung der Anlage hervorgerufen werden. Nach IMHOFF lassen sich gegen die Blähschlammbildung folgende Maßnahmen durchführen:

1. Weniger Rücklaufschlamm zuführen und sofort mehr Überschußschlamm wegschaffen. Namentlich wenn es sich um eine einmalige grobe Störung handelt, beseitigt man möglichst viel von dem kranken Schlamm und läßt die Anlage sich wieder einarbeiten.

2. Luftzufuhr verstärken.

3. Wenn eine erhöhte Luftzufuhr nicht möglich ist, muß die Belastung der Anlage herabgesetzt werden. In solchen Fällen muß dann ein Teil des Abwassers zwangsläufig nach der mechanischen Reinigung vorübergehend direkt dem Vorfluter zugeführt werden.

4. Verdünnung des zu behandelnden Abwassers mit kaltem Wasser oder mit Regenwasser.

5. Mäßige Chlorung des Abwassers.

6. Zusatz von Fällungsmitteln im Nachklärbecken, um den Schlamm spezifisch schwer zu machen.

7. Chlorung des Rücklaufschlammes mit 5 mg/l Chlor.

8. Keinen Überschußschlamm und kein Faulraumwasser in die Vorklärung bringen.

9. Zusatz von Nährstoffen, wie Stickstoff- und Phosphatverbindungen, falls diese im Abwasser fehlen.

Das Krankwerden des belebten Schlammes kündigt sich häufig schon in Veränderung seiner Farbe – die braune Farbe geht in graugrauweiß über – an und bei mikroskopischer Untersuchung kann man einen erhöhten Gehalt an Fadenpilzen gegenüber der normalen Schlammstruktur und biologischen Lebensgemeinschaft feststellen.

Die Larven der Zuckmücke (Chironomidenlarven) können den Betrieb einer Belebtschlammanlage erheblich erschweren. Besonders in der warmen Jahreszeit treten diese Larven oft in großen Mengen auf, sie kapseln sich in den belebten Schlamm ein und nehmen ihm seine reinigende Wirkung. Zur Beseitigung haben sich Spülsiebe sehr bewährt. Man schaltet sie in die Rücklaufschlammleitung ein, fängt die Zuckmückenlarven auf diese Weise aus dem Schlamm heraus und befördert sie am besten in den Faulraum der Kläranlage, wo sie vernichtet werden. Eine zu starke Chlorung des Abwassers zum Abtöten der Chironomidenlarven ist nicht zu empfehlen, da die im Schlamm vorhandenen Bakterien und Kleinlebewesen dann häufig mit abgetötet werden.

In welcher Weise Chlor auf die Bakterien und Kleinlebewesen (Protozoen) im Abwasser wirkt, kann aus der folgenden Zusammenstellung entnommen werden.

Zahlentafel 21

Angewandte Menge an Chlor	Wirkung auf die Bakterien	Wirkung auf die Protozoen
35,0 mg/l	tödlich	tödlich
17,5 mg/l	einige lebend	tödlich
7,0 mg/l	einige lebend	tödlich
3,5 mg/l	lebend	tödlich
0,87 mg/l	lebend	einige lebend
0,58 mg/l	lebend	lebend
0,35 mg/l	lebend	lebend

Da nach den Angaben im Schrifttum die zum Abwasser zuzugebenden Chlormengen bis zu 3–5 mg/l betragen, so ist es leicht verständlich, daß durch die Chlorung zwei wichtige Glieder der Lebensgemeinschaft im biologischen Reinigungsvorgang des Abwassers ganz oder teilweise ausfallen können. Mit der Verwendung von Chlor soll man daher bei der biologischen Reinigung von Abwasser sehr vorsichtig und zurückhaltend sein. Daß im Abwasser vorhandene Giftstoffe, zu denen auch Zink, Nickel, Kupfer und Chromsalze rechnen, den Betrieb einer Belebtschlammanlage erheblich stören können, ist selbstverständlich. Die Maßnahmen, die in solchen Fällen zu ergreifen sind, wurden schon beim Betrieb der Tropfkörper besprochen. Auf diese Ausführungen sei hier verwiesen.

Die Einführung des Überschußschlammes einer Belebtschlammanlage in die Schlammfaulanlage ist die zweckmäßigste Beseitigungsart. Nur muß im Betrieb darauf geachtet werden, daß der Faulraum nicht mit diesem Schlamm überlastet wird, da sonst die Fäulnis gehemmt wird. Man tut gut daran, den Überschußschlamm nicht direkt dem Faulraum zuzuführen, sondern in den Zulauf zur mechanischen Reinigung Hier kann sich der Schlamm dann mit dem übrigen anfallenden Frischschlamm innig vermischen und vom Faulraum leichter verarbeitet werden. Die Menge des Überschußschlammes ist bei einer Belebtschlammanlage beträchtlich. Sie beträgt etwa 2–3 l je Kopf und Tag mit 98–99 % H_2O, gegenüber 1 l Schlamm, der in der mechanischen Absetzanlage je Einwohner anfällt.

Der Wartung der Kompressoren, die in einer Belebtschlammanlage zur Erzeugung der in das Abwasser eingeblasenen Luft vorhanden sind, muß besondere Aufmerksamkeit geschenkt werden. Sind zur Belüftung des Abwassers einer Belebtschlammanlage rotierende Walzen, Bürsten oder sonstige Oberflächenbelüftungseinrichtungen eingebaut, ist, wie erwähnt, auf die Schmierung der einzelnen Lager laufend zu achten. Durch geeignete Betriebsanweisungen wird es aber leicht möglich sein, eine Belebtschlammanlage in einem Zustand größter Betriebssicherheit zu halten. Wichtig ist, daß der belebte Schlamm immer in Bewegung gehalten wird, sich nirgends ablagern kann und nach seinem zwangsläufigen 1–1,5stündigen Aufenthalt im Nachklärbecken möglichst schnell in ausreichender Menge mit Sauerstoff (Luft) versorgt wird.

6. Desinfektionsanlagen

Die Desinfektionsanlagen für Abwasser werden von den verschiedensten Firmen heute in sehr betriebssicherer Ausführung geliefert, so daß sich im Betriebe eigentlich kaum irgendwelche Schwierigkeiten ergeben. Gelegentlich auftretende Undichtigkeiten an Ventilen oder Rohrleitungen können sehr schnell erkannt werden, indem man mit einem, mit Salmiakgeist getränkten Lappen oder Wattebausch die Leitungen und Ventile überprüft. Austretendes Chlor bewirkt dann eine weiße Nebelbildung durch Umsetzung des Salmiakgeistes mit dem Chlor.

Wenn stark gechlort wird und dabei die einzelnen Chlorflaschen schnell entleert werden, tritt in der Flasche eine starke Abkühlung ein, die sich u. U. an der Außenwand der Flasche durch Reifbildung bemerkbar macht. Um diese Abkühlung zu verhindern, muß der Raum, in dem sich die Flaschen befinden, geheizt werden oder man läßt die Flaschen mit lauwarmem Wasser berieseln. Die Temperatur des Wassers soll aber nicht über 40 °C ansteigen. Da Chlor ein sehr starkes Lungengift darstellt, ist beim Anschließen der Flaschen mit besonderer Vorsicht zu arbeiten. Man überzeuge sich auf alle Fälle auf den den Chloranlagen beigegebenen Betriebsvorschriften, wie die Inbetriebsetzung vorzunehmen ist.

Die Menge des dem Abwasser zuzusetzenden Chlors richtet sich nach den jeweiligen Erfordernissen. Nach IMHOFF ergeben sich folgende Zusatzmengen:

1. Zur Entseuchung von Abwasser . . . . 10–30 g/m³
2. Zur Bindung von Geruch . . . . 4 g/m³

3. Zur Entseuchung von biologisch gereinigtem Wasser   2 g/m³
4. Zur Entseuchung von Flußwasser . . . .   1 g/m³

Die Entseuchung gilt dann als gesichert, wenn 15 Minuten nach der Chlorung noch ein geringer Chlorüberschuß vorhanden ist.

7. Schlammtrocknungs- und Verbrennungsanlagen

Bei der Entwässerung des im Normalbetrieb mit etwa 80% Wasser aus dem Faulraum abgelassenen ausgefaulten Schlammes auf den Schlammtrockenplätzen ergeben sich im allgemeinen keine großen Betriebsschwierigkeiten, wenn die Trockenplätze richtig gebaut und ordnungsgemäß bedient werden. Um eine schnelle und weitgehende Entwässerung des Schlammes zu erreichen, ist es notwendig, über den Drainrohren eine 20–30 cm hohe Schicht aus Kies oder Schlacke zu packen, die nach oben allmählich in ein feineres Korn übergehen soll. Als oberste Schicht benutzt man am besten eine 5–10 cm starke Lage Sand oder feine Asche. Da diese feinen Stoffe mit dem Schlamm langsam abgetragen werden, sind sie von Zeit zu Zeit zu erneuern. Nach jedem Ausfahren des auf 50–60% Wasser abgetrockneten Schlammes ist es ratsam, die Beete durchzuharken, damit die oberste feine Filterschicht gut aufgelockert wird. Da der ausgefaulte gashaltige Schlamm zur Oberfläche auftreibt und sein Wasser nach unten abgibt, ist es für eine schnelle Entwässerung günstig, nach dem Ablassen des Schlammes auf die Trockenplätze, die Drainiage zunächst geschlossen zu halten, bis die Trennung von Schlamm und Wasser eingetreten ist.

Nach IMHOFF ist die Trennung des ausgefaulten Schlammes von der Hauptmasse seines Wassers durch Aufschwimmen schon am ersten Tag erledigt. Dann folgt in weiteren 1–2 Wochen die Nachtrocknung durch Verdunstung von Wasser. An dem Aussehen der Trocknungsrisse im Schlamm kann man erkennen, wie der flüssige ausgefaulte Schlamm beschaffen war. Wenige und schmale Trocknungsrisse entstehen bei gut ausgefaulten Schlämmen. Sehr zahlreiche Risse von mäßiger Breite deuten darauf hin, daß der Schlamm im Ursprung sehr wasserreich war. Wenige und sehr breite Risse deuten auf einen schlecht ausgefaulten Schlamm hin.

Nicht oder nur schlecht ausgefaulte Schlämme erkennt man, außer am Geruch, auch daran, daß sich die Schlammfliegen sammeln, die man auf gut ausgefaulten Schlämmen niemals findet.

Wird die Trocknung des ausgefaulten Schlammes in einfachen Erdbecken, in denen er später liegen bleiben soll oder nach der Trennung vom Wasser wieder ausgefahren werden kann, vorgenommen, dann ist darauf zu achten, daß nur in Abständen von mehreren Wochen immer eine dünne Schlammschicht von etwa 5–10 cm aufgebracht wird. Die jährliche Höhe des naß aufgebrachten Schlammes sollte nach Möglichkeit 0,5 m nicht überschreiten. Um nicht einen Schlammsumpf zu bekommen, der nur sehr schwierig wieder entwässert werden kann, muß mit dem Neueinbringen von Schlamm immer so lange gewartet werden,

Abb. 115. Erdbecken zur Schlammtrocknung mit Sickerschacht.

bis die oberste Schicht aufgetrocknet ist. Verfährt man in dieser Beziehung mit einiger Sorgfalt, dann ist es leicht möglich, den Schlamm mehrere Meter aufzustapeln und das mit Schlamm aufgefüllte Gelände wieder in Kultur zu nehmen. Um die Entwässerung des Schlammes in solchen Erdbecken, die im allgemeinen nicht mit einer Drainage versehen sind, zu beschleunigen, können Sickerschächte eingebaut werden, die man außen mit einer Schlackenschicht umpackt, damit keine Schlammstoffe mit dem Sickerwasser zum Abfluß kommen. Die Abb. 115 zeigt ein solches Becken. Der Schlamm ist so weit getrocknet, daß er an der Oberfläche aufreißt. In der Abb. 116 sind Einzelheiten eines Sickerschachtes zu erkennen. Wenn sich im Sommer auf solchen Becken oft ein dichter Rasen von Tomaten usw. bildet, dann ist es ratsam, diese abzumähen, damit die Verdunstung des Schlammwassers nicht gehindert wird. Das geschnittene Grüne kann aber auf dem trockenen Schlamm liegen bleiben und bei der nächsten Beschickung des Erdbeckens wieder zugedeckt werden.

Sowohl auf dem häuslichen als auch auf dem industriellen Sektor ergeben sich für die Unterbringung oder Beseitigung der bei der Abwasserreinigung anfallenden Schlämme immer größere Schwierigkeiten. Da nach den Wasserhaushaltsgesetzen der Länder auch das Grundwasser geschützt ist, wird die Möglichkeit, Abwasserschlämme im Gelände, z. B. in alten Kies- oder Sandgruben, abzulagern, immer geringer.

Die Entwicklung in der Schlammbehandlung wird etwa dahin gehen, daß versucht werden muß, die anfallenden häuslichen oder industriellen Schlämme, soweit sie nicht direkt oder nach Kompostierung mit anderen

Stoffen landwirtschaftlich genutzt werden können, zu verbrennen oder
zu vergasen. Diese Art der Behandlung setzt aber eine vorhergehende
Eindickung der Schlämme und eine künstliche Entwässerung voraus. Die
Eindickung des Schlammes kann in Behältern durchgeführt werden, die
mit langsam sich drehenden Rührwerken ausgestattet sind. Für die

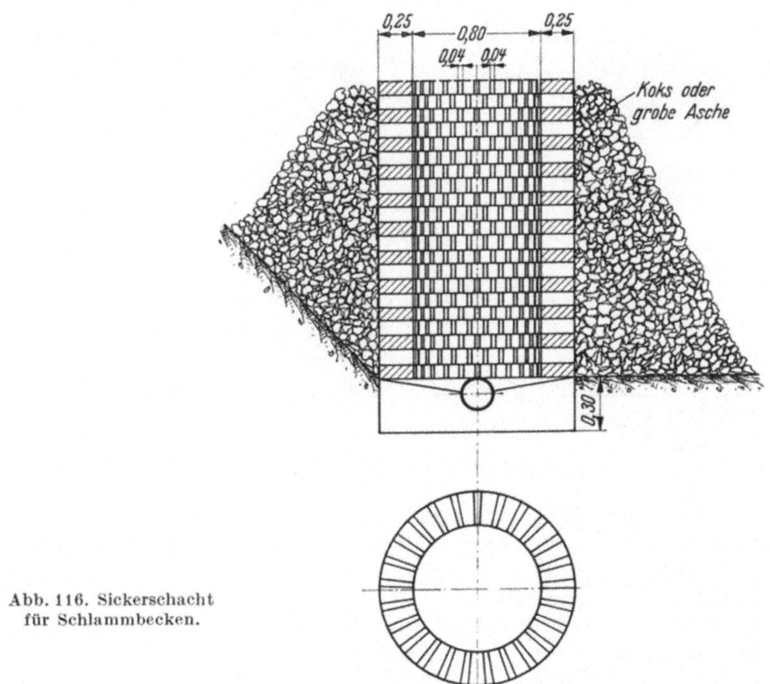

Abb. 116. Sickerschacht
für Schlammbecken.

Entwässerung von Klärschlamm eignen sich Zentrifugen, Druck- oder
Saugfilter. Die Abb. 117 zeigt einige Geräte zur Schlammentwässerung.

Um eine optimale Entwässerung der Schlämme zu erreichen, kann
es von Vorteil sein, sogenannte Filterhilfsmittel, die aus eigener Schlamm-
asche, Eisensulfat, Kalk oder sonstigen geeigneten anorganischen Stoffen
bestehen können, dem Schlamm zuzugeben. Die Abb. 118 zeigt die Beeinflussung der Filterleistung bei der Entwässerung von Überschußschlamm einer Schlammbelebungsanlage auf einem Vakuumtrommel-
filter nach dem Zusatz von verschiedenen, die Filtration fördernden
Stoffen. Bei der künstlichen Schlammentwässerung ist darauf zu achten,
daß man ein praktisch schlammfreies Filtrat erhält, damit keine zusätz-
lichen Behandlungsmaßnahmen für die Filtrate notwendig werden. Will
man Abwasserschlämme künstlich entwässern, ist es immer ratsam,

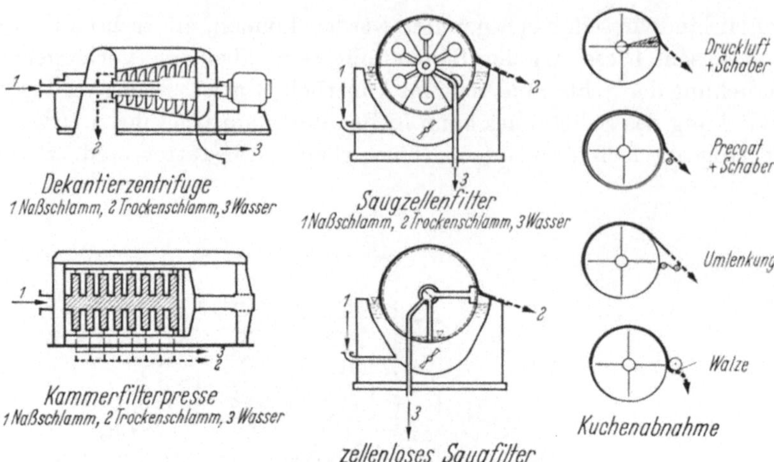

Abb. 117. Geräte für Schlammentwässerung.

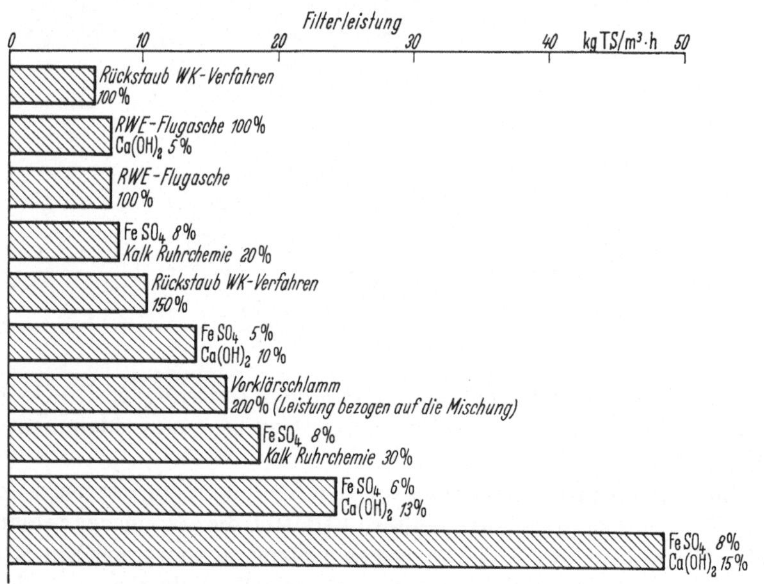

Abb. 118. Filterleistung bei verschiedenen Zugaben zum Schlamm.

eigene Versuche im technischen Maßstab durchzuführen und dabei folgende Daten festzuhalten:

1. Wassergehalt des voreingedickten Schlammes,
2. Wassergehalt des gepreßten Schlammes,
3. Zeitdauer des Preßversuches,

4. Volumen des zur Presse gepumpten Schlammes,
5. Volumen des ablaufenden Filtrats,
6. Gewicht des gepreßten Schlammkuchens,
7. Stromaufnahme und Kraftbedarf der Schlammpumpe,
8. Verhalten der Schlammpumpen,
9. Verhalten der Entwässerungsanlage, z.B. bei Filterpressen der der Filtertücher.

Es hat sich gezeigt, daß gute Entwässerungserfolge an einer Stelle nicht ohne weiteres auf einen Schlamm an anderer Stelle übertragen werden können. Durch den Anteil von gewissen Industrieschlämmen ergeben sich in den häuslichen Schlämmen oft recht erhebliche Unterschiede und Schwierigkeiten bei der künstlichen Entwässerung.

Das aus den Schlammentwässerungsanlagen abfließende Preßwasser kann, wenn es praktisch schlammfrei ist, in den Zulauf der Kläranlage abgeleitet werden.

Die Verbrennung von entwässerten, ausgefaulten Schlämmen, allein oder mit anderen brennbaren Stoffen, z.B. Müll, bietet keine betrieblichen Schwierigkeiten; es ist allerdings darauf zu achten, daß keine Geruchsbelästigungen entstehen. Die Emschergenossenschaft hat sich in den letzten Jahren sehr intensiv mit der Schlammentwässerung und -beseitigung befaßt. Im Einzugsgebiet der Emscher, d.h. im rheinisch-westfälischen Industriegebiet, fallen jährlich etwa 430000 t Klärschlamm an, davon etwa 390000 t in der Emscherflußkläranlage. Wenn in wenigen Jahren die große Anlage zur biologischen Reinigung der Emscher in Betrieb ist, werden weitere 150000 t Schlamm hinzukommen. Auf der Emscherflußkläranlage wurde der Schlamm bisher in etwa 60 ha großen Schlammtrockenbeeten entwässert (s. Abb. 115) und anschließend in einem benachbarten Kraftwerk zusammen mit Müll verbrannt. Auf Grund langjähriger Versuche ist jetzt zur Trocknung des Schlammes unter Zwischenschaltung von Eindickern eine Schlammtrocknungsanlage mit Kammerfilterpressen in Betrieb genommen worden. In dieser Anlage werden täglich etwa 4000 m³ eingedickter Schlamm künstlich entwässert. Der Schlammkuchen, der in dem schon erwähnten Kraftwerk verbrannt wird, hat einen Feststoffgehalt von etwa 60%.

XX. Messung von Durchflußzeiten und Aufenthaltszeiten in Klärbecken und biologischen Reinigungsanlagen mit radioaktiven Isotopen

Die genaue Kenntnis von Durchflußzeiten und Aufenthaltszeiten in Klärbecken und biologischen Reinigungsanlagen kann für den praktischen Betrieb einer Kläranlage von großer Bedeutung sein. Die üblichen Färbeversuche, d. h. die Zugabe eines Farbstoffes zum Abwasser an den jeweiligen Meß- und Beobachtungsstellen, haben nicht befriedigen können, da die im Abwasser vorhandenen kolloidalen Trübungsstoffe und vor allem die groben und feinen Schlammstoffe den zugesetzten Farbstoff ganz oder teilweise absorbieren und somit zum Verschwinden bringen. Durch die Zugabe von Salzlösungen, deren Verlauf man dann analytisch verfolgen muß, konnten ebenfalls in vielen Fällen keine befriedigenden Ergebnisse erhalten werden, da sehr häufig im Zulauf von Kläranlagen Schwankungen in der Salzkonzentration auftreten, die größer sind als die jeweils zugegebenen Salzmengen. Es ergeben sich dann Überlagerungen der Salzwerte, die eine einwandfreie Auswertung der Analysenwerte nicht mehr zulassen. Auch pH-Verschiebungen in dem zu prüfenden Abwasser durch Zugabe von Säuren oder Alkalien an den einzelnen Meßstellen führt nicht immer zu brauchbaren Ergebnissen, da durch das stets sich verändernde Pufferungsvermögen eines Abwassers bei Zugabe von sauren oder alkalischen Stoffen der pH-Wert unterschiedlich ausgeglichen wird.

Bei der Zugabe von Farblösungen, Salzen, Säuren oder Basen müssen an den einzelnen Meßstellen der Kläranlage in kurzen Abständen die jeweils vorhandenen Konzentrationen der zugesetzten Stoffe durch entsprechende Messungen oder chemische Untersuchungen laufend festgestellt werden. Nach allen bisher vorliegenden Erfahrungen ist die Ermittlung von Durchflußkurven und Aufenthaltskurven im praktischen Betrieb einer Kläranlage schwierig, und ein genaues Bild ist mit Messungen dieser Art nicht immer zu gewinnen.

Auf Vorschlag von KNOP ist bei der Emschergenossenschaft erstmalig der Versuch gemacht worden, die Messung der Durchlaufzeiten in Klärbecken und die Aufenthaltszeit des Abwassers in Tropfkörpern mit radioaktiven Isotopen durchzuführen. Man verwendet zweckmäßig sehr kurzlebige Isotopen mit Halbwertszeiten von wenigen Stunden. Da durch ist sichergestellt, daß evtl. Verseuchungen, die infolge zu starker Konzentrationen auftreten können, in wenigen Tagen bis auf einen kleinen Bruchteil abgenommen haben. Bei der Verwendung von radioaktiven Isotopen ist eine behördliche Genehmigung einzuholen und die Vorschriften der Strahlenschutzverordnung vom 24. Juni 1960 müssen peinlichst eingehalten werden.

Bei den sehr großen Verdünnungen der radioaktiven Isotope, wie sie für die Messungen von Durchflußzeiten und Aufenthaltszeiten in Kläranlagen benutzt werden, ist eine schädigende Wirkung des die Aktivität enthaltenden Wassers auf Lebewesen ausgeschlossen. Die Aktivität einer bestimmten Menge eines radioaktiven Stoffes wird in Millicurie (mCi) gemessen, wobei 1 mCi als $3{,}7 \cdot 10^7$ Zerfallsakte/s definiert ist. Beim Zerfall von radioaktiven Stoffen, die im allgemeinen für derartige Untersuchungen benutzt werden, treten Betateilchen und Gammastrahlen (Quanten) auf, von denen die letzteren für die Messung von Bedeutung sind, da sie mit einem GEIGER-MÜLLER-Zählrohr gemessen werden können. Bei der Messung erfordert der Nulleffekt der Zählrohre, der durch die Höhenstrahlung bedingt ist, besondere Beachtung. Der mittlere Fehler der Messung ist bei einer Zählung für statistisch aufeinanderfolgende Ereignisse gleich der Wurzel aus der Anzahl der gezählten Teilchen. Seine prozentuale Bedeutung wird um so kleiner, je größer die Anzahl der gemessenen Teilchen wird. Die Genauigkeit einer Messung mit radioaktiven Stoffen im Abwasser wächst daher mit der Größe des von den Zählrohren erfaßten Bereiches und mit der Dauer der Messung. Nach KNOP ist die Radioaktivität im Abwasser gut nachweisbar, wenn die Zahl der durch sie hervorgerufenen Registrierungen größer ist als der doppelte mittlere Fehler des Nulleffektes und derartige Abweichungen sich über mehrere aufeinanderfolgende Messungen hinweg feststellen lassen. Grundsätzlich bestehen zwei verschiedene Methoden der Messung mit radioaktiven Stoffen. Entweder werden die Zählrohre in das strömende Abwasser eingetaucht oder es werden laufend Proben entnommen und nacheinander untersucht.

Die Verwendung von radioaktiven Isotopen ist heute schon sehr vielseitig. Neben der Messung von Durchflußzeiten und Aufenthaltszeiten in Klärbecken und biologischen Kläranlagen konnten nach WURM auch sehr kurze Aufenthaltszeiten in rotierenden Extraktoren (Podbielniak-Extraktor), die zur Entphenolung von Abwasser aus Kokereien dienen, mit radioaktiven Isotopen gemessen werden. Bei der Entphenolung von Gaskondensaten mit Benzol in den rotierenden Extraktoren wurde unter Einsatz radioaktiver Isotopen festgestellt, daß schon nach 33 Sekunden das Gesamtgaskondensat die Extraktoren durchflossen hatte und nach 50 Sekunden das Gesamtbenzol. Diese Messungen bestätigten die außerordentlich geringen Reaktionszeiten für den Stoffaustausch und die Phasentrennung in den Extraktoren.

XXI. Betriebsschwierigkeiten durch Detergentien
(waschaktive Substanzen)

Bis zum Jahre 1954 wurden die Wasch- und Reinigungsmittel fast ausschließlich auf Seifenbasis hergestellt. Bis zu diesem Zeitpunkt haben diese Wasch- und Reinigungsmittel, die nach ihrem Gebrauch in die Abwasser- und Kläranlagen gelangen, betrieblich kaum Schwierigkeiten bereitet, wenn man davon absieht, daß in kleineren Städten oder Siedlungen die Hausfrauen alle am Wochenanfang waschen und die Reaktion des Abwassers auf der Kläranlage infolge des Übermaßes an Seifenlaugen so weit zur alkalischen Seite (pH-Wert $\approx$ 8,0–9,0) verschoben werden kann, daß im biologischen Teil der Kläranlage vorübergehend Schwierigkeiten und unzureichende Reinigungswirkungen auftreten. In größeren Städten, in denen sehr viele verschiedenartige Abwässer im Kanalnetz zusammenfließen, sind Betriebsschwierigkeiten durch Seifenlaugen nicht zu erwarten.

Wenn man die chemische Struktur der Seife betrachtet,

$$CH_3 - CH_2 - CH_2 \ldots CH_2COONa$$

(Molekül einer Nartronseife)

dann ist es leicht verständlich, daß im Zeitalter der Seife keine Schwierigkeiten in den Kläranlagen auftreten konnten. Die im Abwasser vorhandenen Seifen setzten sich mit den in jedem Abwasser vorhandenen Kalkverbindungen zu unlöslicher Kalkseife um, die zusammen mit den übrigen Abwasserschlammstoffen in der mechanischen Reinigung zurückgehalten und in dem anschließenden anaeroben Faulprozeß zersetzt wurde. Gewisse Seifenanteile im Abwasser, die vielleicht wegen ungenügenden Kalkgehalts sich nicht umsetzen konnten und nach der mechanischen Reinigung noch in den biologischen Teil einer Kläranlage – Tropfkörper oder Belebtschlammanlage – gelangten, wurden hier leicht aerob biologisch abgebaut und zerstört. Schaumberge auf den Kläranlagen oder im Gewässer waren unbekannt.

Diese Situation hat sich nach 1954 schnell geändert, als die synthetischen Waschmittel, die anionaktiven Detergentien, ihren Siegeszug antraten. Da diese Detergentien sich nicht mit den Kalkverbindungen des Abwassers zu unlöslichen Verbindungen umsetzen und somit in einer Absetzanlage nicht ausgeschieden werden können, gelangen sie in den biologischen Teil der Kläranlagen. Die zunächst gebräuchlichen und bis zum 1. Oktober 1964 gesetzlich noch zugelassenen Detergentien der nachstehenden Strukturformel lassen sich in den konventionellen biologischen Reinigungsanlagen, wie Tropfkörper- und Schlammbelebungsanlagen, nur zu 20–30 % biologisch abbauen und zerstören. Als Folge der ungenügenden biologischen Abbaubarkeit entstehen besonders in

Molekül eines harten Detergens (Tetrapropylenbenzolsulfonat)

Schlammbelebungsanlagen und im Gewässer oft hohe Schaumberge, wie auf den Abb. 119 und 120 zu erkennen ist.

Abb. 119. Detergentienschaum in einer Kläranlage.

Auf Grund eines am 30. Mai 1961 im Bundestag angenommenen „Gesetzes über Detergentien in Wasch- und Reinigungsmitteln" (veröffentlicht im Bundesgesetzblatt vom 12. September 1961) wurde am

Abb. 120. Detergentienschaum im Gewässer.

12. Dezember 1962 eine Rechtsverordnung erlassen, die vorschreibt, daß vom 1. Oktober 1964 an nur noch solche anionaktiven Detergentien Verwendung finden, die mindestens zu 80% biologisch abbaubar sind. Nachstehend die Strukturformel eines weichen, biologisch abbaubaren Detergens.

$$CH_3-CH_2-CH_2-CH_2-CH_2-CH_2-CH_2-CH_2-CH_2-CH_2-CH-CH_3$$

Molekül eines weichen Detergens (Kerylbenzolsulfonat)

Bei der Umstellung der Industrie von harten auf weiche Detergentien waren drei Gesichtspunkte zu beachten. Das neue Produkt mußte ein gutes Waschverhalten haben, es sollte weiter ein gutes biologisches Abbauverhalten zeigen und außerdem für die Fische und Fischnährtiere möglichst wenig giftig sein. Nach den Untersuchungen von RUSCHENBURG (Abb. 121) ergab sich, daß die Kohlenstoffkettenlänge unter Berücksichtigung aller Wünsche optimal bei 10–14 C-Atomen liegen sollte. Heute werden alle Alkylbenzolsulfonate, d.h. alle weichen anionaktiven Detergentien, auf dieser Basis hergestellt.

Die Prüfung der Abbaubarkeit von Detergentien hat nach einem genau vorgeschriebenen Verfahren zu erfolgen, das im Bundesgesetzblatt vom 12. Dezember 1962 beschrieben ist. Selbstverständlich konnte nicht erwartet werden, daß sofort nach dem Inkrafttreten des Detergentiengesetzes, d.h. nach dem

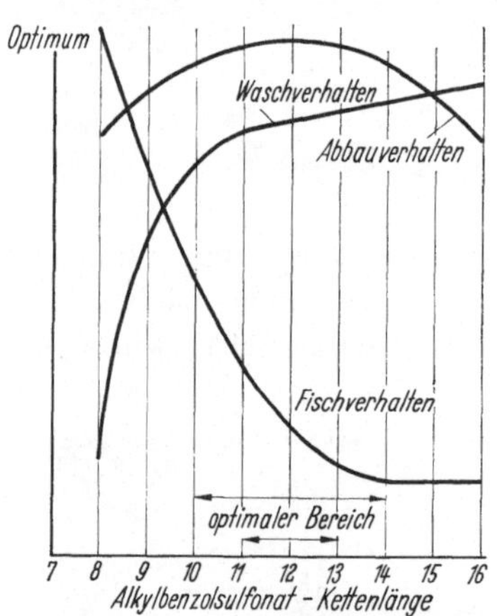

Abb. 121. Waschwirkung und biologisches Verhalten von Alkylbenzolsulfonaten.

1. Oktober 1964, die Schaumberge auf den Kläranlagen, an den Wehren und Schleusen der Flüsse und Kanäle verschwinden würden, da im Jahre 1964 noch erhebliche Mengen an Wasch- und Reinigungsmitteln mit harten, d.h. biologisch schwer abbaubaren Detergentien in den Haushaltungen und bei den Einzelhändlern vorhanden waren, die zunächst aufgebraucht worden sind. Zu Anfang des Jahres 1965 und im Jahre 1966 war aber überall in den Kläranlagen der gewünschte biologische Abbau der Detergentien von 80% und mehr erreicht, wobei festgestellt werden

konnte, daß schon in den Zulaufkanälen zu den Kläranlagen der biologische Abbau einsetzt und je nach Art und Länge des Kanals der Abbau der Detergentien bis zu 25 % betrug.

Da durch das Detergentiengesetz vom 5. 9. 61 sich nicht die Menge, sondern lediglich die Art der Detergentien verändert hat, kann es auch heute noch, nach der Umstellung von biologisch schwer abbaubaren auf biologisch leicht abbaubare Detergentien, in den Kläranlagen – besonders in Schlammbelebungsanlagen – zu Betriebsschwierigkeiten (z. B. Schaumbildung) kommen. Diese Schwierigkeiten sind besonders im ersten Drittel oder in der ersten Hälfte einer Belebungsanlage möglich, solange der biologische Abbau der Detergentien noch nicht weit genug fortgeschritten ist. Aber auch in der mechanischen Reinigung können die Detergentien gewisse Auswirkungen haben, die nicht erwünscht sind. Das gleiche gilt auch für die Schlammfaulanlagen.

Aus den allgemeinen Erfahrungen und aus den Erkenntnissen der Betriebspraxis ist bekannt:

1. Durch Detergentien findet mit steigendem Gehalt dieser Stoffe eine Dispergierung der im Abwasser vorhandenen suspendierten Stoffe statt.

2. Die erhöhte Dispergierung der Abwasserschmutzstoffe beeinträchtigt die mechanischen, chemischen und biologischen Reinigungsvorgänge ungünstig.

3. In der mechanischen Reinigungsstufe wird die Ausscheidung der absetzbaren Schmutzstoffe infolge der elektrostatischen Eigenschaften der Detergentien ungünstig beeinflußt.

4. Fette und Öle des Abwassers werden durch die Detergentien in zunehmendem Maße emulgiert und können daher schlechter ausgeschieden werden.

5. Die Reinigungswirkung der Nachklärbecken biologischer Kläranlagen wird von den Detergentien insofern ungünstig beeinflußt, als die Flockenbildung gehemmt und die Absetzgeschwindigkeit der entstandenen Schlammflocken herabgesetzt wird.

6. Der Sauerstoffeintrag in eine Schlammbelebungsanlage kann durch die Anwesenheit von Detergentien herabgesetzt werden.

7. Die Strömungsgeschwindigkeit in Schlammbelebungsanlagen kann mit steigendem Gehalt an Detergentien erheblich abnehmen. Dabei kann es u. U. zu Schlammablagerungen in den Belüftungsbecken kommen (s. Abb. 122).

8. Durch Detergentien entstehen besonders bei Schlammbelebungsanlagen oft hohe Schaumberge (s. Abb. 119), die den Betrieb einer solchen Anlage stark behindern, ja praktisch unmöglich machen.

9. Die anaerobe Schlammausfaulung in den Faulbehältern und Faulkammern kann, wenn hohe Konzentrationen an Detergentien auftreten,

in erheblichem Umfange gehindert werden, ja vollkommen zum Erliegen kommen.

10. Die Bakterien der aeroben Abwasserreinigungsanlage, d.h. der Tropfkörper und Schlammbelebungsanlagen, werden durch die Detergentienkonzentration, wie sie normalerweise in einem städtischen Abwasser vorkommt (10–20 mg/l), nicht geschädigt.

System	Energie-aufwand W/m³	Detergentien-gehalt g/m³	Sohlgeschwindigkeit	
			ohne Det. cm/s	mit Det. cm/s
Simplex	47	5–10	23	23
Vortair	34	6–12	17	12
Dorr-Oliver	35	8,5	16	13
Feinblasige Druckluft	63	5,7	23	9
Grobblasige Druckluft	48	5–10	13	8

Abb. 122. Einfluß von Detergentien auf die Sohlengeschwindigkeit (Reinwasser).

Die Detergentien sind auch bei niedrigsten Konzentrationen für das *Entstehen* des Schaumes verantwortlich zu machen. Die Stabilität des Schaumes wird aber noch durch andere Abwasserinhaltsstoffe, die an sich gar nicht oder nur wenig schäumen, erheblich beeinflußt und gefördert. Es steht fest, daß die Schaumberge auf den Belebtschlammanlagen primär durch die Detergentien entstehen und durch die in den Abwässern vorhandenen Eiweißstoffe, Zuckerstoffe, Phenole usw., die sich in die Detergentienfilme einlagern, ihre erhöhte Stabilität bekommen.

Zur Bekämpfung und Beseitigung der Schaumentwicklung auf den Kläranlagen, die den Betrieb einer Anlage ganz erheblich stören kann, werden die verschiedensten Mittel angewendet und eine Reihe von Maßnahmen durchgeführt.

Möglich ist der Zusatz von Antischaummitteln zum zufließenden Abwasser einer Kläranlage, z.B. Silikonöle oder ähnliche Antischaummittel. Die chemischen Zusätze sollen, wenn eben möglich, flüssig sein, ein geringeres spezifisches Gewicht als das Abwasser haben, im Wasser unlöslich sein, um nicht eine zusätzliche Abwasserverunreinigung zu bewirken, eine niedrige, möglichst konstante Viskosität haben und bei geringen Anschaffungskosten auch am Ende der Belüftungsperiode am Ablauf der Schlammbelebungsanlage noch wirksam sein. Es ist auch schon der Vorschlag gemacht worden, zur Verhinderung der Schaumbildung eine teilweise Ausfällung der anionaktiven Detergentien mit einer genau dosierten Menge kationaktiver Detergentien durchzuführen. Nach Versuchen, die in England durchgeführt worden sind, genügten zur Ausfällung von 3 mg/l anionaktiver 1 mg/l kationaktiver Detergentien.

Die Antischaummittel sind im allgemeinen nicht billig. Es erhebt sich die Frage, ob sie praktisch für die Aufrechterhaltung des Betriebes bzw. zur Beseitigung von Betriebsschwierigkeiten in Frage kommen können. Bei einem Abwasser mit einem Detergentiengehalt von 10 bis 12 mg/l, wie er in den Kläranlagen vorhanden sein kann, war bei einem Großversuch in einer Schlammbelebungsanlage ein Zusatz von 2 cm³

Abb. 123. Spritz- und Paddeleinrichtungen zur Schaumbekämpfung.

Antischaummittel/m³ Abwasser notwendig, um den Schaum zu unterbinden. Der Preis für das benutzte Antischaummittel lag bei etwa 15 bis 20 DM/kg. Wollte man z.B. in einer Kläranlage, der täglich 10 000 m³ Abwasser zufließen – bei einem Wasserverbrauch von 200 l je Kopf und Tag würde das einer Einwohnerzahl von 50 000 entsprechen –, die Schaumbekämpfung in der Belebtschlammanlage in der oben angedeuteten Weise durchführen, dann benötigt man täglich etwa 50 l Antischaummittel zum Preise von 350,– DM = 127 000 DM/Jahr = 2,50 DM je Einwohner.

Zur Bekämpfung der in den Belebtschlammanlagen auftretenden Schaumberge kann man auch Abwasser oder Frischwasser auf den Schlamm sprühen oder spritzen. Diese Sprüh- und Spritzeinrichtungen können stationär an den Belebungsbecken angebracht werden; sie lassen sich aber auch an beweglichen Einrichtungen anbringen, die an den Belüftungsbecken entlang fahren. Man hat auch versucht, den Schlamm durch Paddel zu bespritzen, die in die Belebungsbecken eingehängt werden und durch die Wasserbewegung in den Belüftungsbecken angetrieben werden. Das von den Paddeln abtropfende Wasser zerstört oder vermindert den Schaum. Diese Einrichtung und Maßnahme ist verhält-

13*

nismäßig einfach und im Betrieb billig, da sie keine zusätzliche Energie erfordert. Eine Bekämpfung des Schaumes ist auch möglich, wenn man auf der Oberfläche der Belebungsbecken ein Bretterdach anbringt, unter das dann der Schaum gedrückt wird. Die Abb. 123 und 124 zeigen die Möglichkeit der Schaumbekämpfung durch Paddel, fest eingebaute Spritzdüsen und durch Bretterdächer.

Durch den Zusatz von chemischen Mitteln wie Silikonöle oder durch technische Maßnahmen, wie sie oben angedeutet wurden, kann man sich auf Kläranlagen ohne Zweifel betrieblich erhebliche Erleichterungen bezüglich der Schaumentwicklung verschaffen. Man muß sich aber darüber im klaren sein, daß durch derartige Maßnahmen die Detergentien nicht aus dem Wasser entfernt, sondern wieder in das Abwasser hineingebracht werden. Es wird lediglich die Schaumentwicklung mehr oder weniger weitgehend gehemmt. Die Detergentien verlassen also, soweit sie biologisch nicht abgebaut werden, die Kläranlagen und wirken sich dann in der Vorflut aus. Die auf den Kläranlagen verhinderten Schaumberge treten dann im Gewässer unterhalb von Wehren und Abstürzen auf. Vom Standpunkt einer ausreichenden Abwasserreinigung ist es falsch, die Schaumentwicklung durch Detergentien in der eben beschriebenen Art und Weise zu verhindern bzw. zu bekämpfen. Man sollte danach trachten, sie in den Kläranlagen auch tatsächlich weitestgehend biologisch zu entfernen.

Abb. 124. Bretterdächer zur Schaumbekämpfung.

Welche Abwehrmaßnahmen können auf den Kläranlagen durchgeführt werden, wenn es sich darum handelt, die Detergentien auf einfache und billige Art und Weise aus dem Abwasser zu entfernen?

Die vom 1. Oktober 1964 in den Wasch- und Reinigungsmitteln zur Anwendung kommenden Detergentien lassen sich mindestens zu 80% biologisch abbauen. Damit wird sich auch in den Kläranlagen schon eine merkliche Betriebserleichterung ergeben. Es ist aber auch dann, wie schon gesagt wurde, immer noch damit zu rechnen, daß hier und da oder an gewissen Tagen und zu gewissen Tageszeiten Schaum auf den Belebtschlammanlagen, besonders an der Einlaufseite, wenn die Detergentien biologisch noch nicht abgebaut sind, auftreten. Es kann sich also durchaus die Notwendigkeit ergeben, entweder zur Vermeidung von Betriebsschwierigkeiten in den Kläranlagen selbst, wenn z.B. industrielle Abwässer mit höheren Detergentiengehalten (Großwäschereien) im städtischen Abwasser vorhanden sind, die Detergentien schon vor der biologischen Reinigung teilweise aus dem Abwasser zu entfernen, um dann in der biologischen Reinigung den Detergentienrest biologisch abzubauen.

Wenn Detergentien aus einem Abwasser, ganz gleich ob es sich um städtisches oder industrielle Abwässer handelt, weitgehend entfernt werden sollen, dann bleibt nach Lage der Dinge nur eine intensive Ausschäumung übrig, wenn man zu einem befriedigenden Ergebnis kommen will. BUCKSTEEG und MÖLLER machen sehr interessante Angaben über die Entfernung von Detergentien durch intensives Ausschäumen. Zur Abgrenzung der verfahrenstechnischen Probleme sind bei der Ausschäumung der Detergentien aus dem Abwasser 4 Phasen zu unterscheiden, und zwar

Phase 1: Flotation der Detergentien durch Lufteinblasen.
Phase 2: Abheben oder Abziehen des Detergentienschaumes von der Wasseroberfläche.
Phase 3: Umwandlung des Schaumes in ein Flüssigkeitskonzentrat.
Phase 4: Beseitigung oder Vernichtung des Detergentienkonzentrats.

Die Phasen 1–3 lassen sich auf den Kläranlagen beherrschen, wenn die Ausschäumung an einer Stelle in konzentrierter Form vorgenommen

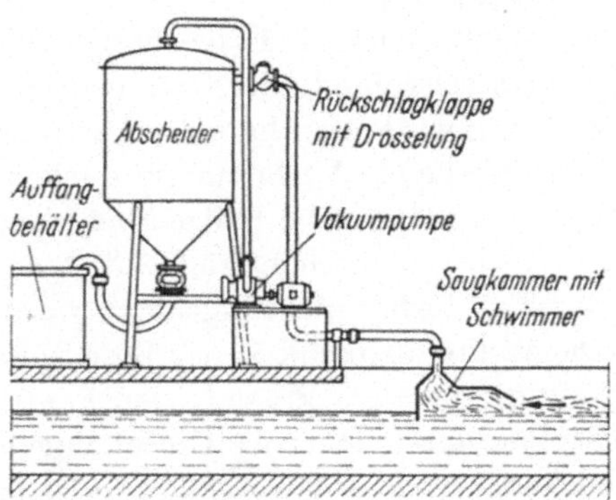

Abb. 125. Schaumabsauggerät (nach Geiger).

wird. Schwierigkeiten ergeben sich aber sofort, wenn man den Schaum von großen Wasseroberflächen, z.B. den Belüftungsbecken der Schlammbelebungsanlagen, abheben und vernichten will.

Die Fa. Geiger in Karlsruhe hat ein Gerät entwickelt, mit dem man an einer zentralen Stelle der Kläranlage die Detergentienschäume abheben und zum Zerfall bringen kann. In der Abb. 125 ist das Gerät schematisch dargestellt. Nach der intensiven Belüftung wird in den Abwasserkanal eine Saugkammer für den entstandenen Schaum eingehängt, die mit einem Schwimmer versehen ist. Mit Hilfe einer Vakuumpumpe wird der auf der Wasseroberfläche vorhandene Detergentienschaum in einen Abscheider gesaugt, in dem die Schaumblasen unter dem Einfluß eines vorhandenen Vakuums zerplatzen. Aus dem Abscheider kann der Schaum dann in Form einer öligen Flüssigkeit ausgetragen werden. Die Anlage arbeitet selbsttätig und wird durch ein Zeitschaltwerk gesteuert.

Auf Grund bisheriger Erfahrungszahlen kann man bei einer Intensivbelüftung von Abwasser in einer Belüftungszeit von 20–40 Minuten etwa 80–90 % der Detergentien ausschäumen. Bei einem mittleren Gehalt von 10–15 mg/l Detergentien, wie wir ihn heute in unserem städtischen Abwasser vorfinden, kann man durch eine intensive Ausschäumung auf 1,5–2,5 mg/l schon herunterkommen. Es ist auch allgemein bekannt, daß der Wirkungsgrad bei der Ausschäumung um so höher ist, je größer die Ausgangskonzentration der Detergentien ist. Nach BUCKSTEEG und MÖLLER wächst allerdings der Grad der Ausschäumung mit zunehmendem Reinigungsgrad des Abwassers. Das würde bedeuten, daß man u. U. eine notwendige Entschäumung erst nach der biologischen Reinigung vornehmen sollte. Bei der Ausschäumung stehen sich also zwei Erkenntnisse und Erfahrungen gegenüber. Das Ausschäumen der Detergentien ist nicht billig. Die Kosten dürften bei 1,5–2,5 DM/Einwohner und Jahr liegen und sind natürlich sehr abhängig von dem Gehalt an Detergentien in dem zu behandelnden Abwasser und von dem Ausschäumungsgrad.

Es ist jetzt noch die Frage zu behandeln, wie man betrieblich mit der bei der Ausschäumung der Detergentien anfallenden öligen, schmierigen Masse fertig wird. Man kann und wird zunächst an ein Eindampfen und eine anschließende Verbrennung denken, zumal das auf der Kläranlage anfallende Faulgas eine billige Energiequelle sein könnte. Untersuchungen über die technischen Möglichkeiten und auch über die entstehenden Kosten sind bisher nicht angestellt worden.

Die zweite Möglichkeit der Beseitigung der Detergentienkonzentrate liegt darin, die ölige Masse in den Faulraum einer Kläranlage zu geben, um sie hier durch anaerobe Umsetzungen zu zerstören und zu beseitigen. Dabei tauchen dann aus der Praxis gesehen sofort drei Fragen auf:

1. Welche Mengen an Detergentien können beim Belüften und Ausschäumen anfallen?

2. Wie hoch steigt der Detergentiengehalt in dem auszufaulenden Schlamm an, wenn die ausgeschäumte Menge dem Schlamm zugegeben wird?

3. Stören die im auszufaulenden Schlamm möglichen Detergentiengehalte die anaerobe Schlammfaulung?

Um die beiden ersten Fragen beantworten zu können, sei auf die Abb. 126 hingewiesen. Auf der Abszisse ist der Detergentiengehalt im Abwasser in mg/l aufgetragen und auf der Ordinate die Menge an Detergentien, die in 1 l Klärschlamm zu erwarten ist, wenn die durch eine

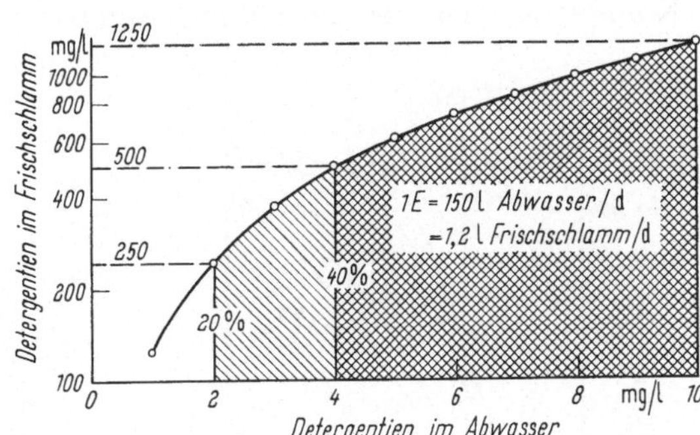

Abb. 126. Detergentiengehalt im Frischschlamm.

Belüftung ausgeschäumte Menge an Detergentien mit dem anfallenden Schlamm der mechanischen Vorreinigung in den Faulraum gebracht wird.

(Angenommen wurde, daß bei einem Abwasseranfall von 150 l je Einwohner und Tag nach IMHOFF 1,2 l Frischschlamm je Einwohner und Tag anfallen.)

Würde man z. B. auf einer Kläranlage aus einem Abwasser, das 10 mg/l Detergentien enthält, nur 4 mg/l, d. h. 40%, durch Ausschäumen herausbringen und diese Menge mit dem täglich anfallenden Frischschlamm in den Faulraum bringen, dann hätte dieser gepumpte Frischschlamm einen Gehalt an Detergentien von 500 mg/l. In der Kanalisation und bei der Ausscheidung in der mechanischen Absetzanlage adsorbiert der frische Schlamm auch noch gewisse Mengen an Detergentien, die mit etwa 100–200 mg/l Schlamm anzunehmen sind. Insgesamt enthielte ein Frischschlamm zusammen mit den ausgeschäumten Detergentien 800– 900 mg/l Gesamtdetergentien.

Aus den Kurven der Abb. 127, die die tägliche Gasproduktion aus 1 l Abwasserschlamm bei verschiedenen Detergentiengehalten darstellen, ist zu erkennen, daß Detergentiengehalte von 50–200 mg/l im Schlamm die Gasproduktion, d. h. die anaerobe Schlammzersetzung, nur verhältnismäßig wenig vermindern und verzögern. Ganz anders liegen die Verhältnisse, wenn der Schlamm höhere Detergentienmengen enthält. Bei einer Menge von 500 mg/l fällt in der Zeiteinheit von 30 Tagen die Gasproduktion schon auf 1/4 der Menge ab, die im Schlamm ohne Detergentienzusatz entsteht, und bei einem Detergentiengehalt von 1000 mg/l hört die Gasentwicklung praktisch auf.

Die bisherigen praktischen Erkenntnisse der Abwasserreinigung zeigen, daß eine Beseitigung der durch Ausschäumen aus einem Abwasser herausgebrachten Detergentien über die anaerobe Ausfaulung nur unter ganz bestimmten Voraussetzungen möglich ist.

Die Kurven der Abb. 127 zeigen, daß Detergentien auch in geringeren Konzentrationen die Ausfaulung beeinflussen können. Diese Beein-

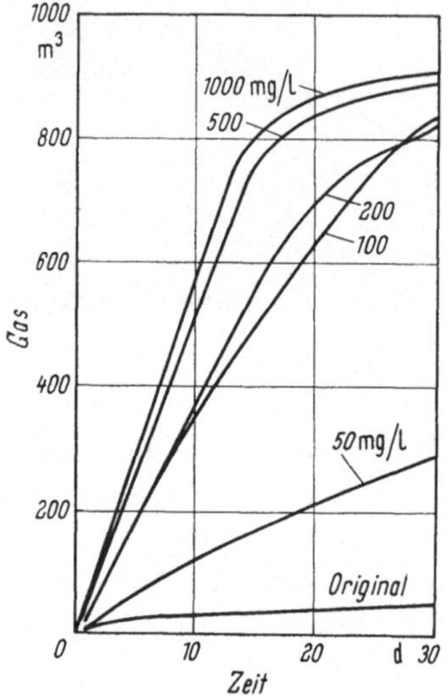

Abb. 127. Beeinflussung der Gasentwicklung durch Detergentien.

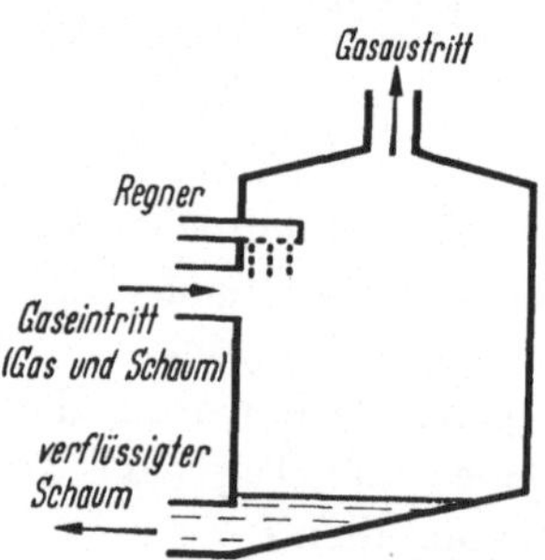

Abb. 128. Schaumfalle für Schlammfaulbehälter.

flussung kann sich nicht nur in einer geringeren Gasentwicklung bemerkbar machen, sondern auch in einer stärkeren Schaumentwicklung auf der Oberfläche der Faulbehälter. Der entstehende Schaum, der oft mit feinen Schlammstoffen oder Schwimmstoffteilchen durchsetzt ist, dringt u. U. in die Gasleitungen des Faulbehälters ein und führt zu Verstopfungen. Um derartige Belästigungen und Betriebserschwernisse zu vermeiden, kann man auf den Gasglocken oder Gashauben der Faulräume eine sog. Schaumfalle anbringen, wie sie schematisch in der Abb. 128 dargestellt ist. Die Wirkungsweise ist einfach. Entstandener Schaum wird mit einem Regner besprüht, fällt in sich zusammen und kann getrennt abfließen oder in den Faulraum zurückgeleitet werden.

Hemmungen der anaeroben biologischen Vorgänge durch anionaktive Detergentien können durch Zusatz eines kationaktiven Detergens, z. B. Oktadecylamin, behoben werden.

XXII. Kleinkläranlagen, Hauskläranlagen, Behelfskläranlagen, Mehrkammerausfaulgruben

An Kleinkläranlagen, Hauskläranlagen, Mehrkammerausfaulgruben, Behelfskläranlagen für Siedlungen, Läger usw. sind folgende wichtige Forderungen zu stellen:

1. Ausreichende Raumbemessungen der Anlagen.
2. Selbsttätige Wirkungsweise.
3. Einfachheit in der Gesamtanordnung und in den Einzelteilen.
4. Weitgehende mechanische, wenn möglich biologische Reinigung auf anaerobem oder aerobem Wege.
5. Weitestgehende Ausfaulung des anfallenden Schlammes.
6. Geruchlosigkeit, Fliegenfreiheit, Unsichtbarkeit, möglichst Abdeckung oder Tarnung.
7. Belästigungsfreie Unterbringung der gereinigten Abläufe, bei Ermangelung eines geeigneten Vorfluters am besten durch Untergrundverrieselung.

Allen vorgenannten Forderungen gerecht zu werden ist nicht einfach, aber in den meisten Fällen möglich, wenn bei der Entwurfsbearbeitung und vor allen Dingen im späteren Betrieb mit der notwendigen Umsicht und Sorgfalt verfahren wird. Es kann der Auffassung, daß Hauskläranlagen oder Behelfskläranlagen keiner Wartung bedürfen, nicht scharf genug entgegengetreten werden. In diesem Zusammenhang sei besonders auf die DIN 4261 hingewiesen, die Richtlinien für die Anwendung, Bemessung, Ausführung und den Betrieb von kleinen Kläranlagen enthält.

Die Übertragung konventioneller Klärmethoden (Belebungsverfahren Tropfkörperverfahren) ist für Anschlußgrößen bis 50 Einwohner nach bisheriger Ansicht nicht möglich. Bei Anschlußgrößen über 50 Einwohner gestattet die DIN 4261 den Einsatz von Tropfkörpern.

Ein Beispiel für die Ausgestaltung einer Kleinkläranlage mit mechanischer und biologischer Reinigung des Abwassers in einem geschlossenen, vollkommen umhüllten Tropfkörper ist in den Abb. 129 und 130 gegeben. Das Abwasser wird zunächst in einer zweistöckigen Absetzanlage vorgereinigt und dann aus einem Pumpensumpf durch eine sich selbsttätig ein- und ausschaltende Pumpe auf den Tropfkörper gehoben. Die Verteilung des Abwassers erfolgt in feinster Form durch eine rotierende gelochte Scheibe, die von dem Motor für die Belüftungseinrichtung mit angetrieben wird.

Nach dem Durchfließen eines Nachklärbeckens mit einer trichterförmig aufgelösten Sohle gelangt das biologisch gereinigte Abwasser

Abb. 129. Vollkommen umhüllter Kleintropfkörper mit Vorreinigung und Nachklärbecken.

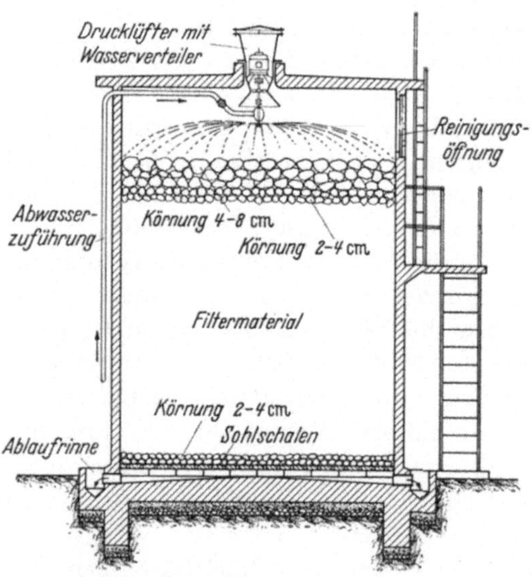

Abb. 130. Wasserverteilung durch eine rotierende Scheibe bei einem vollkommen
umhüllten Kleintropfkörper.

zum Vorfluter. Da der Wasserspiegel in dem Nachklärbecken höher liegt als in der Vorreinigung, kann durch Öffnen eines Schiebers der Schlamm, der aus dem Tropfkörper mit abgespült und im Nachklärbecken zurückgehalten ist, in einfacher Weise mit einer Rohrleitung in den Faulraum der Vorreinigung abgelassen und hier mit ausgefault werden. Die Abb. 131 vermittelt noch einmal den Lauf des Wassers in der beschriebenen Kleinkläranlage.

In den Berichten der Abwassertechnischen Vereinigung, H. 21, „Typenbauweisen kleiner Kläranlagen", München: Udo Pfriemer Verlag, sind eine Reihe von Kleinkläranlagen aufgeführt und in ihrer Wirkungsweise kritisch besprochen. Es sind dies folgende Typen:

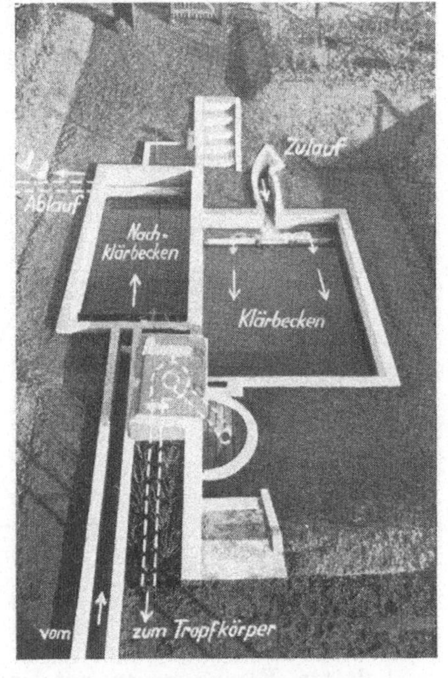

Abb. 131. Lauf des Abwassers in einer Kleinkläranlage.

1. Completreaktor, Mineralisator, Completreaktor Aeration plant,
2. Danjes Kläranlagen,
3. Essener Becken,
4. Kompaktkläranlage Bauart Oms mit Tauchtropfkörper,
5. Kompaktkläranlagen KK-SL,
6. Oxygest-Fertigkläranlagen,
7. Oyxdationsgraben,
8. Schreiber-Kläranlage,
9. Vortair Accelator.

Außerdem sei auf die Spencer-Kleinkläranlage hingewiesen, über die im Gas- u. Wasserfach vom Juli 1966 berichtet wird.

Eine wünschenswerte selbsttätige Wirkungsweise wird in einer durchflossenen Mehrkammerfaulgrube (Abb. 132) gewährleistet. Eine Mehrkammerausfaulgrube soll einen doppelten Zweck erfüllen. Einmal kommt es darauf an, die im Abwasser vorhandenen Schlammstoffe zur Ausscheidung und zur Ausfaulung zu bringen, und zum andern sollen die im Abwasser vorhandenen gelösten organischen Stoffe durch anaerobe Abbauvorgänge aufgespalten und weitestgehend unter Bildung von neuen Schlammstoffen und Gasen aus dem Abwasser entfernt werden.

Der sich ausscheidende Schlamm soll in einer Mehrkammerausfaulgrube soweit ausfaulen, entwässern und raummäßig sich so weit vermindern, daß seine Entfernung erst nach monatelangem Betrieb notwendig ist. Da sich im Betrieb zwangsläufig Schwimmschichten bilden, müssen diese von Zeit zu Zeit entfernt werden. Um eine gründliche Ausfaulung des Abwassers durch anaerobe Bakterien sicherzustellen, wird in der Regel die Anordnung von zwei, drei oder mehreren hintereinander-

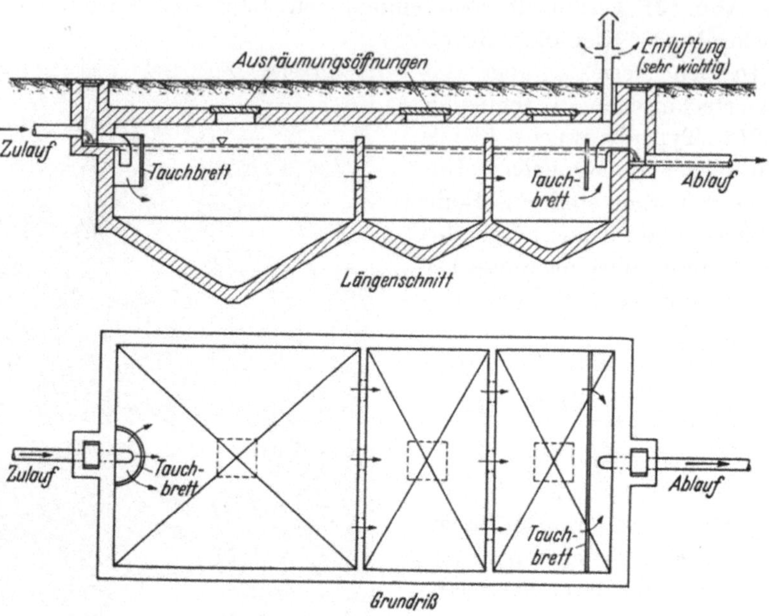

Abb. 132. Mehrkammerausfaulgrube.

geschalteten Faulkammern notwendig sein, in denen sich Abwasser mehrere Tage aufhalten muß. Um die zweite und dritte Faulkammer möglichst von Schlamm freizuhalten, wird die erste Kammer gern größer ausgebildet. Zum Übertritt des Abwassers aus der einen in die nächste folgende Kammer dienen Rohre oder unter dem Wasserspiegel liegende Öffnungen, wobei möglichst wenig Schwimmstoffe aus der ersten in die zweite oder folgende Kammer dringen sollen. Es ist ratsam, sich in gewissen Zeitabständen davon zu überzeugen, ob in der ersten Kammer, in der sich bekanntlich der meiste Schwimmschlamm bildet, nicht eine Verstopfung der Wasserdurchlaßöffnung eingetreten ist.

Im Anschluß an die anaerobe Ausfaulung kann, da immer noch gewisse organische Stoffe im Abwasser erhalten bleiben, auch noch eine aerobe biologische Reinigung, z. B. auf einem Tropfkörper, vorgenommen werden. Eine solche zweistufige Reinigungsmöglichkeit zeigt die Abb. 133.

Als Verteilungseinrichtung für das Abwasser auf der Tropfkörperoberfläche eignen sich in solchen Fällen am besten Kipprinnen mit un-

terlegten Holzzungen. Soll zum Abschluß der Reinigung die Untergrundberieselung angewendet werden, so wird an Stelle des Tropfkörpers eine
Kippmulde oder eine andere Beschickungsvorrichtung eingebaut, die
das Abwasser in das Drainrohrnetz der Untergrundberieselung abgibt.

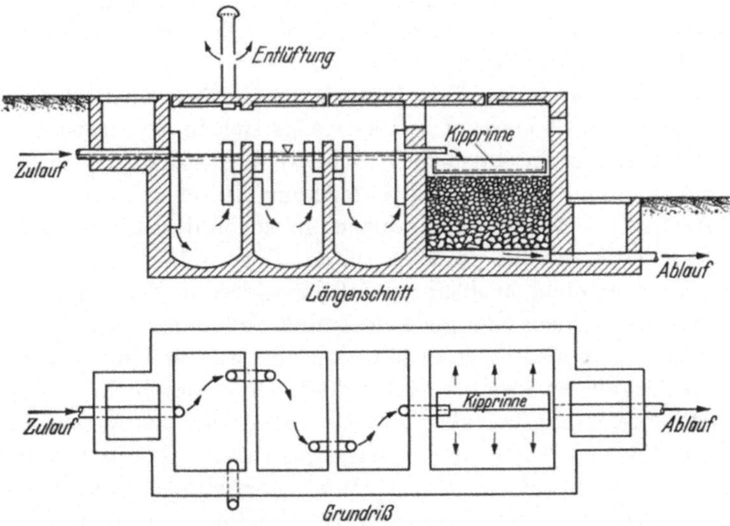

Abb. 133. Zweistufige Kleinkläranlage (Mehrkammerausfaulgrube mit Tropfkörper).

Vor der Erstellung einer Untergrundberieselung ist zu prüfen, ob der
Boden hierfür geeignet ist.

Um aus Hauskläranlagen und Behelfskläranlagen dauernd einen einwandfrei gereinigten Ablauf zu erzielen und eine Überlastung des Vorfluters mit Abwasser zu verhüten, ist es wichtig, daß die zwangsläufig
auftretenden Abwasserstöße in den Anlagen weitgehend aufgefangen
und ausgeglichen werden. Dieser Forderung kann dadurch leicht nach-
gekommen werden, daß z. B. in das Ablaufrohr ein Drosselschieber eingebaut wird und der Zulauf zur Anlage höher liegt als der Ablauf. Auf
diese Weise läßt sich in der Anlage ein genügend großer Stauraum gewinnen, um alle Abwassserstöße aufzunehmen.

Es ist immer ratsam, Hauskläranlagen, Mehrkammerausfaulgruben
und Behelfskläranlagen, wenn sie nicht schon zu große Dimensionen
haben, dicht abzudecken, wobei aber nicht vergessen werden darf, daß
bei Mehrkammerausfaulgruben eine Entlüftung angebracht sein muß.
Regenwasser darf in größeren Mengen nicht in die Hauskläranlagen oder
Behelfsanlagen eingeleitet werden. Bei Mehrkammerausfaulgruben ist
die Zuleitung von Regenwasser zur letzten Kammer immerhin möglich,
um das ausgefaulte Abwasser zu verdünnen und gleichzeitig eine gewisse

Entsandung des Regenwassers vorzunehmen. In solchen Fällen muß diese Kammer dann des öfteren von Sand und Schlammstoffen gereinigt werden. Hauskläranlagen und Behelfskläranlagen sind mindestens alle Vierteljahre nachzusehen und in ihren Bauteilen, Rohrleitungen und ihrer Reinigungswirkung zu überprüfen. Bei durchflossenen Mehrkammerausfaulgruben ist bei ausreichender Größenberechnung die Schlammausräumung nur etwa einmal im Jahr erforderlich. Der Schwimmschlamm muß u. U. häufiger entfernt werden.

Bei dem Betrieb von Hauskläranlagen, auch solcher, die „Frischwasserkläranlagen" benannt werden, zeigt sich in den meisten Fällen, daß das Abwasser in einem mehr oder weniger stark ausgefaulten Zustand zum Abfluß kommt. Die Erreichung „frischer", d.h. nicht ausgefaulter Abläufe aus Hauskläranlagen ist schon deshalb nicht möglich, weil der Abwasserzufluß zu diesen in der Regel sehr ungleichmäßig ist. Daher kann es nicht ausbleiben, daß besonders in den Nachtstunden, wenn nur ein geringer oder gar kein Zufluß vorhanden ist, das Abwasser sich in der Kläranlage viel zu lange aufhält und in Fäulnis gerät. Die in Hauskläranlagen vielfach vorhandene Schwimmschicht, die sich in faulender Zersetzung befindet, fördert zudem noch das Anfaulen des an ihr vorbeifließenden Abwassers. Wenn man aber erkannt hat, daß aus einer Hauskläranlage „frische Abläufe" überhaupt nicht zu erhalten sind, dann ist es schon richtiger und zweckmäßiger, im Bedarfsfalle auf den Einbau komplizierter Hauskläranlagen zu verzichten und eine einfache Mehrkammerausfaulgrube zu errichten, die ohne große Wartung zu betreiben ist und mit Sicherheit ein ausreichend geklärtes Abwasser liefert, das dann je nach den örtlichen Verhältnissen nachbehandelt werden kann.

XXIII. Allgemeine Betriebsfragen und Maßnahmen

Es unterliegt keinem Zweifel, daß die gute Wirkungsweise einer Kläranlage nicht allein von dem zur Anwendung gebrachten Klärverfahren, sondern in hohem Maße auch von der Sorgfalt abhängt, mit der sie betrieben wird. Die modernste Anlage muß versagen, wenn dem verantwortlichen Ingenieur oder Meister das Verständnis für die technischen Einrichtungen fehlt und er die besonderen örtlichen Verhältnisse nicht übersieht und nicht zu meistern versteht. Wenn es eben angängig ist, soll der zukünftige verantwortliche Leiter einer Kläranlage beim Bau der Anlage und bei der Montage der verschiedenen Pumpen und Maschinen usw. zugegen sein, denn nur auf diese Weise bekommt er das richtige Verständnis für das Zusammenwirken aller Bau- und Maschinenelemente. Außerdem ist es notwendig, daß der Klärwärter oder der verantwortliche Leiter seinen Wohnsitz auf oder wenigstens in der Nähe der Kläranlage hat, damit er jederzeit in der Lage ist, den Betrieb zu überwachen und in besonderen Notfällen sofort die entsprechenden Maßnahmen zu treffen. Ihm unterstehende Maschinisten sollen nach Möglichkeit ebenfalls auf der Anlage wohnen.

Da Abwasser und seine Bestandteile ein äußerst unsauberes, ekelerregendes Material darstellen, ist es wichtig, daß in der Kläranlage selbst die größte Sauberkeit herrscht. Eine mustergültige und vorbildliche Kläranlage soll einen freundlichen Eindruck machen. Leider wird gerade in dieser Hinsicht noch viel gesündigt, und manche Stadtverwaltung betrachtet ihre Abwasserreinigungsanlage, die ja nur Abfallstoffe verarbeiten soll und Geld kostet, als ein Stiefkind, dem man möglichst wenig Pflege angedeihen läßt. Das regelmäßige Reinigen aller über Wasser befindlichen Teile, Erneuerung des Anstrichs, Instandhaltung der Bedienungsstege usw. ist ebenso notwendig wie das Putzen der Maschinen, Abwasserverteilungsvorrichtungen usw. Sauberkeit bei allen Arbeiten auf der Kläranlage ist das sicherste Mittel zur Verhütung gesundheitsschädlicher Einwirkungen auf die im Betrieb beschäftigten Leute. Abwasser und Abwasserschlamm enthalten stets Krankheitskeime. Man sollte daher vermeiden, mit diesen Stoffen in Berührung zu kommen. Es wird aber nun praktisch nicht möglich sein, sich ganz vor der Berührung mit Abwasser oder Schlamm zu bewahren, wobei es dann aber notwendig ist, anschließend eine gründliche Reinigung der Hände, namentlich vor der Einnahme von Speisen in hygienisch einwandfreien Aufenthältsräumen, vorzunehmen. Jede größere Kläranlage sollte mit einem Brausebad ausgerüstet sein, dessen Benutzung nach Arbeitsschluß zur Pflicht zu machen ist, und außerdem ist es empfehlenswert, den auf der Kläranlage beschäftigten Personen Arbeitsanzüge zu liefern, die von der zuständigen Verwaltung gereinigt und unterhalten werden. Auf diese Weise wird vermieden, daß Abwasser- oder Schlammbestandteile in die Wohnung der auf der Kläranlage Beschäftigten getragen werden.

Besondere Vorsicht in der Arbeit ist dort geboten, wo sich Behälter oder Rohrleitungen befinden, in denen Schlammgase entstehen, gespeichert oder abgeleitet werden, wegen der Explosionsgefahren, die durch Funken ausgelöst werden können. Auch Vergiftungsgefahren bestehen hier namentlich durch den Gehalt der Gase an Schwefelwasserstoff und an Kohlensäure. Behälter, Einsteigeschächte, Senkgruben oder Kanalstrecken dürfen nur dann betreten oder begangen werden, wenn nach gründlichster Belüftung des betreffenden Raumes die vollkommene Sicherheit gegeben ist, daß explosive oder gesundheitsschädliche Gase nicht mehr vorhanden sind. Das Vorhandensein von Schwefelwasserstoff kann man prüfen, indem angefeuchtetes Bleiacetatpapier in den zu besteigenden Schacht gehängt wird. Wenn eine Bräunung oder Schwärzung des Bleipapiers auftritt, ist Schwefelwasserstoff im Schacht vorhanden. Eine brennende Kerze erlischt bei Anwesenheit größerer Mengen von Kohlensäure. Es ist selbstverständlich, daß in den Maschinenräumen der Kläranlagen ein strenges Rauchverbot durchzuführen ist. Die Bedienungsstege, die über Klärbecken, offenen Schlammfaulbehältern usw. angebracht sind, müssen durch Geländer gesichert sein. Außerdem ist es ratsam, über die Klärbecken oder an den Wänden etwas über Wasserspiegelhöhe starke Drähte zu spannen, an denen man sich beim Hineinfallen in die Becken festhalten kann. Ist das Spannen der Drähte aus betrieblichen Gründen nicht möglich, dann sollten wenigstens an den Wänden Handgriffe angebracht werden, die im Notfalle ebenfalls zum Festhalten dienen.

Es ist dafür zu sorgen, daß auf dem Gelände einer Kläranlage Grünflächen geschaffen werden, in die wiederum Blumenbeete oder Ziersträucher einzuschalten sind. Auch Nutzsträucher und Bäume sollen dabei nicht vergessen werden. Tropfkörper usw. können mit wildem Wein oder Efeu umrankt werden, wodurch Spinnen angesiedelt werden, die durch ihre Gewebe ein Ausschwärmen der Psychodafliege hindern sollen. Um die Vogelwelt auf der Kläranlage anzusiedeln, sind Nistkästen aufzuhängen und Fütterungsmöglichkeiten für den Winter zu schaffen. Um das einheitliche Bild einer Kläranlage nicht zu stören, muß vermieden werden, hier und da Baubuden stehenzulassen, um diese als Aufenthaltsräume für die Arbeiter zu verwenden. Für diese Zwecke sind Gebäude zu errichten, die sich in die bauliche Gestaltung der Anlage gut einfügen.

XXIV. Betonzerstörungen
durch Abwasser und Grundwasser
Schutzmaßnahmen zur Verhütung von Schäden

Häusliches und städtisches Abwasser wird normalerweise *keine* Betonzerstörungen verursachen können, und zwar so lange nicht, als es frisch erhalten bleibt, d.h. aus den gelösten und kolloidalen Eiweißstoffen und den im Abwasser vorhandenen oder auf der Kanalsohle zur Ablagerung gekommenen Schlammstoffen kein Schwefelwasserstoff, der an dem starken Geruch nach faulen Eiern zu erkennen ist, entstanden ist. Tritt Schwefelwasserstoff auf, so löst er sich zu einem Teil im Abwasser und wird fortgeführt, und zum anderen Teil entweicht er je nach den Temperaturverhältnissen aus dem Abwasser. Sind die Kanäle mit schwefelwasserstoffhaltiger Luft angefüllt, dann können gefährliche Betonzerstörungen auftreten, über deren Auswirkungen im späteren Zusammenhang noch im einzelnen zu sprechen ist.

Durch die Aufnahme der Abwässer aus den verschiedensten Gewerbe- und Industriegebieten in die städtische Kanalisation kann das städtische Abwasser in seiner Gesamtheit oder zum mindesten in den Kanalsträngen, die neben häuslichem Abwasser überwiegend industrielle Abwässer abführen, stark betonangreifend werden. Sehr häufig sind es freie Mineralsäuren, wie Schwefelsäure und Salzsäure, die aus kleineren Betrieben zum Abfluß kommen und für die entstandenen Schäden verantwortlich zu machen sind. Sehr gefährlich sind auch Abwässer, die Schwefelkohlenstoff (CS_4) enthalten. Dieser entweicht leicht aus dem Abwasser und schlägt sich an den feuchten Kanalwänden über dem Wasserspiegel nieder. Die Kanalluft oxydiert den Schwefelkohlenstoff zu Schwefelsäure. Auf diese Weise können Betonkanäle über dem Wasserspiegel vollkommen zerstört werden. Oft vermutet man es nicht einmal, daß dieser oder jener Betrieb Säuren verbotenerweise ableitet.

Das städtische Abwasser hat gewöhnlich eine mehr oder weniger stark alkalische Reaktion, so daß es in der Lage ist, gewisse Mengen an aggressiven Säuren zu binden und unschädlich zu machen. Dabei entstehen aber wiederum Salze, bei der Schwefelsäure z.B. Sulfate, die ebenfalls die Kanäle in erheblichem Maße angreifen können, wie später noch gezeigt werden soll. Neben der Mineralsäure kann das städtische Abwasser aber auch organische Säuren und noch andere Stoffe, wie größere Mengen an Kochsalz und Fett, enthalten, die u.U. zu Schäden in der Kanalisation führen können. Es ist also zu beachten, daß die Zusammensetzung eines städtischen Abwassers durchaus nicht harmlos zu sein braucht und daß die zuständigen Kontrollbeamten der Städte und Gemeinden ein besonderes Augenmerk auf die verschiedenen, in ihrem Stadtgebiet liegenden gewerblichen Klein- und Großbetriebe haben müssen, wenn Schäden in der Kanalisation vermieden werden sollen. Zum Schutze der städtischen Kanäle muß unbedingt gefordert werden, daß aus den eben erwähnten Betrieben zum mindesten keine Abwässer abfließen, die freie Säuren, seien es Mineralsäuren oder auch organische Säuren, enthalten. Dabei darf es aber nicht allein nur bei der Forderung nach der Errichtung von zweckentsprechenden Kläranlagen in den Betrieben sein Bewenden haben, sondern die in Frage kommenden Werke müssen auch laufend durch wirkliche Fachkräfte, am zweckmäßigsten durch die städtischen Untersuchungsämter, kontrolliert werden, ob sie tatsächlich den ihnen aufgelegten Vorschriften nachkommen und das entstehende Abwasser zweckentsprechend behandeln und ausreichend reinigen. Nur so lassen sich schwere Schädigungen an Kanälen und

Betonbauwerken vermeiden. Nach neuesten Erfahrungen und Erkenntnissen wird es in vielen Fällen sogar möglich sein, aus dem Abwasser gewerblicher Betriebe noch wertvolle Stoffe zu gewinnen, wodurch einmal die Konzentration des betreffenden Abwassers vermindert und somit die Reinigung erleichtert wird und zum anderen eine gewisse Verminderung der Unkosten der Abwasserreinigung zu erreichen ist. Es ist z. B. nicht notwendig, erschöpfte schwefelsaure Beizen nach mehr oder weniger weitgehender Abstumpfung mit Kalk in die Kanalisation abzulassen, sondern die Abwassertechnik ist heute soweit entwickelt, daß man aus derartigen Abwässern Eisenvitriol gewinnt und die Restmutterlauge wieder in den Betrieb zurücknimmt. Es fällt dann überhaupt kein konzentriertes, betonschädigendes Abwasser mehr an, sondern nur das wesentlich harmlosere Spülwasser.

Die Zusammensetzung der industriellen Abwässer, die sehr häufig in Betonkanälen oder in mit Betonschalen ausgelegten Bachläufen abgeleitet werden, ist nun sehr unterschiedlich. Wohl kann man diese oder jene Gruppe von Industrien hinsichtlich der Zusammensetzung und Schädlichkeit ihrer Abwässer zusammenfassen und entsprechende Maßnahmen durchführen, um Betonschäden zu vermeiden, aber sehr häufig bewirken Abweichungen in der Betriebsweise der einzelnen Werke selbst schon ein unterschiedliches Abwasser. Es würde den Rahmen dieses Buches weit überschreiten, alle betonschädlichen Industrieabwässer aufzuzählen und womöglich an Hand von chemischen Analysen die schädigenden Stoffe nachzuweisen. Es sei nur kurz darauf hingewiesen, daß die schädlichen Stoffe in industriellen Abwässern sehr häufig wiederum freie Mineralsäure, wie Salzsäure, Schwefelsäure, schweflige Säure und Kohlensäure, ferner organische Säuren, wie Essigsäure, Milchsäure usw., ferner Salze, z. B. Sulfate, Ammoniumsalze und Magnesiumsalze, außerdem Öle, Phenole usw. sein können. Die eben genannten Stoffe können nun einmal im Abwasser selbst enthalten sein, zum anderen aber auch in den Gasen, die aus dem Abwasser, besonders bei seiner Erwärmung, entweichen. Schlagen sich diese Gase an feuchten Wänden nieder, so entsteht hier wiederum ein schädliches Wasser. Auch Rauchgasschäden an Betonbauten sind vielfach beobachtet worden.

In diesem Zusammenhang sei auch einiges über die Schädlichkeit der Grundwässer, die häufig sehr betonangreifend sein können, gesagt. Die Zusammensetzung des Grundwassers ist sehr von den örtlichen Verhältnissen abhängig, so daß es nicht möglich ist, eine allgemein gültige Analyse zu geben. Die betonschädigenden Stoffe, die sich im Grundwasser häufig finden, sind Salze verschiedenster Art und Zusammensetzung, freie Schwefelsäure und Humussäuren und größeren Mengen an gelöster Kohlensäure. Durch das Versickernlassen von betonangreifenden Abwässern in das Grundwasser kann dieses in seiner Zusammensetzung und in der Auswirkung auf die Betonwerke oft sehr stark beeinflußt werden. In Bergbaugebieten kann oft die Beobachtung gemacht werden, daß das aus einer Bergehalde abfließende Sickerwasser stark betonschädigend ist. Sehr häufig enthält es Schwefelsäure und große Mengen an Sulfaten, die aus den in den Haldenmassen befindlichen Resten an Kohle stammen, die immer einen gewissen Gehalt an Schwefelverbindungen enthalten und über die schweflige Säure, die an sich auch schon betonangreifend ist, zur Schwefelsäure oxydiert werden. Bei der Verwendung von Haldenmassen als Schüttmaterial ist daher Vorsicht geboten, wenn dieses Schüttmaterial mit Betonbauten in Berührung kommt.

Der Laborausschuß des Vereins deutscher Zementwerke hat für eine eventuelle Ergänzung der zur Zeit gültigen DIN 4030 „Beton in betonangreifenden Wässern und Böden" neue Richtlinien ausgearbeitet. Demnach wird der Angriffsgrad des Wassers nach folgender Tafel beurteilt:

Zahlentafel 22

	Angriffsgrade		
	schwach angreifend	stark angreifend	sehr stark angreifend
a) pH-Wert	6,5–5,5	5,5–4,5	unter 4,5
b) Kalklösende Kohlensäure (CO_2) in mg/l, bestimmt mit dem Marmorversuch nach HEYER	15–20	30–60	über 60
c) Ammonium (NH_4^+) in mg/l	15–30	30–60	über 60
d) Magnesium (Mg^{2+}) in mg/l	100–300	300–1500	über 1500
e) Sulfat (SO_4^{2-}) in mg/l	200–600	600–2500	über 2500

Die vorstehend genannten Grenzwerte der Zahlentafel 22 gelten für stehendes oder schwach fließendes, in großen Mengen vorhandenes, direkt angreifendes Wasser. Starkes Fließen, höhere Temperatur und höherer Druck erhöhen den Angriffsgrad des Wassers; bei Grundwasser verringert er sich mit abnehmender Durchlässigkeit des Bodens.

Für die Beurteilung des Wassers ist der aus der Tafel entnommene höchste Angriffsgrad maßgebend, auch wenn er nur von einem der Werte a) bis e) erreicht wird. Liegen zwei oder mehr Werte im oberen Viertel eines Bereiches (bei pH im unteren Viertel), so erhöht sich der Angriffsgrad um eine Stufe. Diese Erhöhung gilt nicht für Meerwasser und ähnlich zusammengesetzte chloridreiche, alkalische Wässer.

Bevor die Zerstörungserscheinungen der Abwässer im einzelnen besprochen werden, einiges über den Beton und Zement und über die allgemeine Zusammensetzung dieser Stoffe. Beton ist bekanntlich ein künstliches Gestein, welches aus Zuschlagstoffen besteht, die durch den erhärteten Zement zusammengekittet sind. Die Zuschlagstoffe sind von verschiedener Art und Korngröße. Die groben Anteile bestehen entweder aus Kieselsteinen, Hartsteinsplittern oder Schotter je nach Verwendungsart, während die feinen Anteile aus Quarzsand sowie aus Traß oder Steinmehl bestehen. Ein wesentlicher und wichtiger Bestandteil des Betons ist der Zement. In der nachstehenden Zahlentafel 23 ist die ungefähre Zusammensetzung der verschiedenen Zementarten angegeben.

Zahlentafel 23. *Analysenwerte handelsüblicher Zemente in Prozent*

	Portland-zement	Eisen-portland-zement	Hochofen-zement	Traß-zement 30 : 70	Sulfat-hütten-zement	Tonerde-schmelz-zement
SiO_2	19–24	21–27	24–30	21–27	24–30	6–9
$Al_2O_3 + TiO_2$*	4–9	6–10	7–16	7–10	12–24	46–50
Fe_2O_3 (FeO)	1,6–6	1–4	1–3	2–4	0,1–1	0,5–1
Mn_2O_3 (MnO)	0,0–0,5	0,3–1,5	0,5–1,5	–	0,4–1,4	0,3
CaO	60–67	54–60	48–58	44–49	36–46	37–47

* Titandioxid im Portlandzement: 0,3–0,8%.

Bis vor wenigen Jahrzehnten glaubte man, daß Beton nur durch mechanische Einwirkungen zerstört werden könne, und war sehr überrascht, daß viele Salze und manche Säuren, die teils in der Natur vorkommen, teils im städtischen Abwasser und in den Wässern der chemischen Werke vorhanden sind, ebenfalls zu verheerenden Betonzerstörungen führen können. Aus den Untersuchungen von GRÜN ist bekannt, daß von den Betonbauten in den Meerhäfen der Vereinigten Staaten von Nordamerika, die über 10 Jahre bestanden, etwa 62% Zerstörungen durch Meerwasser aufwiesen.

Ganz allgemein gesprochen ist die chemische Zerstörung des Betons abhängig von seiner Zusammensetzung, von der Art der Einwirkung und vor allen Dingen von der Zusammensetzung der einwirkenden Lösung. Grundsätzlich kann gesagt werden, daß sämtliche Säuren, sowohl mineralische, wie z.B. Schwefelsäure, Salzsäure, Salpetersäure usw., als auch organische, wie z.B. Essigsäure, Milchsäure, Buttersäure usw., ferner sehr viele Salze und außerdem Fette, Öle und Phenole den Beton zu schädigen und zu zerstören vermögen. Auch Zuckerstoffe führen zu Betonzerstörungen. Es sind also die chemischen Verbindungen, die entweder in städtischem Abwasser, im Grundwasser und vor allen Dingen im Industrieabwasser vorhanden sein können.

Je nach der Wirkungsweise der einzelnen chemischen Verbindungen sind folgende Arten der Zerstörung zu unterscheiden:

1. Lösung des Betons,
2. Treiben des Betons,
3. Erweichen des Betons.

Das Auflösen des Betons, wodurch das Gefüge zerstört wird, wird von allen Säuren, ob sie mineralischer oder organischer Natur sind, verursacht. Besonders gefährlich sind natürlich die starken Säuren wie Salzsäure, Schwefelsäure, Salpetersäure; dabei führt die Schwefelsäure nicht nur zur Auflösung, sondern auch zu Treiberscheinungen, wie später noch gezeigt werden soll. Kalkarme Wässer, die Kohlensäure enthalten, können ebenfalls recht schädlich wirken. Derartige Wässer haben eine um so größere Lösungstendenz für die lösbaren Bestandteile des Zementes bzw. Betons, je salzarmer sie sind. Man muß sich nämlich darüber im klaren sein, daß frisch abgebundener Zement eine zum Teil wasserlösliche Verbindung darstellt, die sich um so schneller auflöst, je größer seine angreifbare Oberfläche ist und je größer die Wassermenge ist, die zur Lösung zur Verfügung steht. Ist ein Wasser kohlensäurehaltig, so wirkt es wie eine schwache Säure. Als Säure hat das Kohlendioxyd (CO_2), oder volkstümlich gesprochen die Kohlensäure, naturgemäß eine sehr hohe chemische Verwandtschaft zu allen Basen, also ganz besonders zu dem Kalk. Sie verbindet sich mit dem Kalk nicht allein zu dem unlöslichen Kalkstein ($CaCO_3$), in dem ein Molekül Kohlensäure enthalten ist, sondern es vermögen sich auch zwei Moleküle CO_2 mit einem Molekül Kalk (CaO) zu vereinigen, und zwar zu doppeltkohlensaurem Kalk, der ein wasserlösliches Salz darstellt. Durch diese Umsetzung wird also der stark kalkhaltige Zementanteil des Betons wasserlöslich und weggeführt. Die stark zerklüftete Form unserer Kalksteingebirge und der Dolomiten beruht auf dieser Einwirkung des kohlensäurehaltigen und dabei kalkarmen, also stark lösungsfähigen Regenwassers, ebenso die Erweichung von Beton in Mooren und Talsperren, besonders dann, wenn die letzteren kalkarmes Wasser enthalten. Der zunächst aus dem Beton herausgelöste Kalk scheidet sich häufig später nach Entweichen des zweiten Moleküls Kohlensäure wieder ab unter Bildung des bekannten Kalksinters, der aus kohlensaurem Kalk besteht.

Von den Salzen, die im Wasser bzw. Abwasser gelöst zum *Treiben des Betons* führen, sind die Sulfate gefährlich. Die Sulfattreiberscheinung wird hervorgerufen durch die Reaktion der gelösten Sulfate mit dem Tricalciumaluminat (C_3A) des Zementes. Die dabei entstehende neue Verbindung, der sog. Ettringit- oder Zementbazillus, ist durch den hohen Kristallwassergehalt sehr voluminös und führt zum Treiben im Zementsteingefüge.

Es handelt sich dabei um eine Verbindung, die aus Calcium und Aluminiumoxyd und Gips besteht, von der chemischen Formel $3\,CaO \cdot Al_2O_3 \cdot 3\,CaSO_4 \cdot 32\,H_2O$. Infolge der durch diese Kristallbildung hervorgerufenen Raumvergrößerung, die unter Auftreten sehr starker Kräfte vor sich geht, wird der Beton zersprengt.

Bemerkenswert ist, daß die Risse häufig ganz plötzlich auftreten. Diese Treiberscheinungen können zur völligen Zerstörung von Betonbauwerken führen und darüber hinaus auch bei angrenzenden Bauwerken, die an sich durch die im Wasser vorhandenen Salze nicht direkt beeinflußt sind, beträchtliche Schäden hervorrufen.

Fette und Öle bewirken das *Erweichen des Betons.* Sie bestehen aus Glycerin und einer Fettsäure und wirken ganz ähnlich wie die eben schon erwähnten Säuren. Der Kalk des Betons spaltet aus dem Fett die Fettsäure ab und setzt sich mit ihr in das Calciumsalz der betreffenden Fettsäure um, d. h., es bilden sich Kalkseifen, die eine schmierige Beschaffenheit haben. Bei porösem Beton, der die schädliche Flüssigkeit tief in das Innere eindringen läßt, können sich oft recht bedeutsame und bedenkliche Erweichungserscheinungen zeigen.

Nachdem die Ursachen und Auswirkungen der betonschädigenden Stoffe in großen Zügen besprochen sind, erhebt sich die Frage, welche Maßnahmen zum Schutze des Betons durchgeführt werden müssen, um die Betonbauten weitgehend zu schützen und zu erhalten. Es ist eine vollkommen falsche Auffassung, erkennbare und vermeidbare Verluste und Schäden einfach hinzunehmen mit der Begründung, sie durch Neubauten oder Ersatzbauten zur gegebenen Zeit wieder auszugleichen und zu beseitigen. Vorbeugen ist auch hier besser als heilen.

Der Schutz von Betonbauten ist einfach und mit erträglichen Mitteln und Kosten durchzuführen, wenn die in den Wässern bzw. Abwässern vorhandenen aggressiven Stoffe frühzeitig, d. h. spätestens vor dem Baubeginn durch eingehende chemische Untersuchungen festgestellt werden und wenn es möglich ist, diese Stoffe durch entsprechende Maßnahmen den Bauwerken fernzuhalten. Wichtig ist dabei allerdings, daß sich der Schutz des Betons nicht allein auf das Fernhalten der schädlichen Flüssigkeiten erstreckt, sondern auch schon dem Aufbau und der Gestaltung eines Betons besondere Aufmerksamkeit geschenkt wird.

Der Aufbau eines Betons ist bedingt

1. durch die *Zuschlagstoffe,* d. h. durch den Kies, den Steinschlag und die Sandstoffe,

2. durch das *Bindemittel,* d. h. Zement,

3. durch die *Herstellungsweise.*

Alle drei Faktoren tragen zur Dichte und damit zur Erhöhung der Widerstandskraft des Betons gegen schädigende chemische Einflüsse bei. Die Zuschlagstoffe müssen hinsichtlich ihrer Korngröße so gewählt werden, daß ein möglichst dichtes Gefüge entsteht. An den Zement ist die Forderung zu stellen, daß er auch von sich aus eine möglichst hohe Widerstandskraft gegen die angreifenden chemischen Stoffe im Wasser oder Abwasser hat. Es ist natürlich nicht möglich, in dieser Beziehung allgemeine Regeln zu geben oder solche aufzustellen. Die Wahl der

Zementart muß sich nach den angreifenden Stoffen richten. Es ist z. B. zweckmäßig, bei Betonbauten in Wässern mit hohem Sulfatgehalt sulfatbeständigen Zement zu verwenden, wie z. B. C_3A-freien Portlandzement (tricalciumaluminatfreier Portlandzement). Grundsätzlich sind bei Bauten, die schädlichen Einflüssen ausgesetzt sind, genügend Zementmengen zu verarbeiten, und zwar mindestens 400 kg je m^3 Beton, da nur bei Benutzung genügender Zementmengen die erforderliche Dichte und damit ausreichende Widerstandsfähigkeit erreicht wird.

Sehr wichtig ist auch die Herstellungsweise des Betons. Bei Stampfbeton ist darauf zu achten, daß unter genügendem Wasserzusatz zweckmäßig mit Rüttlern gearbeitet wird. Erdfeuchter Beton hat zwar hohe Festigkeit, er wird aber u. U. nicht dicht, so daß die aggressiven Bestandteile mit dem Wasser in den Beton eindringen und somit die besten Vorbedingungen für die Zerstörungen gegeben sind. Andererseits darf man den Wasserzusatz aber auch wieder nicht zu hoch nehmen, da der gegossene Beton nach dem Austrocknen leicht porös wird und auf diese Weise die schädigenden Stoffe leicht in ihn eindringen können. Grundsätzlich ist einem Beton von breiiger Beschaffenheit der Vorzug zu geben. Bei wichtigeren Bauausführungen ist das Studium einschlägiger Werke nicht zu umgehen[1].

Auch die äußere Gestaltung der Betonbauwerke ist für den Schutz und die Erhaltung sehr wichtig. Man muß vor allen Dingen darauf achten, daß die aggressiven Wässer nicht durch Stauungen oder Überdruck auf das Bauwerk einwirken können. In dieser Beziehung können sich besonders salzhaltige Sickerwässer sehr unangenehm auswirken. Durch zweckentsprechende Maßnahmen kann in dieser Beziehung außerordentlich viel erreicht werden. Scharfe Ecken, Absätze oder Mulden sind möglichst zu vermeiden. Es ist leicht verständlich, daß schädliche Lösungen um so schneller zerstörend wirken, je höher der Druck ist, mit welchem sie auf den Beton einwirken, besonders aber dann, wenn diese Einwirkung nur einseitig erfolgt, wie es z. B. bei im Grundwasser liegenden Kanälen oder bei tiefen, mit Sohlschalen ausgebauten Bachläufen der Fall sein kann. Man muß dem schädlichen Wasser zu schnellem Abfluß verhelfen. Das geschieht durch sachgemäß aufgebaute Sickerpackungen um die gefährdeten Bauwerke; bei Kanälen und Drainagen mit guter Vorflut vom tiefsten Punkt der Sickerpackungen aus.

Eine große Gefahrenquelle bilden die sogenannten Arbeitsfugen, in denen die Zerstörung häufig ihren Anfang nimmt. Entwurfsgemäß angeordnete Trennfugen sind durch beiderseits einzubindende Bitumen-

---

[1] HUMMEL, A.: Das Beton-ABC, 12. Aufl., Berlin: Ernst & Sohn 1959. – ROSKE, K.: Betonrohr-Taschenbuch, Bonn: Bundesverbd. Betonind. 1956. – DIN 4032: Rohre und Formstücke aus Beton. – Zement-Taschenbuch, Wiesbaden: Bauverlag 1964/65, S. 219–234.

platten mit Blei- oder Zinkblecheinlagen zu dichten und nach der Außenseite zu mit einem elastischen Bitumenkitt zu verstreichen.

Ein einfaches und sehr wirksames Verfahren, Betonbauten gegen aggressive Wässer zu schützen, ist die Ummantelung oder Auskleidung der gefährdeten Bauteile mit solchen Stoffen bzw. Materialien, die von dem Wasser nicht angegriffen werden. Für solche Kanalstrecken, von denen man weiß, daß sie z. B. dauernd freie Säuren ableiten müssen, wird sich natürlich von vornherein das Vorlegen von Steinzeugleitungen empfehlen. Bei vielen industriellen Abwässern kommt man ebenfalls nicht darum herum, Steinzeugleitungen zu verlegen. Die Isolierung der Betonteile durch geeignete Ummantelung stößt besonders bei großen Bauten oft auf erhebliche Schwierigkeiten, die nicht in allen Fällen überwunden werden können. Die Plattenverkleidung ist schon alt, wobei man die Platten häufig in säurefesten Kitt verlegt. Die Nachteile der Plattenverkleidung sind ihre große Empfindlichkeit gegen Stoß und die hohen Kosten. Für große Bauten kommen sie im allgemeinen nicht in Frage.

Lange Jahre hat man die Klinkerummantelung als den sichersten Schutz gegen die angreifenden Stoffe betrachtet. In der letzten Zeit sind allerdings auch Fälle bekannt geworden, daß dieser Schutz ebenfalls nicht ausreichend war. Der Grund lag in der Verwendung nicht säurefesten Mörtels. Daher ist das ordnungsmäßige Verfugen mit widerstandsfähigem Material Voraussetzung für Dauerschutz.

Sehr gut bewährt hat sich eine Bitumendichtung, die in der Weise aufgebracht wird, daß Bitumenpappe, nachdem der Beton mit einem Bitumenanstrich versehen worden ist, auf den Beton aufgeklebt wird, und zwar in stark übergreifenden Rändern. Die Bitumenpappe ist zweckmäßig in mehreren Lagen aufzubringen und u. U. noch mit Juteeinlagen zu verstärken. Eine derartige Dichtung hat nebenbei noch den Vorteil, daß sie bei auftretenden Rissen im Beton nicht mit zerreißt, sondern bis zu einem gewissen Grade Setzungen und Senkungen zu folgen vermag. Leider ist diese Dichtung verhältnismäßig teuer und empfindlich gegen mechanische Beanspruchungen. Sie muß daher durch eine aufgelegte Betonschicht oder Klinkerschicht gegen mechanische Beschädigungen gesichert werden. Dem vorerwähnten Schutz der Bauwerke durch eine mehrschichtige Bitumendichtung kommt am nächsten die Aufbringung von bitumenhaltigen Spachtelmassen. Es ist selbstverständlich, daß diese eine genügende Stärke haben und ebenfalls durch eine Schutzdecke aus Beton oder Ziegelflachschicht geschützt werden müssen.

Mit Abstand folgen dann einfache Schutzanstriche. Diese sind entweder auf Lösungs- oder Emulsionsgrundlage hergestellt. In beiden Fällen wird aber nur selbst bei mehrmaligem Aufbringen ein dünner und sehr leicht verletzlicher Film aufgebracht, der schon beim Einbringen der Hinterschüttung, die meistens eingestampft wird, an unzähligen Stellen verletzt wird. Der Schutz des Betons durch eingedrungene Teile des Anstrichmittels dürfte gleichfalls als sehr gering veranschlagt werden.

Grundsätzlich gilt für alle Schutzmaßnahmen, daß der Schutz um so besser ist, je hochwertiger das verwendete Material ist – z. B. Bitumen – und je dicker die Schutzschicht ist. Als besonders wichtig wird nochmals hervorgehoben, daß jede Verletzung der Schutzschicht mit äußerster Sorgfalt vermieden werden muß.

Zum Schutz von Beton gegen die schädigenden Einflüsse der stark salzhaltigen Grubenwässer können auch solche Stoffe Verwendung finden, die auf den Zementanteil chemisch verändernd einwirken. Hierzu gehören die Oxalsäure und schließlich die Fluate. Sie wirken auf den freien Kalk, der in jedem Beton vorhanden ist, so ein, daß sie diesen in eine schwer lösliche Form überführen, auf welche das Meerwasser und die stark salzhaltigen Grubenwässer nicht mehr einwirken können. Die Härtung der Oberflächen von Betonbauten mit Fluaten ist an sich schon lange bekannt und vielfach ausgeführt worden. Die Oxalsäure ist die einzige Säure, die in wässerigen Lösungen den Beton nicht angreift, sondern die Widerstandsfähigkeit erhöht, weil sie mit dem Kalk des Betons unlösliches Calciumoxalat bildet. Auch die unlösliche tertiäre Phosphate bildende Phosphorsäure sei hier genannt. Sie löst aber, wenn sie im Überschuß vorhanden ist, den Beton wieder auf, da sie in diesem Falle wasserlösliche saure Phosphate bildet, wodurch der Kalk herausgelöst wird.

Solange Abwasserkanäle gebaut, betrieben und beobachtet werden, befaßt man sich mit der Frage, ob die in den Kanälen beobachteten Sielhäute einen wirksamen Schutz für die Betonrohre darstellen oder nicht. Aus dem umfangreichen Schrifttum lassen sich folgende bemerkenswerte zusammenfassende Feststellungen treffen:

1. Eine *schützende Eigenschaft* der Sielhaut wird teilweise bestätigt, teilweise aber auch verneint.

2. Die Zusammensetzung der Sielhaut wurde in keinem Falle untersucht und blieb ungeklärt.

3. Die Stelle, an der sich die Sielhaut innerhalb der Abwasserkanäle bildet, blieb gleichfalls umstritten.

Wir haben uns vor längerer Zeit bei der Emschergenossenschaft mit den Sielhautfragen etwas eingehender beschäftigt und sind dabei auf Grund der bisher durchgeführten Untersuchungen zu folgenden Feststellungen gekommen:

1. Sielhäute sind flächenhafte Ausbildungen an den Wänden der Kanäle. Sie liegen im allgemeinen unter der Wasseroberfläche, können aber in seltenen Fällen auch oberhalb der Wassergrenze vorkommen.

2. Sielhäute sind im allgemeinen organische Rasen, die aus Pilzen oder Bakterien bestehen. In seltenen Fällen sind sie anorganischer Zusammensetzung und aus dem Abwasser durch Adhäsion an den Wänden entstanden.

Auf Grund der Zusammensetzung der Sielhäute ist nicht anzunehmen, daß man ihnen wirksame betonschützende Eigenschaften zugestehen kann, da sie nicht imstande sind, die schädigenden Stoffe dem Beton in ausreichender Weise fernzuhalten.

Bisher haben wir uns mit der Einwirkung der schädlichen oder schädigenden Wasser- und Abwasserstoffe auf den mehr oder weniger *abgebundenen* und *erhärteten Beton* befaßt. Es bleibt noch einiges über die Einwirkung der obengenannten Stoffe aus den *frischen, nicht erhärteten* Beton zu sagen. Im Anmachwasser können Säuren, Basen, wie z. B. Natronlauge (NaOH) und Salze vorhanden sein, die den Abbindevorgang in sehr verschiedener Weise beeinflussen. Grundsätzlich ist zu sagen, daß es erwünscht ist, daß das Anmachwasser, wenn auf der Baustelle kein Leitungswasser zur Verfügung steht, an gelösten Bestandteilen nicht mehr enthalten soll, als normales Leitungs- oder Brunnenwasser.

Säuren, wie Schwefelsäure, Essigsäure, vor allem Humussäuren usw. stören den Abbindevorgang empfindlich, so daß Wässer mit einem Gehalt an diesen Verbindungen zum Anmachen von Beton nicht geeignet sind. Steht überhaupt kein anderes Wasser zur Verfügung, so muß das saure Anmachwasser vor dem Gebrauch mit Kalk neutralisiert werden. Humussaure Wässer dürfen auf keinen Fall verwendet werden.

Salzsäure im Anmachwasser kann z. B. unter Bildung von $CaCl_2$ verkürzend auf die Abbindezeit wirken. Basen, wie Natronlauge, Kalkwasser usw. sind an sich unschädlich. Es sei auch besonders darauf hingewiesen, daß diese Verbindungen eine Beschleunigung des Abbindevorganges bewirken, so daß der benutzte normale Zement u. U. zum Schnellbinder wird. Bei gewissen Salzen, wie z. B. Calciumchlorid, Aluminiumchlorid, Eisenchlorid, hat man ebenfalls festgestellt, daß sie in hoher Konzentration im Anmachwasser den Zement zu einem Schnellbinder machen. Bei Stahlbetonkonstruktionen ist zu berücksichtigen, daß alle Chloride zu schweren Korrosionsschäden an den Bewehrungen führen können. Der Gehalt an Chloriden sollte daher, bezogen auf den Zementgehalt des Betons, 2 % nicht überschreiten.

Von den Salzen, die im Anmachwasser weiterhin vorhanden sein können, sind die sauer reagierenden, wie z. B. Ammoniumchlorid (NH_4Cl) oder Ammoniumsulfat [$(NH_4)_2SO_4$], schädlich, die alkalisch oder neutral reagierenden dagegen meist nicht. Auch dann nicht, wenn sie den abgebundenen Beton bei längerer Einwirkung zu zerstören vermögen. Sie werden nämlich bei dem Abbindevorgang ihrerseits vom Beton schon vernichtet. Allerdings vermögen auch diese Salze die Abbindezeit zu verändern. Meerwasser oder auch salzhaltige Grundwässer, welche bekanntlich den erhärteten Beton zu zerstören vermögen, können in vielen Fällen unbedenklich' zum Anmachen von Beton benutzt werden. Bisweilen wird sogar seine Widerstandsfähigkeit gegen die gleiche für den erhärteten Beton schädliche Flüssigkeit erhöht.

Organische Verbindungen im Anmachwasser setzen die Festigkeit des Betons im allgemeinen herab, Zucker ist besonders gefährlich, denn schon geringe, kaum zu schmeckende gelöste Mengen im Wasser vernichten die Erhärtungsfähigkeit des Betons.

Lehmgehalt in den Zuschlagstoffen wirkt ebenfalls ungünstig auf die Betonfestigkeit. Traß wird häufig dem Mörtel zugefügt, um ihn plastischer und damit dichter zu machen, elastischer und widerstandsfähiger gegen angreifende Salze, er ist aber nicht als Ersatz für Zement zu verwenden.

Literatur

IMHOFF, K.: Taschenbuch der Stadtentwässerung, 21. Aufl., München–Wien: Oldenbourg 1965.

SIERP, F.: Gewerbliche und industrielle Abwässer. 3. Aufl., Berlin/Heidelberg/New York: Springer 1967.

PALLASCH, O., u. W. TRIEBEL: Lehr- und Handbuch der Abwassertechnik, Bd. 1, Berlin–München: Ernst u. Sohn 1967.

– Normalanforderungen für Abwasserreinigungsverfahren, Stand 1966, Hamburg: Verlag Wasser u. Boden.

– Schriftenreihe des Deutschen Arbeitskreises Wasserforschung e.V., Heft 10 A, Meß- und Kontrolleinrichtungen, Berlin–Bielefeld–München: Erich Schmidt 1966.

Emschergenossenschaft, Lippeverband: Versuche mit verschiedenen Belüftungssystemen im technischen Maßstab, Teil 1 u. 2, Essen: Vulkan-Verlag Dr. W. Classen.

– Gewässerschutz – Wasser – Abwasser, Heft 1, Mondorf b. Bonn: Druck und Vertrieb Krupinski 1968.

STIER, E.: Kunststoffe in der Abwassertechnik, Berichte der Abwassertechnischen Vereinigung, München: Udo Pfriemer 1968.

– Typenbauweisen kleiner Kläranlagen, Berichte der Abwassertechnischen Vereinigung, München: Udo Pfriemer 1966.

BRAUN, R., u. H. ALLENSPACH: Versuche über die gemeinsame Verrottung von Müll und Klärschlamm. Schweizerische Zeitschrift für Hydrologie, Bd. XX, Basel: Birkhäuser 1958.

Emschergenossenschaft, Lippeverband: Technisch wissenschaftliche Mitteilungen, Heft 6, Essen: Vulkan-Verlag Dr. W. Classen 1964.

MÜLLER-NEUHAUS, G.: Musteranweisung für Klärwärter, Frankfurt/M.: ZfGW-Verlag 1960.

– Schriftenreihe des Deutschen Arbeitskreises Wasserforschung e. V., Heft 10 B, Meß- und Kontrolleinrichtungen, Berlin–Bielefeld–München: Erich Schmidt 1966.

HUSMANN, W., u. F. MALZ: Das Detergentienproblem. Gutachten, erstattet im Auftrage des Bundesministeriums für Gesundheitswesen 1967.

Sachverzeichnis

Mehrkammerfaulgrube 200—206
Membran, semipermeabel 42
mesosaprobe Zone im Gewässer 45
Messungen, kontinuierliche 103—132
Meßgerät zur Bestimmung des
 Schlammstandes in Faulräumen
 150
Meßbleche zur Schlammspiegel-
 messung in Faulräumen 148
Meßgeräte für Ölgehalte im Abwasser
 131
Mischkanalisation 5
Milchsäure, Dissoziation 51

Nachklärbecken für Tropfkörper 177
Natronlauge, Dissoziation 51
Nitrifikation 100
Nitrite, Nitrat im Abwasser 39, 40, 99
Normalanforderungen für Reinigung
 häuslichen Abwassers 65, 66

Oberflächenbelüfter 33
OC-Wert 122
Ölfänger 13
Ölmeß- und Warngerät 131
oligosaprobe Zone im Gewässer 47
organischer Stickstoff 99
Ortsteinbildung durch Öle und Fette
 163
Osmose, osmotischer Druck 42
Oxydationsgraben, Betriebsschwierig-
 keit 28

Pantoffeltiere 44
Paramagnetische Sauerstoffmessung
 121—123
Pflanzennährstoffe im Abwasser und
 Schlamm 70—78
Phasenaustausch zur kontinuierlichen Sauerstoffmessung 121
Phenole im Abwasser 98
Phosphorsäuregehalt im Abwasser
 und Schlamm 70—75
pH-Messung, kontinuierliche 105
pH-Wert (Wasserstoffionenkonzentration) 49, 99, 105
pH-Regulierung im Faulraum 154,
 155
pH-Skala 51, 52
Plasma 42
Plasmolyse 38, 39, 42
polysaprobe Zone im Gewässer 45
Probenahme in Flußläufen 82

Probenahme in Abwasserkanälen 84
— in Kläranlagen 88
— im Grundwasser 98
Probenahmegeräte, kontinuierliche
 136—140
Protoplasma 38, 42
Protozoen 44
—, Beeinflussung durch Chlor 181
Psychoda-Fliegen 171
Purimeter (Filterbildgerät) 129

Radioaktive Abwässer 66
— Isotopen zur Messung der Aufent-
 haltszeiten in Kläranlagen 188, 189
Radioaktivität, zulässige bei Ein-
 leitung in ein Gewässer 67
Rechenanlagen 9
Rechengutverbrennung 141
Rechengutzerkleinerer 9
Regenwasserüberläufe 66
Reinigungseffekte in mechanischen
 Kläranlagen 61, 62
Reinigungsverfahren für städtisches
 Abwasser 8
Rieselfeldanlagen (Hangberieselung,
 Stauberieselung) 21
Rücklaufschlamm 24

Salze, Einfluß auf die Schlamm-
 faulung 43
Salzgehalte in Absetzbecken 151, 152
Salzsäure, Dissoziation 50
Sandfänge, Anforderungen an die
 Wirkungsweise 12, 13
—, horizontal durchflossene 10
—, tangential durchflossene 10
—, vertikal durchflossene 12
—, System Geiger 11
—, System Blunk 11
Sapromat zur Bestimmung der Sauerstoffzehrung 101
Sauerstoffeintrag bei verschiedenen
 Belüftungssystemen 33
Sauerstoff-gehalt im Abwasser 64, 99
— — im Gewässer 49
— -messung 104
— —, kontinuierliche 121—128
— —, elektrochemische 124, 125
— —, polarographische 126
— -umsatz in der Bakterienzelle 39
— -zehrung 45, 49
Saugzellenfilter zur Schlammentwässerung 186